Kartographie für Geographen

GEOGRAPHICA BERNENSIA

Herausgeber	Dozentinnen und Dozenten des Geographischen Instituts der Universität Bern
Reihe A	African Studies
Reihe B	Berichte über Exkursionen, Studienlager und Seminarveranstaltungen
Reihe G	Grundlagenforschung
Reihe P	Geographie für die Praxis
Reihe S	Geographie für die Schule
Reihe U	**Skripten für den Universitätsunterricht**

Band	**U 22**
Autor:	**Charles Mäder**

Arbeitsgemeinschaft GEOGRAPHICA BERNENSIA in Zusammenarbeit mit der Geographischen Gesellschaft von Bern
Hallerstrasse 12, CH-3012 Bern

GEOGRAPHICA
BERNENSIA

U 22

Charles Mäder

Kartographie für Geographen

Geographisches Institut der Universität Bern 2000

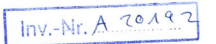

© 2000 by GEOGRAPHICA BERNENSIA Universität Bern, ISBN 3-906151-50-6

3. neu bearbeitete Auflage
   (1. Auflage 1992, ISBN 3-906290-78-6)

Druck: Haller & Jenzer AG3400 Burgdorf

INHALTSVERZEICHNIS

VORWORT

Unsere Zeit ist von Bildern geprägt, und die Karte ist das Bild des Raumes mit der besten Wirkung.

Eine Beobachtung an einer Sitzung mit Politikern, Wirtschaftsführern und Planern zeigte vor kurzem dem Autor wieder einmal in aller Deutlichkeit, wie attraktiv und fesselnd eine Karte gegenüber einem Text ist: Die detaillierten Begründungen zu Leitsätzen im Text wurden kaum wahrgenommen, alle Teilnehmer bezogen ihre Positionen auf eine beiliegende kleine Kartenskizze, welche die Ideen der Leitsätze nur mangelhaft wiederspiegelte. Die Autoren des Textes hätten ihre Gedanken durch eine bessere Karte viel einfacher zur Geltung bringen können, als durch einen ausgefeilten Text.

Dieses Skript - in seiner vierten Fassung - steht *nach einem Wendepunkt in der Kartographie*. Die neuen Möglichkeiten der elektronischen Datenverarbeitung und der Reproduktion veränderten seit der letzten Auflage die Arbeitsmethoden und Anwendungen, die Herstellungstechnik und die Reproduktion so stark, dass sich im Bereich der technischen Abläufe eine Neufassung aufdrängte.

Es ist - aus der Sicht der Kartographie - zu befürchten, dass zunehmend Zugeständnisse auf Kosten der Qualität gemacht werden, zugunsten der raschen Verfügbarkeit und des reinen Kostendenkens. Die schweizerische Kartographie, die staatliche und die private, wird ihre wirtschaftliche und fachliche Bedeutung nur halten können, wenn es ihr gelingt, mit den neuen Möglichkeiten ebenso hervorragende Leistungen zu erreichen, wie in der traditionellen Kartographie. Dazu ist nicht nur eine schmale Spitze erforderlich, sondern eine breite Basis von Fachleuten verschiedener Richtungen, die mit Phantasie (und soliden Grundkenntnissen) neue Wege zu gehen bereit sind.

Auf den Skripten Prof. Dr. Georges Grosjean baute der vorliegende Lehrgang auf und wurde weiter entwickelt. Ihm sei an dieser Stelle herzlich gedankt für die lange gute Zusammenarbeit und für die Unterlagen.

EINLEITUNG

Die gesamte graphische Industrie - und mit ihr die Kartographie - hat seit der letzten Bearbeitung dieses Skripts 1996 einen enormen technischen Wandel erlebt. Die Techniken, welche im Skrpt ansatzweise beschrieben wurden haben sich endgültig durchgesetzt und das bewährte Handwerk verdrängt. Der Wandel der Betriebe der Druckvorstufe hat dazu geführt, dass heute die Apparaturen und die Fachleute für die traditionelle Verarbeitung analoger Vorlgen nicht mehr vorhanden sind. Es ist deshalb nötig, den Lehrgang für den Studienanfang neu zu gestalten.

Die Kartographie hat einen grossen technischen Umbruch hinter sich.

Fachleute einer bestimmten Wissenschaft wissen, welche Karteninhalte für sie wichtig sind und welche nicht. *Die Kunst der Kartengestaltung ist und bleibt die Domäne der Kartographie. Gültig bleibt, dass nur in enger Zusammenarbeit mit dem Kartographen die Karteninhalte auf ihren Verwendungszweck und auf die künftigen Benützer abgestimmt und in eine optimale Form gebracht werden können.* Diese Beratung und Zusammenarbeit wird noch wichtiger, wenn Kartenautorinnen in den neuen Techniken vermehrt Karten selber erstellen. Der Kontakt mit den Fachleuten der Kartographie und Reproduktion *vor* Inangriffnahme der Arbeit erspart viel Ärger und Kosten, denn nur im Team lässt sich das optimale Zusammenspiel aller Faktoren bestimmen. *Kartographische Arbeiten erfordern enorm viel Zeit und Geduld, auch von Seiten der Kartenautoren.*

Dieser Lehrgang gibt eine *knappe Übersicht der rechnergestützten Herstellungsmethoden auf dem heutigen Stand, wie er für praktisch alle PC-Benützer zur Verfügung steht,* Die handwerklichen Techniken werden nur noch gestreift, es könnte ja sein, dass der Laptop einmal aussteigt, Papier und Bleistift wieder zu Ehren kommen.

Das Skript soll die nötigen *Kenntnisse* der Grundlagen, Inhalte und Herstellungsverfahren für Karten vermitteln. Es dient einerseits *als Orientierung über die Erstellung von Karten* und diskutiert vor allem *praktische Fragen aus der Sicht einer Kartenautorin ohne vertiefte Kenntnisse.* Es kann als *ergänzende Hilfe für die eigene Gestaltung von thematischen Karten* dienen und anhand von *graphischen Grundlagen und Beispielen* gangbare Wege aufzeigen. Es stellt die wichtigsten offiziellen Karten und ihre Inhalte vor, kann sich aber wegen der rasanten Entwicklung nur für schweizerische Karten zum Angebot neuer Formen äussern..Für vertiefte Kenntnisse einzelner Bereiche wird ein ergänzendes Studium nötig bleiben. Wer sich beruflich ganz der Kartographie verschreiben will, muss entweder nach einem Geographiestudium sich weitere Kenntnisse im beruflichen Alltag selber aneignen oder Kartographie direkt studieren, am Kartographischen Institut der ETH Zürich oder an einer ausländischen Hochschule, z.B. in Karlsruhe.

Der Lehrgang richtet sich an künftige Wissenschaftler und Lehrer aller Art, die mit Karten zu tun haben oder die für ihre Arbeit und die Darstellung von Resultaten selber Karten benötigen, und nicht an Kartographen oder gar Vermessungsingenieure und Topographen.

Eine Karte, besonders eine thematische Karte, enthält immer auch die Verantwortung zur Suche nach der grösstmöglichen Objektivität. Es gibt keine einzig richtige objektive Darstellung. In der Wahl der Darstellungsmittel, der Signaturengrössen, der Klassengrenzen oder der Farben, liegt bereits eine Interpretation; Farben sind von verschiedener Intensität, Raster wirken ungleich schwer für das Auge, Linienstärken betonen eine Aussage oder rücken sie in den Hintergrund. Eine Karte kann, wie kaum etwas anderes,

irreführen ohne zu lügen!

Die Einführung in die Kartographie umfasst fünf Teile:

I	Allgemeines	II	Topographische Modelle
1	Gestalt und Grösse der Erde	1	Allgemeines
2	Kartennetzentwürfe	2	Geländemodelle
3	Positionsbestimmung	3	Bodenbedeckung
4	Wege zur Karte	4	Siedlung
5	Wahrnehmung und Generalisierung		
6	Herstellungswege		
7	Programme		

Alles was einen *räumlichen Bezug* hat, kann als Karte dargestellt werden, allein, *die Auswahl der relevanten Daten und ihre Darstellung* ist eine Kunst, die geübt werden will. Was die *klassische Kartographie*, also die handwerkliche Herstellung der Reprovorlagen durch den Kartographen angeht, so muss leider immer noch häufig festgestellt werden, dass Studierende mangelhafte Entwürfe abliefern und zu wenig Ahnung von den nötigen Abläufen und Verknüpfungen haben. Auch beim Einsatz von Computern in der Kartographie ist es angezeigt, *die graphischen Grundlagen und Regeln, die Eigenschaften der verschiedenen Darstellungsmöglichkeiten* kennenzulernen und sich anzueignen, um über die *nötige Gestaltungsfreiheit* verfügen zu können.

Die synthetische thematische Karte ist der graphische Ausdruck für vernetztes Denken im Raum.

Es wird dargelegt, wie die *elektronischen Hilfsmittel* (PC, GIS, Datenbanken, Scanner, Graphische Programme und Ausgabegeräte) eingesetzt werden können, ohne eine persönliche Note der Karten zu unterdrücken. Es ist aber nicht möglich, im gegebenen Rahmen des Skripts und der Vorlesung alle Fragen und Aspekte, die mit EDV und Kartographie verbunden sind, gründlich zu behandeln. Weitere Lehrveranstaltungen des Grund- und Hauptstudiums werden die gleichen oder verwandte Themenkreise berühren und die Kenntnisse erweitern helfen. Die Ausführungen sind weniger für den Anwender professioneller Anlagen gedacht, sondern richten sich an Studentinnen und Studenten, die auf heute üblichen PCs arbeiten, ausgerüstet mit Diskettenlaufwerk, Festplatte, Farbbildschirm und Tintenstrahl- oder Laserdrucker. Die Entwicklung der letzten Jahre ist dermassen stürmisch verlaufen, dass angenommen werden kann, in wenigen Jahren stehe der heute professionelle Standard auch privaten Benützern zur Verfügung, besonders was die Speicherkapazitäten und die Verarbeitungsgeschwindigkeit angeht. Komplexe Software wird aber auch in Zukunft ihren Preis haben und von Laien (wie es die meisten Geographen in der Kartographie sind) nicht in nützlicher Frist optimal beherrscht werden können. *Der Kartograph am Institut weiss dafür guten Rat.*

Es besteht ein reiches Schrifttum über die Kartographie und ihre Probleme, das aber hier nicht behandelt werden soll. Die Literaturliste weist nur auf einige wichtige deutschsprachige Werke hin, die Studierenden als leicht zugängliche Information zur Verfügung stehen. EDUARD IMHOF [1965] hat mit dem Werk *Kartographische Geländedarstellung* die besonderen Werte und Ergebnisse der klassischen schweizerischen Kartographie in der Geländedarstellung zusammengefasst.

Die Lehrbücher der **traditionellen Kartographie** von ARNBERGER [1966], IMHOF [1972] und WITT [1967] sind Standardwerke für die Fragen der thematischen Kartographie aus dem deutschen Sprachraum, aus Oesterreich, der Schweiz und Deutschland. Zusammen mit der Übersetzung von BERTIN [1982] behandeln sie die Probleme eingehend und in der ganzen Breite. Sie behalten in ihren Aussagen Gültigkeit auch für neue Methoden. Ihren persönlichen Neigungen entsprechend legen die Autoren die Gewichte verschieden:

* BERTIN und IMHOF setzen Akzente in der graphischen Gestaltung, wobei der erste eher theoretisch argumentiert, und der zweite immer die fertige Karte als Resultat in den Vordergrund stellt.
* WITT legt das Gewicht auf die technische Herstellung und die Verbindung mit Raumplanung.
* ARNBERGER fasst den Themenkreis sehr breit und behandelt auch die Fragen der Nachbarwissenschaften an die Kartographie und die kartenverwandten Graphiken.

Eine preiswerte Übersicht bieten die beiden Bände Nr. 2165 und 2166 der Sammlung Göschen von GÜNTER HAKE **Kartographie I und II**.

In den Publikationen **S 6.1** und **S 6.2 Landschaften der Schweiz** [AERNI, ENZEN, KAUFMANN, 1993] finden sich im Teil II in den Arbeitsblättern sehr aufschlussreiche Ausschnitte historischer Karten (Karten der Kantone und Blätter der Erstausgaben des topographischen Atlas der Schweiz) und gleichzeitig zum Vergleich neue Karten (Landeskarte) und Pläne.

I ALLGEMEINES

1 GESTALT UND GRÖSSE DER ERDE

In der Vorstellung der meisten Naturvölker war - oder ist bis heute - die Erde eine *Scheibe* mit endlicher Grösse, umgeben von Meer und Himmel, umkreist von den Gestirnen. Doch bereits PYTHAGORAS (um 500 v.Chr.)

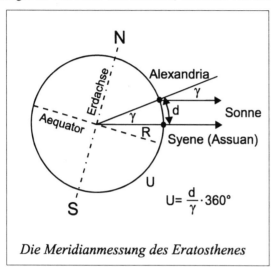

Die Meridianmessung des Eratosthenes

und ARISTOTELES (um 350 v.Chr.) erkannten *die Erde als Kugel*. ERATOSTHENES führte 195 v.Chr. die erste historisch belegte Meridianmessung zur Bestimmung der Erdgrösse durch:

Er mass am Tag, an dem nach seiner Kenntnis in *Syene* (heute Assuan in Oberägypten) die Sonne sich mittags in einem tiefen Brunnenschacht spiegelte, also senkrecht stand, in *Alexandria den Winkel zwischen dem Zenith und dem Mittagsstand der Sonne*. Die Lage Syenes ungefähr auf dem nördlichen Wendekreis, die annähernde Lage der beiden Orte auf einem Meridian (gleiche Ortszeit) und der genaue ägyptische Kalender erlaubten eine gute Annäherung. Einzig die Bestimmung der *Strecke* zwischen den beiden Punkten mittels der Reisezeit einer Karawane war ungenau, was sich auf die errechnete Erdgrösse auswirkte.

Die Kenntnisse der alten Griechen gingen verloren, und bis zum Ende des Mittelalters wurde die Erde wiederum als Scheibe betrachtet. Mit den Erkenntnissen von KOPERNIKUS und KEPLER, mit den Nachrichten der grossen Entdecker, wurde das Bild der Scheibe trotz heftiger Gegenwehr der katholischen Kirche (Man denke an den Widerruf des GALILEI, der erst vor kurzem vom Papst bedauert wurde.) endgültig ad acta gelegt. Die Bestimmung der Grösse der Erde wurde eine äusserst dringliche und wichtige Aufgabe für das Zeitalter der Seefahrt und der Entdeckungen. 1525 führte der französische Arzt FERNEL die erste Gradmessung der Neuzeit durch. Er mass mit Hilfe eines Wagens durch Zählung der Radumdrehungen die Strecke von *Paris nach Amiens* und errechnete aus dem Unterschied der geographischen Breite beider Punkte und der gemessenen Strecke den *Erdumfang*. Durch die Messung der Strecke entlang der Wege und Strassen war das Resultat mit erheblichen Fehlern belastet, die sich in Abweichungen des Endresultats auswirkten. Erst 1617 verfeinerte der Holländer SNELLIUS die Genauigkeit entscheidend, in dem er den Meridianbogen von *Bergen op Zoom* nach *Alkmar* mit Hilfe eines *Triangulationsnetzes* mit *genau gemessener Basis* bestimmte.

Ortsbestimmungen auf der Erdkugel konnten in der *geographischen Breite* recht leicht und genau vorgenommen werden. Die *geographische Breite ist gleich der Polhöhe* oder *gleich dem Komplementärwinkel zur Kulminationshöhe der Sonne (Mittagshöhe)* zur Zeit der Tag- und Nachtgleiche. Die *Polhöhe* kann in jeder klaren Nacht durch direkte Messung des *Winkels zwischen Horizont und Polarstern* recht genau bestimmt werden, wenn man über ein genügend genaues *Winkelmessintrument* verfügt. Griechen und Römer bestimmten den Sonnenstand am Mittag der Aequinoktien mit Hilfe des *Gnomons*.

Das Triangulationsnetz der Meridianmessung von SNELLIUS (1617)
n.BACHMANN

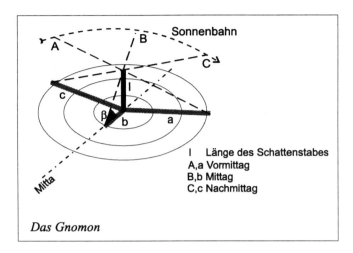

Das Gnomon

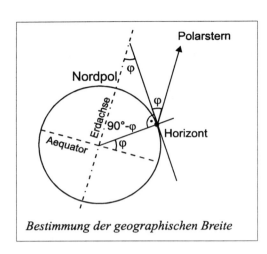

Bestimmung der geographischen Breite

Erst ab 1669 standen Instrumente mit Fernrohren und genauer Gradabteilung zur Verfügung (Vorläufer der Sextanten).

Während der Nord-Süd-Abstand zweier Punkte einfach zu messen ist, bereitet die Bestimmung des *West- Ost-Abstandes, der geographischen Länge*, mehr Mühe. Man bestimmt diesen Abstand anhand *der Zeitunterschiede der Kulmination der Sonne an den Messpunkten*. Die Erde dreht sich innerhalb von 24 Stunden einmal um ihre Achse, d.h. um 360°. In einer Stunde wandert der Punkt des höchsten Sonnenstandes deshalb um *15° vom Ost nach West*. Steht die Sonne im Punkt A um 80 Minuten *später* im Zenith als in Punkt B, so liegt B 20° *östlich* von A. Diese Art der Bestimmung setzt voraus, dass der Zeitunterschied zwischen den Kulminationen genau gemessen werden kann, oder aber eine verzugslose Kommunikation zur Verfügung steht. Bis zum Beginn der Neuzeit fehlten die Instrumente zur Messung und verzugslose Verbindungen. Es wird vermutet, dass die Römer in Nordafrika Messungen mit Hilfe von Signalverbindungen vornahmen. Der Zeitvergleich setzt gutgehende genaue Uhren (Chronometer) voraus, die auch auf wochen- und monatelangen Seereisen die Ortszeit des Ausgangspunktes präzise angeben können. Mit den Sand- und Wasseruhren, wie sie noch zur Zeit der Entdeckungen verwendet wurden, konnten diese Anforderungen nicht erfüllt werden. Erst die Vervollkommnung der mechanischen Uhr erlaubte genaue Bestimmungen. Alte Karten bis um 1700 weisen deshalb für die West-Ost-Abstände meist grosse systematische Fehler auf. Nach 1670 standen technisch genügende Instrumente zur Verfügung, um die Erdmessung (Geodäsie) entscheidend verbessern zu können.

Bahnbrechend waren die Franzosen Jean PICARD (1620-1682) und Jean Dominique CASSINI (1625-1712), Begründer der Pariser Sternwarte. PICARD verwendete 1669 erstmals ein Instrument mit Fernrohr und Fadenkreuz. Vier Generationen CASSINI setzten die Arbeiten PICARDs fort: Jean Dominique (1625-1712), Jaques (1677-1756), César-François (1714-1784) und Jaques Dominique (1748-1845).

Nachdem Isaac NEWTON um 1670 die *Gravitationsgesetze* fand, tauchten Zweifel an der Kugelgestalt der Erde auf. Die *Schwerkraft* auf der Erde setzt sich zusammen aus der zum Erdmittelpunkt gerichteten *Anziehungskraft (Zentripetalkraft)* und der *normal* zur Rotationsachse gerichteten *Fliehkraft (Zentrifugalkraft)*. Da die *Fliehkraft am Aequator am grössten ist* und gegen die Pole hin stetig bis Null abnimmt, müsste die *Erde im Aequatorbereich aufgewölbt* sein, oder anders ausgedrückt einen kleineren Radius aufweisen als am Pol (Populär gesagt "Orange"). Da aber die *Längenmessungen* immer den Erdumfang unterschätzten (Man denke an die Reisen des KOLUMBUS.), wurde theoretisch angenommen, der Polradius sei kleiner als derjenige am Aequator ("Zwetschge"). Um Klarheit im heftigen Streit der beiden Lehrmeinungen zu schaffen, rüstete die *französische Akademie* zwei Expeditionen aus: Die eine mass 1735-1741 einen Meridianbogen in *Equador* am Aequator, die andere 1736-1737 einen Abschnitt in *Lappland* in Polnähe (Die Polregion war noch unerreichbar.). Die Auswertung bestätigte die Meinung, welche sich auf NEWTON stützte: Der Radius am Aequator war kleiner als derjenige in Polnähe.

1790 führte die *französische Nationalversammlung ein neues Längenmass* ein: *Die Einheit soll der zehnmillionste Teil eines Erdmeridiansquadranten sein und METER heissen*. Um die Länge dieses Masses möglichst genau bestimmen zu können, wurde *1792 der Pariser Meridian von Barcelona bis Dünkirchen* gemessen (DELAMBRE und MÉCHAIN). C.F.GAUSS mass 1822-1824 zwischen dem Inselberg in Thüringen und Altona einen Meridianbogen und BESSEL 1831 in Ostpreussen. BESSEL fasste 1840 alle ihm bekannten Messungen zusammen und berechnete durch Ausgleich der Fehler die **Dimension eines Erdellipsoids**, das verschiedenen Vermessungen zugrunde gelegt wurde (Preussen, andere deutsche Staaten, Schweiz), die um diese Zeit in Angriff genommen wurden. Von 1861 an wurde die **Mitteleuropäische Gradmessung** unter J.J.BAYER durchgeführt. Ein trigonometrisches Netz von **Oslo bis Palermo** wurde gemessen und berechnet. Die Schweiz hatte den schwierigsten Teil über die Alpen zu übernehmen. Der Ausgleich der Differenzen liess die Arbeiten über 15 Jahre dauern. Das von HAYFORD berechnete Ellipsoid wurde 1924 als **Internationales Ellipsoid** empfohlen. 1944 verarbeitete in der Sowjetunion KRASSOWSKIJ sehr grossräumiges Material zu neuen Erddimensionen, die als Grundlage für die Sowjetunion und osteuropäische Karten dienen. Die Internationale Union für Geodäsie und Geophysik legte 1967 in Luzern ein **Geodätisches Bezugssystem 1967** und 1979 in Canberra ein erneut verbessertes **Bezugssystem 1980** vor. Dank der neuen Möglichkeiten der Kommunikation (Telegraph, Radio), der Zeitmessung (Quarz- und Atomuhren) und der Erdbeobachtung (Satelliten) konnten unter Einsatz von Computern die Masse immer verbessert werden.

Übersicht der bekanntesten Erddimensionen

Erdmass nach		grosse Halbachse a	kleine Halbachse b	Abplattung
BESSEL	1840	6'377'397 m	6'356'079 m	1:299.15
HAYFORD	1924	6'378'388 m	6'356'912 m	1:297.00
KRASSOWSKIJ	1944	6'378'245 m	6'356'863 m	1:298.30
IUGG	1967	6'378'160 m	6'356'775 m	1:298.25
IUGG	1980	6'378'137 m	6'356'752 m	1:298.26

Schon die Berechnung der Erddimensionen aus mehreren verschiedenen Meridianmessungen zeigte Differenzen, die sich nicht aus Messfehlern erklären liessen. Man kam zum Schluss, dass die ungleiche Massenverteilung in Gebirgen und Meeren zu Abweichungen der Erdform vom rechnerischen Ellipsoid führten. LISTING führte schon 1873 für diesen **gewellten** Körper, dessen Oberfläche immer rechtwinklig zur Lotrichtung (und damit zur Richtung der Gravitation) steht, den Begriff **Geoid** ein.

Die neusten Erkenntnisse über den Erdaufbau (Kontinental-schollen, Drift, Massenverlagerungen im Mantel) lassen diese Abweichungen als normal erscheinen, wenn sie sich auch nicht mehr - wie in den früheren Vorstellungen - nach den Gebirgsmassen richten, sondern auch die unterschiedlichen Massenverhältnisse in den tieferen Lagen berücksichtigen. Die Erdform wurde - populär ausgedrückt - von der **Scheibe** über **Kugel, Orange (an den Polen abgeflacht), Birne** zur **Kartoffel.**

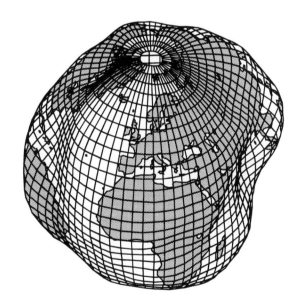

Mit 15'000 facher Überhöhung gezeichnet, präsentiert sich die Erde als Kartoffel: Im Indischen Ozean ist deutlich eine rund 100 Meter tiefe Mulde zu sehen, im Nordatlantik ein 65 Meter hoher Buckel. (NZZ)

Die Abweichungen vom Ellipsoid betragen aber, verglichen mit der mathematischen Idealform meist unter 50 m in der Senkrechten und die Richtungsabweichungen der Lote oder Wasserwaagen von der berechneten Normalen beträgt bis 1' in Extremlagen. Präzisionsnivellemente beziehen ihre Angaben auf die Geoidoberfläche, da sie mit Instrumenten gemessen werden, die ihre Horizontierung über Libellen oder Pendelkompensatoren einstellen, welche beide der Gravitation unterliegen.

Heute kann die Bestimmung der genauen Erddimensionen mittels eines Kranzes von Satelliten erfolgen (Global Positioning System GPS). Masseneinflüsse, die auch auf die Satellitenbahnen wirken, lassen sich besser berechnen und ausgleichen.

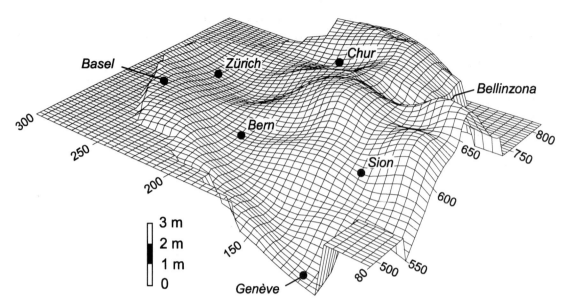

*Die gravimetrische Karte der Schweiz lässt erkennen, wie die Oberfläche eines "helvetischen Ozeans"
aussähe, wenn unser Land ganz von Wasser bedeckt wäre und Höhenabweichungen nur auf Gravitati-
onsdifferenzen beruhen würden. Netz in Landeskoordinaten. (NZZ)*

Höhen- und Tiefenangaben in Karten beziehen sich auf die **Meereshöhe**, also auf eine ebenfalls nur scheinbar
ideale gleiche Fläche. Beim Vergleich nationaler Höhennetze treten Differenzen auf, die durch die unterschiedliche Definition der **Nullpegel** bedingt sind: Die **deutschen Höhen** beziehen sich auf den Pegel in **Amsterdam**
(Referenzpunkt: **Sternwarte Berlin = 37.00 m über NN**); die **österreichischen** auf den Molo Sartorio in **Triest**
(Referenzpunkt 3.352 m über dem Mittelwasser der Adria), die **schweizerischen** Höhen auf das Mittelmeer in
Marseille (Referenzpunkt: **Pierre du Niton in Genf mit 373,600 m [neuer Wert]**). **Russland** und die **ostmittel-
europäischen Staaten** verwenden heute den **Kronstädter Pegel** in **St. Petersburg**.

Für **Seekarten** werden die Tiefen als **Abweichungen vom mittleren Springtidenniedrigwasser** angegeben, was
besonders in Küstennähe mit grossem Tidenhub von Bedeutung sein kann, während im offenen Meer die Differenzen gering sind. Seit 1960 besteht ein einheitliches europäisches Höhennetz, das die verschiedenen Pegel
ausgleicht (**REUN = Réseau Européen Unifié de Nivellement**). Mit Hilfe periodischer Nachmessungen der
Präzisionsnetze können Krustenverschiebungen, Hebungen und Senkungen ermittelt werden.

Mit der Space Shuttle Mission vom Februar 2000 ist es gelungen, mit Radarmessungen den Grossteil der Erde in
einem Höhenmodell flächendeckend zu erfassen, das bsher noch nie erreicht werden konnte. Die Datenauswer-
tung wird uns in nächster Zeit bedeutende neue Erkenntnisse und Grundlagen für Arbeiten in bisher schlecht
kartierten Gegenden liefern.

2   KARTENNETZENTWÜRFE

2.1   Das Problem der Verebnung der Erdoberfläche

In der Praxis wird dem Kartennetzentwurf vielfach wenig Gewicht beigemessen. Bei Arbeiten, die auf topographischen Karten aufbauen, wird das Netz der Grundlage verwendet. Bei thematischen Karten werden vielfach Vorlagen übernommen, ohne Gedanken an ihre Tauglichkeit zu verschwenden. Leider, denn mit den Eigenschaften eines Netzentwurfs wird auch das Bild der Karte und der Eindruck, den sie auf den Benützer macht geprägt.

Es ist eine *unlösbare Aufgabe*, einen gewölbten Körper ohne Verzerrungen in einer Ebene abzubilden. Die Diskussion kann deshalb nur über die Grösse und Art der Verzerrungen geführt werden. Der *Kartenzweck* bestimmt letztlich die Art des Netzentwurfs, indem man jeweils die Fehler der wichtigsten Aussage minimiert.

Die mathematisch beste Lösung wäre es, die Erdoberfläche in möglichst viele schmale, an den Polen spitz zulaufende Zweiecke ("Orangenschnitze") aufzuteilen. Doch wären solche Karten als Übersichten kaum mehr brauchbar. Diese Lösung wird nur in sehr grossflächigen Ländern für topographische Karten grosser Massstäbe annähernd angewandt. Und sie bildet die Grundlage für den Druck der Elemente in der Ebene, die auf eine Kugel aufgezogen Globen ergeben. Aber selbst beim Globus, welcher der Erdgestalt am nächsten kommt, muss zuerst ein wenig verzerrt werden, damit beim Aufziehen wieder die richtige Form erreicht werden kann.

Kartennetzentwürfe werden meist nicht von Geographen als Kartenautoren berechnet. Diese Arbeit besorgen Geodäten und wissenschaftliche Kartographen. Zudem gelangen heute für die Berechnungen der Netzentwürfe, für Transformationen zwischen verschiedenen Netzentwürfen und für die zeichnerische Ausgabe der Netzelemente immer mehr Computer und Plotter zum Einsatz. Der Geograph muss aber aus dem grossen Angebot an vorhandenen Netzentwürfen diejenigen auswählen können, die den Zwecken einer bestimmten Kartierungsaufgabe oder eines Karteninhalts am besten entsprechen. Deshalb gehören Kenntnisse der Eigenschaften der verschiedenen Netzentwürfe zum geographischen Rüstzeug. Sonst werden bestehende Karten und ihre Inhalte falsch beurteilt und beim praktischen Gebrauch im Felde oder auf See Fehler begangen.

2.2   Die Einteilung der Netzentwürfe

Netzentwürfe können nach verschiedenen Kriterien eingeteilt werden:

2.21   Nach der Bezugsfläche

Je grösser der Massstab eines Kartenwerkes ist, desto genauer muss die Bezugsfläche im Kartenentwurf definiert sein. Von einem *Bezugsellipsoid* wird ausgegangen, wenn die Ergebnisse von *Grundlagenmessungen und Karten in Massstäben grösser als 1:2'000'000* herzustellen sind. Jedes *amtliche Kartenwerk* enthält deshalb Angaben über das *Bezugsellipsoid* und die *Art des Netzentwurfs*. Da Kartenwerke über lange Zeiträume Bestand haben müssen und die Differenzen im täglichen Gebrauch kaum festzustellen sind, wird das einmal gewählte Bezugsellipsoid beibehalten und nicht angepasst. In Europa wird deshalb vielfach noch das Ellipsoid von BESSEL, in den USA dasjenige von HAYFORD und in den Ländern des ehemaligen Sowjetblocks dasjenige von KRASSOWSKIJ verwendet.

Für Karten kleiner Massstäbe wird eine genügende Genauigkeit erreicht, wenn dem Netz die *Kugelform* zugrunde liegt. Als *Kugelradius* wird häufig ein Mass von *6'370 km* verwendet. Bereits im Massstab 1:1'000'000 ergeben sich zwischen Ellipsoid und Kugel Differenzen, die vernachlässigt werden können. Zwischen dem 46. und 56. Breitengrad (also in Mitteleuropa) beträgt der Unterschied:

Kugel mit Radius 6'370.290 km:	Meridianbogen von 10°	=	1'111'825.2 m
Ellipsoid von BESSEL:	Meridianbogen von 10°	=	1'111'350.2 m
Differenz		=	475.0 m
475 m ergeben im Massstab 1:1'000'000 eine Strecke von			0.475 mm

2.22   Nach der Abbildungsfläche

Meist wird diese Klassierung gebraucht, um die einzelnen Entwürfe zu charakterisieren, wobei zusätzlich die wichtigsten Eigenschaften (siehe 2.5) angegeben werden.

2.221 Azimutalentwurf

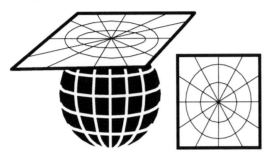

Die Abbildung wird auf eine **Ebene** entworfen, die im Kartenmittelpunkt tangential an den Bezugskörper angelegt wird. Die Ebene kann in jedem Punkt der Oberfläche tangieren. Bei **echten Projektionen**werden die Punkte [P] der Kugel von einem Projektionszentrum aus durch Strahlen auf die Kartenebene projiziert, wo sie als [P'] abgebildet werden. Das Projektionszentrum kann in endlicher Entfernung (Zentralprojektion) oder in unendlicher Entfernung (= parallele Strahlen, Parallelprojektion) aus erfolgen.
n. HAKE

2.222   Zylinderentwurf

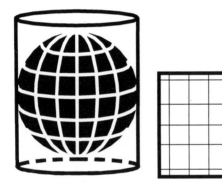

Der Entwurf erfolgt auf einen **Zylindermantel**, der an die Oberfläche des Bezugskörpers (Kugel oder Ellipsoid) angelegt wird oder sie schneidet. Eine echte Projektion ist nur möglich, wenn der Projektionspunkt im **Erdmittelpunkt** liegt. Bei normaler Lage des Zylindermantels, d.h. Berührung entlang des Aequators oder bei Schnitt zweier gleicher Breitenkreise) werden die Breitenabstände in Polnähe sehr stark vergrössert, weil sie sich in der Tangensfunktion erhöhen. Der Pol kann nicht dargestellt werden, er kommt ins Unendliche zu liegen.
n. HAKE

2.223   Kegelentwurf oder konischer Entwurf

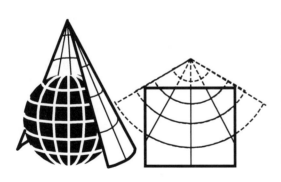

Der Entwurf erfolgt auf einen **Kegelmantel,** der den Bezugskörper auf einem Kreis berührt, oder ihn in zwei Kreisen schneidet. Der Kegelmantel wird zur Kartenherstellung "aufgeschnitten" und in die Ebene abgewickelt. Der Kegelmantel mit variierender Öffnung kann als Übergang vom Azimutalentwurf zu einem Zylinderentwurf aufgefasst werden:
Berührt in Normallage der Kegel den Aequator, so rückt seine Spitze ins Unendliche und er wird zum Zylinder; berührt er nur noch den Polpunkt, so wird seine Oeffnung 180° und er wird zur Ebene des Azimutalentwurfs.
n. HAKE

2.23   Nach der Achsenlage

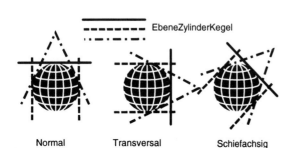

EbeneZylinderKegel

Normal   Transversal   Schiefachsig

Bei allen drei verschiedenen Abbildungsflächen kann ihre Lage zum geographischen Koordinatennetz der Erde grundsätzlich frei gewählt werden. Die Achse muss aber immer durch den Erdmittelpunkt gehen.

n. HAKE

2.231   Normalachsig

Die **normalachsige Lage** wird auch **normal, erdachsig** oder **polständig** genannt. Die Achsen des Kegels oder Zylinders **fallen mit der Erdachse zusammen**, ebenso das Lot auf die Ebene des Azimutalentwurfs. Bei der Zylinderprojektion ist entweder der Aequator Berührungskreis oder, falls der Körper geschnitten wird, sind zwei gleiche (Nord und Süd) Breitenkreise Schnittkreise. Bei Kegelentwürfe ist ein Breitenkreis Berührungskreis (oder zwei Schnittkreise), bei Azimutalentwürfen liegt der Berührungspunkt im Polpunkt.

2.232   Transversal

Die **transversale Lage** wird auch **äquatorständig** genannt. Die Achsen von Zylinder oder Kegel und das Lot der Azimutalebene **stehen rechtwinklig zur Erdachse**. Bei Zylinder entwürfen ist ein **Meridian** Berührungskreis, bei Azimutalentwürfen liegt der Berührungspunkt auf dem Aequator.

2.233   Schiefachsig

Die Achse von Zylinder oder der Kegel, bzw. das Lot im Berührungspunkt der Ebene stehen in einem beliebigen spitzen Winkel zur Erdachse. Solche Entwürfe eignen sich besonders zur Darstellung in mittleren Breiten (Europa, Schweiz).

2.24   Nach den Eigenschaften

Die Eigenschaften einer Abbildung der Erdoberfläche können sein:
* **Längentreue** oder äquidistant
* **Flächentreue** oder äquivalent
* **Winkeltreue** oder konform.

Alle drei Eigenschaften lassen sich nur auf dem Körper des Globus erreichen. Jeder Netzentwurf in die Ebene schliesst aus, dass mehr als eine Eigenschaft voll erfüllt werden kann. Es ist nur möglich, eine Eigenschaft ganz und eine zweite in einem eng begrenzten Bereich zu erfüllen. Oft wird aber eine Kombination gewählt, bei der einzig auf eine günstige Abbildung des betroffenen Gebietes geachtet wird, während keine der drei Eigenschaften voll erfüllt wird.

Es ist zudem zu beachten, dass bestimmte gewählte Eigenschaften nicht für das ganze Kartenbild oder nicht für alle Richtungen gelten. **Längentreue** kann nie in allen Richtungen erreicht werden. Man kann einen längentreuen Aequator, längentreue Breitenkreise, längentreue Meridiane oder Schnittparallelen entwerfen, aber niemals in allen Richtungen. **Winkeltreue** kann für die Breitenkreise und Meridiane erreicht werden, was aber nicht heissen muss, dass alle anderen Winkel ebenfalls richtig abgebildet werden. In Plattkarten erscheinen z.B. alle Schnitte zwischen Längen- und Breitenkreisen als rechte Winkel, wie auf dem Globus, aber alle anderen Richtungen sind nicht winkeltreu, da die sphärischen Trapeze oder Dreiecke der Kugeloberfläche andere Winkelsummen aufweisen als die Quadrate in der Abbildung der Plattkarte.

2.3   Projektion und Konstruktion

Oftmals wird der Begriff **Kartenprojektion** fälschlicherweise auch für konstruierte Netze gebraucht (z.B. Lambert*projektion*). Wir wollen unter **Projektionen** nur Kartennetzentwürfe verstehen, die **durch Strahlen aus einem Zentrum** die Erdoberfläche auf die Kartenfläche abbilden, wobei die Lage des Zentrums variabel ist, im Extremfall im Unendlichen (parallele Strahlen). Alle anderen Netzentwürfe, die unter Beachtung mathematischer Funktionen **berechnet** und **konstruiert** werden, werden als **Konstruktionen** bezeichnet.

2.4   Beurteilung der Eigenschaften

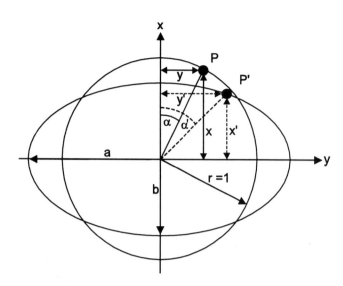

Um Eigenschaften eines Netzentwurfs rasch und einfach sichtbar zu machen, wird oft die Gestalt der Abbildung eines Einheitskreises oder zweier bestimmter Linien verwendet:

Die **Flächenveränderung** und **-verzerrung** kann mit der **Verzerrungsellipse** oder **Tissotschen Indikatrix** gezeigt werden. Ein Kreis auf der Kugeloberfläche wird in der Ebene als Ellipse abgebildet. Wird auf der Kugel ein Kreis mit Radius 1 gewählt, so können im Vergleich mit der Abbildungsform die einzelnen Eigenschaften untersucht werden.

Urbildkreis und seine Abbildung als Verzerrungsellipse
n. HAKE

Die **Längenverzerrung** kann als Quotient $Q = s'/s$ dargestellt werden, wobei s ein beliebig kleiner Abschnitt in beliebiger Richtung und s' seine Abbildung ist. Von besonderem Interesse sind:

$Q\varphi$	=	Längenverzerrung in Richtung eines **Meridians**
$Q\lambda$	=	Längenverzerrung in Richtung eines **Breitenkreises**
Q_{max}	=	**maximale** Längenverzerrung
Q_{min}	=	**minimale** Längenverzerrung

Die Werte **a** und **b** bilden die **grosse und kleine Halbachse der TISSOTschen Indikatrix**. Hat Q in einer beliebigen Richtung den Wert Q = 1, so ist die Abbildung in dieser Richtung **längentreu**, gilt Q = 1 für den Mittelmeridian eines Netzes, so spricht man von **Mittabstandstreue**.

Die **Flächenverzerrung** kann als Quotient $F = \dfrac{\text{Fläche im Abbild F'}}{\text{Fläche im Urbild F}}$ dargestellt werden.

Die Bedingung der **Flächentreue** ist im demnach im Vergleich zum Einheitskreis mit **F = 1** erfüllt, wenn im **Abbild F' = a.b = 1** ist. Ist F' < 1, so weist die Abbildung eine Flächenverkleinerung auf, ist F'> 1, so tritt eine Flächenvergrösserung ein, immer im Verhältnis des Massstabes.

Die **Winkelverzerrung** für einen Punkt **P'** auf der Ellipse zum Punkt **P** auf dem Urkreis kann aus den Winkeln ∝ ' und ∝ abgeleitet werden. Über die Koordinaten von P'(x',y') und P(x,y) ergibt sich die

Richtungsverzerrung $\sin(\propto ' - \propto) = \dfrac{a-b}{a+b} \cdot$

Beim maximalen Sinuswert 1 für (∝ '+∝) = 90° ergibt sich auch das Maximum der Winkelverzerrung. Zeigt ein Netzentwurf die Verhältnisse **a = b** oder **a/b = 1**, so ist er **winkeltreu** oder **konform**.

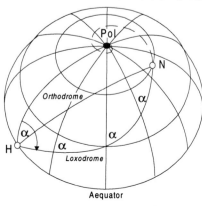

Für die Beurteilung von Eigenschaften eines Kartennetzentwurfs wird die Abbildung besonderer Linien benützt:

Die **Orthodrome** als kürzeste Verbindung zweier Punkte auf der **Kugel** (dem Ellipsoid). Die Orthodrome ist immer ein **Grosskreisabschnitt**. Als **Grosskreis** werden Kreise bezeichnet, deren Ebenen durch den Erdmittelpunkt gehen. Der **Aequator** und alle **Meridiane** sind Grosskreise, nicht hingegen die übrigen Breitenkreise. Die Orthodrome spielt auf der Kugel die gleiche Rolle wie in der Ebene die Gerade. Die Orthodrome spielt auf der Kugel die gleiche Rolle wie in der Ebene die Gerade. Die Orthodrome zwischen zwei Punkten **H** und **N** bildet mit den durch diese Punkte gehenden Meridianen das **sphärische Poldreieck**. Der Abstand

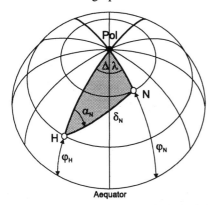

zweier Punkte lässt sich aus ihren geographischen Koordinaten errechnen, nach dem Seitenkosinussatz gilt:

$$cos \ \delta_N = sin\varphi_H . sin\varphi_N + cos\varphi_H . cos\varphi_N . cos \ (\lambda_H - \lambda_N),$$

woraus die Distanz folgt:

$$HN = R . arc \ \delta_N \ \ (R = Erdradius = 6370 \ km)$$

n. HAKE

Die Orthodrome zweier beliebiger Punkte schneidet jeden Meridian unter einem anderen Winkel. Wer der Orthodrome folgen will, muss entweder seinen Kurs ständig neu jalonieren oder, wenn er sich nach dem Polarstern oder dem Kompass richtet, ständig den Winkel zur Nordrichtung in kleinen Schritten verändern. Das Verfolgen des kürzesten Weges ist navigatorisch aufwendig. Bevor moderne Mittel (wie Radiopeilung und Satellitennavigation) zur Verfügung standen, versuchte man auf offener See möglichst lange einen konstanten Kurs zu segeln. Die Linie, die dabei verfolgt wird, ist eine **Kursgleiche** oder **Loxodrome**. Sie schneidet **alle Meridiane unter gleichem Winkel** (Azimut). Das Azimut der Loxodrome zweier Punkte (H, N) berechnet sich wie folgt:

$$tan \ \alpha^\lambda = \frac{arc \ (\lambda_N - \lambda_H)}{ln \ tan \ (45° + \varphi_N \ /2) - ln \ tan \ (45° + \varphi_H \ /2)} \qquad die \ Streckenlänge \ s' = \frac{r \ (\varphi_2 - \varphi_1)}{cos \ \alpha'}$$

2.41 Beispiele von Abbildungsverzerrungen

Grönland und Arabien im Grössenvergleich

Beide Gebiete im gleichen Massstab im selben Kegelentwurf mit Kartenmittelpunkt im jeweiligen Gebiet. Beide erscheinen annähernd im richtigen Flächenverhältnis und in der richtigen Form.

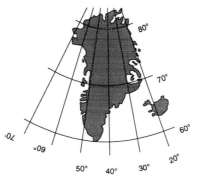

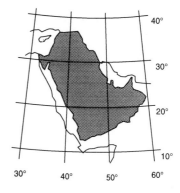

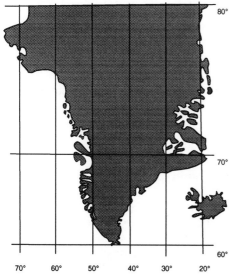

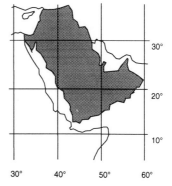

Beide Gebiete in ein- und demselben winkeltreuen Zylinderentwurf (Mercatorprojektion). Starke Flächenvergrösserung in Polnähe und damit Formverzerrung.
n. IMHOF

Grönland in verschiedenen flächentreuen Erdkarten:

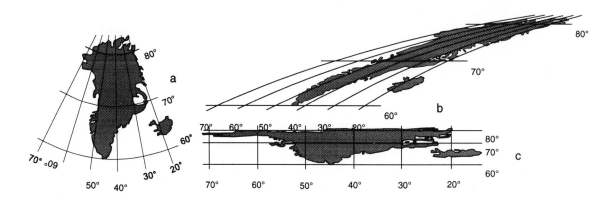

a)   Kegelentwurf mit einem Berührungsparallel   *n. IMHOF*
b)   Flächentreuer Planisphärenentwurf in Randlage mit maximalen Winkelverzerrungen
c)   Flächentreuer Zylinderentwurf mit starker Verzerrung im Polbereich

2.5   Entwürfe, ihre Konstruktionen und Eigenschaften

In der Folge sollen einige gängige Abbildungen in *normaler Lage* kurz dargestellt mit ihren ***Abbildungsglei-chungen*, den *wichtigsten Eigenschaften*** und den *Verzerrungswerten* kurz dargestellt werden.

2.51   Mittabstandtreue azimutale Abbildung

Eigenschaften:
Die Abbildung ist *längentreu*. Sie eignet sich vor allem für die Wiedergabe von Azimuten und Distanzen von einem zentralen Punkt aus (z.B Radarkarten). Der Kartenmittelpunkt wird dabei jeweils Berührungspunkt.

Abbildungsgleichungen in Polarkoordinaten: $\alpha = \lambda$ $m = arc\ \delta$
Polabstand $P' = P \cdot arc\ \delta = P \cdot arc\ (90°{-}\varphi)$

Verzerrungswerte:	$\delta°$	a	b	F=a.b	w=2.φ
	0	1.000	1	1.000	0°00'
	30	1.047	1	1.047	2°38'
	60	1.209	1	1.209	10°52'
	90	1.571	1	1.571	25°39'

2.52   Flächentreue azimutale Abbildung

Eigenschaften:
Der Radius m der Parallelkreise wird so gewählt, dass die eingeschlossenen Kreisflächen den Flächen der entsprechenden Kugelkappen gleich sind:

Abbildungsgleichungen in Polarkoordinaten: $\alpha = \lambda$ $m = 2 \sin \delta/2$
Polabstand $P' = P \cdot 2 \sin \delta/2 = P \cdot 2 \cos \varphi/2$
Kugelkappe: $F = 4 \pi \sin^2 \delta/2 \quad F' = m^2 \pi$

Verzerrungswerte:	$\delta°$	a	b	F=a.b	w=2.φ
	0	1.000	1.000	1	0°00'
	30	1.035	0.966	1	3°58'
	60	1.155	0.866	1	16°26'
	90	1.414	0.707	1	38°57'

2.53   Winkeltreue azimutale Abbildung

Eigenschaften:
Echte Projektion mit Zentrum im Gegenpol. *Winkeltreu*. Wird gebraucht für astronomische Karten und Karten der Polgebiete.

Abbildungsgleichungen in Polarkoordinaten: $\alpha = \lambda$ $m = 2 \tan \delta/2$
Polabstand $P' = P \cdot 2 \tan \delta/2 = P \cdot 2 \tan((90° - \varphi)/2)$

Verzerrungswerte:	$\delta°$	a	b	F=a.b	w=2.φ
	0	1.000	1.000	1.000	0°
	30	1.072	1.072	1.149	0°
	60	1.333	1.333	1.778	0°
	90	2.000	2.000	4.000	0°

2.54   Gnomonische Abbildung

Eigenschaften:
Echte Projektion mit Zentrum im Kugelmittelpunkt. *Bildet die Grosskreise (Orthodrome) als Gerade ab*. Grosse Verzerrungen am Kartenrand, Aequator nicht darstellbar. Dienen vor allem als Navigationshilfsmittel (Festlegen des kürzesten Weges, anschliessend Übertragung in eine winkeltreue Darstellung zur Ermittlung der Kurswinkel).

Abbildungsgleichungen in Polarkoordinaten: $\alpha = \lambda$ $m = \tan \delta$
Polabstand $P' = P \cdot \tan \delta = P \cdot 2 \operatorname{ctg} \varphi$

Verzerrungswerte:	$\delta°$	a	b	F=a.b	w=2.φ
	0	1.000	1.000	1.000	0°
	30	1.333	1.155	1.540	8°14'
	60	4.000	2.000	8.000	38°57'
	90	∞	∞	∞	180°

2.55   Orthographische Abbildung

Eigenschaften:
Echte Projektion mit Zentrum im Unendlichen (Parallelprojektion). *Bildet die Breitenkreise richtig ab (a=1)*. Wird vor allem für Mondkarten verwendet.

Abbildungsgleichungen in Polarkoordinaten: $\alpha = \lambda$ $m = \sin \delta$
Polabstand $P' = P \cdot \sin \delta = P \cdot \cos \varphi$

Verzerrungswerte:	$\delta°$	a	b	F=a.b	w=2.φ
	0	1	1.000	1.000	0°
	30	1	0.866	0.866	8°14'
	60	1	0.500	0.500	38°57'
	90	1	0.000	0.000	180°

2.56   Mittabstandstreue Abbildung mit längentreuem Aequator

Eigenschaften:
Das Netz weist quadratische Felder auf. Die seit dem Altertum bekannte Abbildung heisst deshalb auch *quadratische Plattkarte*. Die Abbildung kann auch mit zwei längentreuen Breitenkreisen gewählt werden (Schnittzylinder). Die verzerrungsarmen Zonen verschieben sich dann auf die Schnittbreitengrade.

Abbildungsgleichungen: $x = \operatorname{arc} \varphi$ $y = \operatorname{arc} \lambda$
Punktkoordinaten: $P'_{(x', y')} = P_{(x \operatorname{arc} \varphi, y \operatorname{arc} \lambda)}$

Verzerrungswerte:	°	a	b	F=a.b	w=2.φ
	0	1.000	1	1.000	0°
	30	1.155	1	1.155	8°14'
	60	2.000	1	2.000	38°57'
	90	∞	1	∞	180°

2.57   Flächentreue zylindrische Abbildung

Eigenschaften:
Flächentreu. Einfach zu konstruieren. Auch diese Abbildung kann auch mit zwei längentreuen Breitenkreisen gewählt werden (Schnittzylinder). Die verzerrungsarmen Zonen verschieben sich dann auf die Schnittbreitengrade.

Abbildungsgleichungen: $x = \sin\varphi$ $y = \text{arc }\lambda$
Punktkoordinaten: $P'_{(x', y')} = P_{(x \sin\varphi,\, y \text{ arc }\lambda)}$

Verzerrungswerte:	°	a	b	F=a.b	w=2.φ
	0	1.000	1.000	1	0°
	30	1.155	0.866	1	16°26'
	60	2.000	0.500	1	73°44'
	90	∞	0	1	180°

2.58   Winkeltreue zylindrische Abbildung (Mercatorprojektion)

Diese Abbildung wurde erstmals um 1570 von G. KREMER (MERCATOR) für eine Weltkarte verwendet. Ihr grosser Vorteil liegt in der richtigen Abbildung der Azimute (Kurswinkel), sodass die *Loxodrome als Gerade* erscheint. Heute werden für Seekarten Abbildungen mit *Schnittzylindern* verwendet, wobei ein längentreuer Breitengrad meist in der Kartenmitte liegt. Da sich bei zylindrischen Abbildungen in normaler Lage die Verzerrungen gegen die Pole hin sehr stark vergrössern und damit der Massstab der Abbildung sich ändert, werden zu Mercatorkarten vielfach Hilfszeichnungen beigefügt, die für die verschiedenen Breiten Distanzen enthalten (Massstäbe für wachsende Breiten). Für diese Abbildungen gelten die Gleichungen:

Abbildungsgleichungen: $x = \ln\tan(45° + \varphi/2)$ $y = \text{arc }\lambda$
$P'_{(x', y')} = P_{(x \tan(45° + \varphi/2),\, y \text{ arc }\lambda)}$

Verzerrungswerte:	°	a	b	F=a.b	w=2.φ
	0	0.000	0.000	1	0°
	30	1.155	1.155	1.333	0°
	60	2.000	2.000	4.000	0°
	90	∞	∞	∞	0°

2.59   Abbildungen auf den Kegel

Abbildungen auf den Kegel weisen vor allem für mittlere Breiten gute Eigenschaften (= geringe Verzerrungen) auf und können leicht auf ein besonderes Gebiet abgestimmt werden (Wahl des oder der Berührungs- oder Schnittkreise) ohne dass die Lage (fast immer in normaler Lage) verändert werden muss.

2.591   *Mittabstandstreue konische Abbildungen*

Die Abbildung mit einem längentreuen Berührungskreis ist seit dem Altertum bekannt, die Abbildung mit Schnittkegel und zwei längentreuen Parallelkreisen wurde von J.N. DE L`ISLE 1745 eingeführt. Die neue Weltkarte 1:2'500'000 beruht auf diesem Entwurf. Der Pol wird in diesen Entwürfen nicht als Punkt, sondern als Kreis dargestellt.

Abbildungsgleichungen: ε = halber Winkel zwischen den beiden Schnittbreitenkreisen

Berührungskegel $\alpha = \cos\delta_0 \cdot \lambda$ $m = \tan\delta_0 + \text{arc }(\delta - \delta_0)$
Schnittkegel $\alpha = ((\cos\delta_0 \cdot \sin\varepsilon)/\text{arc }\varepsilon) \cdot \lambda$ $m = \tan\delta_0 \text{ ctg }\varepsilon + \text{arc }(\delta - \delta_0)$

2.592   Flächentreue konische Abbildungen

Die flächentreue Abbildung lässt sich auf zwei Arten erreichen:
1.   Es wird ein Berührungskegel gewählt, dann bildet sich der Pol aber nicht als Punkt ab.
2.   Der Pol soll abgebildet werden, dann handelt es sich aber nicht mehr um einen Berührkegel.

Der zweite Fall wurde 1772 von J.H. LAMBERT entwickelt. Dieser Entwurf ist sehr beliebt. Die Abbildung mit zwei längentreuen Parallelkreisen stammt von H.C. ALBERS (1805). Sie wird für Atlaskarten mittlerer Breiten verwendet.

Abbildungsgleichungen:

Berührungskegel $\alpha = \cos \delta_0 \cdot \lambda$ $m = \tan \delta_0 + \text{arc}\,(\delta - \delta_0)$

Schnittkegel $\alpha = ((\cos \delta_0 \cdot \sin \varepsilon)/\text{arc}\,\varepsilon) \cdot \lambda$ $m = \tan \delta_0\ \text{ctg}\,\varepsilon + \text{arc}\,(\delta - \delta_0)$

2.593   Netzbilder

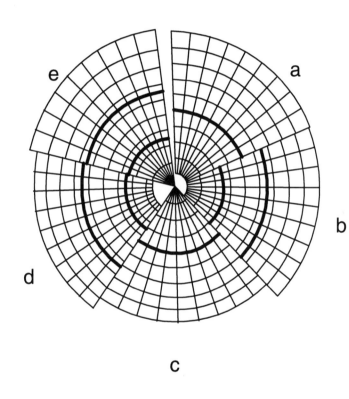

Die Abbildungen auf den Kegel weisen, verglichen mit denjenigen auf die Ebene oder die Kugel, kompliziertere mathematische Beziehungen auf. Auf die genaue Ableitung und die Kritik der Verzerrungsverhältnisse soll hier verzichtet werden. Die verschiedenen Netzbilder sind aus der Zeichnung ersichtlich:

a) Mittabstandseu mit einem längentreuen Parallelkreis bei 50°

b) Mittabstandstreu bei zwei längentreuen Parallelkreisen bei 35° und 65°

c) Flächentreu mit einem längentreuen Parallelkreis bei 50°

d) Flächentreu mit zwei längentreuen Parallelkreise bei 35° und 65°

e) Winkeltreu mit zwei längentreuen Parallelkreisen bei 35° und 65°

n. HAKE

Die Netze haben für die längentreuen Parallelkreise den gleichen Massstab und können direkt verglichen werden.

2.594   Netzberechnungen konischer Abbildungen

Für die Kontruktion von Netzen ist der Weg über den ganzen Zylindermantel schwierig und wenig zweckmässig, wenn nur ein beschränkter Ausschnitt benötigt wird. Es ist einfacher, die benötigten Netzpunkte in rechtwinkligen Koordinaten für den gewählten Blattausschnitt zu berechnen, wobei der Massstab (*1:m_k*) und der Kugelradius R einbezogen werden. *m* und α ergeben sich aus den Abbildungsgleichungen. Mit Hilfe eines Computers und Plotters lassen sich die Gradnetze direkt zeichnen und die wichtigsten Fixpunkte (z.B. Städte) eintragen. Die Rechnung des ganzen Karteninhalts erfordert eine vorhandene Datenbank, eine grosse Rechner- und vor allem Speicherkapazität.

$$x = R/m_k\,(m_M - m\cos\alpha) \qquad y = R/m_k\,(m_M - m\sin\alpha)$$

2.6   Weitere Abbildungen

Die Kugel lässt sich auch mit *rein mathematischen Transformationen* auf die Ebene abbilden, denen keine Vorstellung einer realen Projektion oder eines Abbildungskörpers, der anschliessend "geöffnet" wird, zugrunde liegt. Solche Netzentwürfe werden oft *als unechte Projektionen* bezeichnet.

2.61   Unechte konische Abbildung (BONNEsche Abbildung)

Dieser Entwurf von R. BONNE wurde im 19. Jahrhundert vielfach für amtliche Kartenwerke gebraucht (z.B. Dufour- und Siegfriedkarte in der Schweiz). Er ist abgeleitet von der mittabstandstreuen Abbildung mit einem Berührkreis, erfüllt aber die Flächentreue.

Konstruktion: Ein Breitenkreis wird als Berührungsparallel ausgewählt (z.B. Breitenkreis durch die Sternwarte Bern) und als Kreis mit $m_0 = \tan\delta_0$ und dem Mittelpunkt S' dargestellt. Die übrigen Breitenkreise sind Kreise mit dem Mittelpunkt S'. Der Mittelmeridian (z.B. Meridian durch die Sternwarte Bern) ist längentreu, daraus ergeben sich die Radien für die Breitenkreise. Sie werden ebenfalls längentreu unterteilt, sodass die Meridianbilder gekrümmte Linien ergeben.

$$m = \tan \delta_0 + \text{arc} (\delta - \delta_0) \qquad\qquad \alpha = \lambda \sin (\delta/m)$$

Rechtwinklige Konstruktions-Koordinaten mit Null-Punkt auf dem Aequator:

$$x = m_{\delta\text{-}90°} - m \cos \alpha \qquad\qquad y = m \sin \alpha$$

2.62   Globularabbildung von G.B. NICOLISI (1660)

Diese Abbildung wurde früher für Hemisphärendarstellungen verwendet.

Konstruktion: Die Bilder des Aequators und des Mittelmeridians werden längentreu, diejenigen der Begrenzungsmeridiane proportional unterteilt. Durch die Teilpunkte werden die *kreisförmigen* übrigen Meridiane und Breitenkreise definiert, deren Mittelpunkte auf der Aequatorgeraden, resp. der Mittelmeridiangeraden liegen.

2.7   Netze der offiziellen schweizerischen Karten

2.71   Alte Karten (Dufour und Topographischer Atlas)

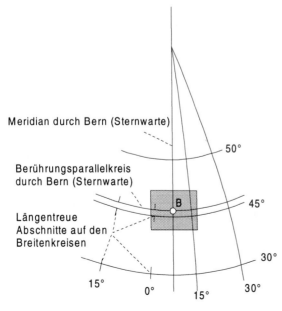

Für die Grundlagen der Dufourkarten wurde das Erdellipsoid nach BESSEL und der *Kegelentwurf* von R. BONNE gewählt. Dieser Netzentwurf ist *flächentreu*, aber keine echte Projektion. Er weist einen *längentreuen Mittelmeridian durch Bern* und *längentreue Breitenkreise* auf. In den Randgebieten der Schweiz entstehen *Winkelverzerrungen*.

Der *Kartenmittelpunkt* ist Bern (Standort des Meridianinstruments in der alten Sternwarte, heute rekonstruierter Gedenkstein im Lichthof des Instituts der exakten Wissenschaften). Hier schneiden sich Mittelmeridian und Berührungsparallel der Konstruktion.

Die Schweiz umfasst nur einen sehr kleinen Teil des Netzes, die Krümmungen der Parallelkreise und Meridiane sind im Kartenbild kaum zu erkennen. Es zeigte sich aber, dass dieses Netz in Randgebieten der Schweiz doch schon spürbare Winkelverzerrungen mit sich brachte, die Differenzen zu den Grundbuchkoordinaten ergab.

2.72   Heutige Landeskarten und Grundbuchvermessung

Wegen der Winkelfehler wurde 1903 beschlossen, die künftigen eidgenössischen Landeskartenwerke auf einer *schiefachsigen winkeltreuen Zylinderprojektion* aufzubauen. Der Kartenmittelpunkt wurde beibehalten. Der *Mittelmeridian durch Bern* wird in dieser *echten Projektion* (Projektionszentrum ist der Erdmittelpunkt) als *Gerade* abgebildet. Die zweite *Gerade* ist der *Grosskreis durch Bern, der Berührungskreis des Zylinders*. Die übrigen Breitenkreise und Meridiane werden im Netz als gekrümmte Linien abgebildet; die Meridiane laufen gegen Norden leicht zusammen (Meridiankonvergenz).

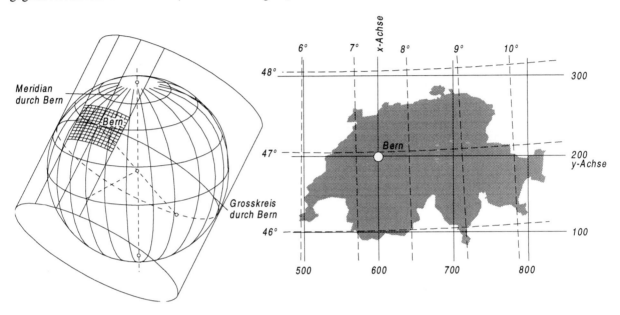

Für den Kartenbenützer sind die Ortsangaben in geographischen Koordinaten nicht sehr praktisch. Es wurde deshalb ein *rechtwinkliges Netz in der Ebene des Abbildungszyliders* entworfen, ebenfalls mit dem Kartenmittelpunkt Bern. Ein solches Netz wurde seit dem 19. Jahrhundert für die Blattschnitte der Dufour- und Siegfriedkarten verwendet. Es bildete auch die Grundlage der Grundbuchvermessung (Angabe der Lage eines Punktes in x,y-Koordinaten).

Durch die Wahl des Kartenmittelpunktes Bern entstanden jedoch negative Werte:

Quadrant NE von Bern	+ x	+ y	Quadrant NW von Bern	+ x	- y
Quadrant SE von Bern	- x	+ y	Quadrant SW von Bern	-x	- y

Dieses System war besonders in der militärischen Praxis zu kompliziert und führte leicht zu Verwechslungen, besonders bei Brechnungen über die Quadranten hinweg. Man wählte deshalb für den Mittelpunkt in Bern die neuen Werte *y = 600'000* und *x = 200'000*. Innerhalb der Schweiz und angrenzender Nachbargebiete erhielt man dadurch eindeutige, immer **positive Werte. Der *grössere Wert* ist immer *die West-Ost Koordinate*, der *kleinere Wert* immer die *Süd-Nord Koordinate*.** Innerhalb der Schweiz reichen die West-Ost Werte von ca. 500'000 bis 800'000, die Süd-Nord Werte von 100'000 bis 300'000. Verwechslungen werden damit ausgeschlossen. Der *fiktive* Nullpunkt liegt in der Gegend von Bordeaux.

Dieses Koordinatensystem wird heute allgemein angewandt für Ortsbezeichnungen. Die Bezeichnung der Achsen ist nicht mehr nötig, man gibt immer zuerst den West-Ost Wert an, gefolgt vom Süd-Nord Wert, in sechsstelligen Zahlen. Für genauere Bezeichnungen werden noch die Zentimeter angegeben. Beispiele:

Bern (Mittelpunkt des Netzess)	600'000 / 200'000	46°57'08.66" N	7°2626'20.00" E v.G.
Genève (Pierre du Niton)	500'880 / 117'950	46°12,0' N	6°09.2' E
Zürich (Rathaus)	683'380 / 247'330	47°22,7' N	8°33,1' E

Das Kartenbild der Landeskarten enthält mit *durchgezogenen Linien das Koordinatennetz* (Abstände 1:25'000 und 1:50'000 = 1 km; 1:100'000 = 10 km). Die Werte werden von links nach rechts und von unten nach oben mit einem entsprechenden Massstab gemessen.

Die **geographischen Koordinaten** werden im **Kartenrand** jedes Blattes angegeben (Abstände 1:25'000 2' mit Unterteilung von 20"; 1:50'000 5' mit Unterteilung von 1'; 1:100'000 10' mit Unterteilung von 1'). Werte im Blatt können durch Interpolation gewonnen werden. Der Fehler, der durch gradlinige Konstruktion uentsteht, kann meist vernachlässigt werden.

2.8   Teilungen und Richtungen auf Karten

2.81   gebräuchliche Kreisteilungen in der Schweiz

Die älteste gebräuchliche Kreisteilung ist die **sexagesimale Aufteilung des Kreises in 360° zu 60' und 60''**. Im

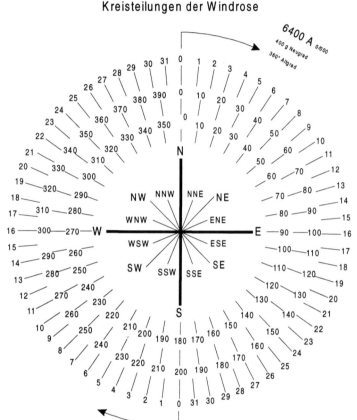

Kreisteilungen der Windrose

duodezimalen System lassen sich dabei wichtige Winkel als ganze Zahlen ausdrük- ken (z.B. 30°, 60° als Drittelspunkte).

Die Vermessung verwendet heute fast aus- schliesslich die *dezimale* **Teilung des Krei- ses in 400^g zu 100^c und 100^{cc}**. Die Additio- nen erfolgen im Dezimalsystem und die rechnerische Verarbeitung ist einfacher. Allerdings werden wichtige Winkel gebro- chene Zahlen ($33^1/_3$ oder 66.6666.. für die Drittelspunkte).

Ein für die Arbeit im Gelände sehr gutes System bildet die Beziehung zwischen **Zentriwinkel und Bogenlänge (Arcusfunktion = arc)**. Die Länge eines Kreisbogens B kann als Teil des Umfangs ($u = 2\pi$) dargestellt werden.

Um ganze Zahlen zu erhalten, werden **Ra- dius Promille** gewählt, wobei der rechte Winkel 1000 $^0/_{00}$ entspricht. Der Vollkreis hat also 6283.2 R. $^0/_{00}$ Dieser genaue, aber unpraktische Wert wurde zuerst auf *6300 R* $^0/_{00}$ gerundet. Er wird in der Artillerie für Vertikalwinkel gebraucht.

Für Horizontalwinkel wurde eine leichter teilbare Skala gewählt, nämlich das **Artillerie-Promille**, bei dem der Vollkreis *6400 A* $^0/_{00}$ entspricht. Im praktischen Gebrauch kann aus dem Winkel (z.B. Feldstecherteilung) unter dem ein bekannter Gegenstand erscheint (z.B. Telephonstange ca. 8 m hoch) auf die Entfernung geschlossen werden (z.B. 20 A $^0/_{00}$ = 400 m Distanz).

2.82   Nordrichtungen und Horizontrichtungen

Im Kartengebrauch sind drei Nordrichtungen von Bedeutung:

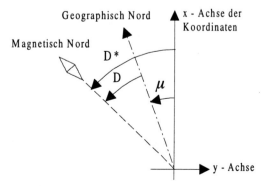

* **Karten Nord:** Richtung der x-Achsen des rechtwinkligen Koordinatensystems
* **Geographisch Nord:** Richtung der Meridiane zum Pol
* **Magnetisch Nord:** Richtung der Magnetnadel zum magneti- schen Nordpol
* μ   Der Winkel zwischen Kartennord und der Meridianrichtung heisst **Meridiankonvergenz.**
* D   Der Winkel zwischen Geographisch Nord und der Richtung der Magnetnadel heisst **Deklination.**
* D* Bezieht sich die Deklination auf Kartennord, so wird sie mit D* bezeichnet.

3   POSITIONSBESTIMMUNG

3.1   Beschaffung des Karteninhalts für topographische Karten

3.11   Traditionelle Aufnahmetechniken

3.111   *Grundlagen und Fixpunkte*

Die Beschaffung der Inhalte für die Originale topographischer Karten oblag *Berufsspezialisten*:

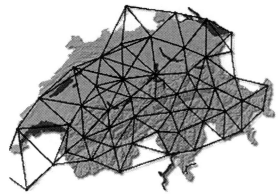

Der *Geodät* (Astronom oder Vermessungsingenieur) berechnete die Grundlagen der Abbildung und bestimmte die Fixpunkte mittels geographischer Ortsbestimmung oder *Triangulationsnetzen hoher Ordnung*. Die Netze aus dem 19. Jahrhundert wurden ab ca. 1900 ergänzt und neu gemessen. Es wurde mit reinen Winkelmessungen bestimmt. Für die Längenverhältnisse wurden *3 Basisstrecken* gemessen (Aarberg, Frauenfeld und Magadino). Das Netz wurde hierarchisch gegliedert. Das Netz erster Ordnung besteht aus etwa 70 Fixpunkten mit einem Abstand von 30 - 70 km. Darin eingepasst wurde die Triangulation 2. Ordnung, weiter verfeinert mit der 3. Ordnung. Es bestehen insgesamt ca. 3000 Fixpunkte mit einer Genauigkeit von 3 bis 5 cm.

Bilder L+T

3.112   *Karteninhalt*

Topographen und *Photogrammeter* lieferten den eigentlichen Karteninhalt: Situation (Bebauung, Verkehrsnetz), Gewässernetz, Gelände (Höhenkurven, Fels), Vegetation. Topographen und Photogrammeter waren Ingenieure einer technischen Hochschule. Absolventen von höheren technischen Lehranstalten Richtung Vermessung (*Ingenieure HTL, Vermessungstechniker mit Fachausweis*) arbeiteten ebenfalls auf diesen Gebieten. An den eidgenössischen technischen Hochschulen konnten zwei verschiedene Diplome erworben werden:

- Der *Vermessungsingenieur* war mehr spezialisiert auf Arbeiten mit hohen mathematischen Anforderungen wie Triangulation, Netzberechnungen, Präzisionsnivellement, komplizierte Absteckungen für Tunnel und Stollen, Deformationsbestimmungen bei Staumauern u.ä.
- Der *Kulturingenieur* befasste sich neben der Vermessung auch mit der Projektierung und Ausführung von Meliorationen, Güterzusammenlegungen, Weg- und Wasserbauten, dafür aber weniger mit Geodäsie. Als Topographen und Photogrammeter arbeiteten sowohl Vermessungs- als auch Kulturingenieure. Von den Diplomen ETH und HTL aus konnte durch Einarbeitung in das Grundbuchwesen und eine entsprechende Praxis das eidgenössische Diplom als *Grundbuchgeometer* erworben werden.

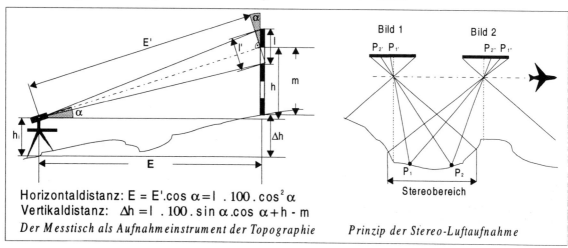

Horizontaldistanz: $E = E'.\cos \alpha = l \cdot 100 \cdot \cos^2 \alpha$
Vertikaldistanz: $\Delta h = l \cdot 100 \cdot \sin \alpha \cdot \cos \alpha + h - m$

Der Messtisch als Aufnahmeinstrument der Topographie   *Prinzip der Stereo-Luftaufnahme*

Der Topograph nahm ursprünglich den ganzen Karteninhalt direkt im Feld mit dem *Messstisch* auf, gestützt auf die *Fixpunkte der Triangulation* und des *Nivellements*. Mit *Polygonzügen* wurden zuerst die Fixpunkte so verdichtet, dass die Positionen der Messstischstationen genügend genau definiert waren.

Mit Hilfe der *terrestrischen* und besonders der *Luftbild-Photogrammetrie* konnte der grösste Teil der Arbeiten unabhängig vom Wetter wesentlich rascher und rationeller im Büro erledigt werden. Für Karten, die hohen Ansprüchen zu genügen haben, ist auch heute noch eine Überprüfung und Ergänzung (*Verifikation*) des Karteninhalts im Gelände nötig, während man sich in Gebieten, die weniger intensiv genutzt werden oder bisher kartographisch überhaupt nicht erfasst waren, auf die photogrammetrische Auswertung beschränkt, ja sich oft auf die direkte Interpretation und Wiedergabe von Luftbildern stützen muss.

Quelle L+T

3.12   Neue Aufnahmetechniken

Die Arbeitsschritte und die grundsätzlichen Techniken wurden wesentlich verfeinert. Zuerst wurde die Ablesung und Speicherung der Daten bei den traditionellen Vermessungsinstrumenten automatisiert. Die Berechnung wurde mit EDV durchgeführt. Damit konnte nicht nur Zeit gewonnen - und Kosten gespart - werden, sondern es wurden auch menschliche *Fehlerquellen* ausgeschaltet.

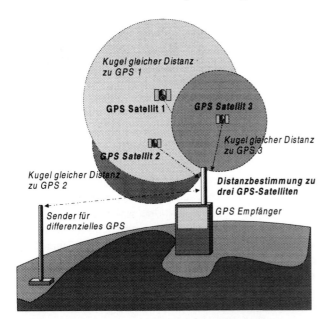

Heute hat sich die Bestimmung der Position und die Orientierung der Instrumente mittels *Satellitennavigation (GPS = Global Positioning System)* durchgesetzt. Die Vermessung kann damit zur Punktbestimmung auf trigonometrische Punkte und traditionelle Polygonzüge verzichten. Für die hohen Anforderungen der Vermessung steht das Differential GPS - Verfahren zur Verfügung. Die Genauigkeit kann dabei den jeweiligen Bedürfnissen angepasst werden.

Die neue *Landesvermessung LV 95* stützt sich auf das *Differential GPS - Verfahren*. Die *Geostation Zimmerwald* dient als Fundamentalpunkt, der mit sehr hoher Genauigkeit bestimmt ist und als Verknüpfung mit den globalen Bezugssystemen dient.

Prinzip der Punktmessung mit GPS (Global Positioning System):
- Die Signale der GPS-Satelliten erlauben die Berechnung der Distanz zum Satelliten.
- Aus den Daten mehrerer Satelliten kann die Position genauer bestimmt werden.
- Über spezielle Sender werden Korrekturen zu den Bahndaten ausgestrahlt und vom GPS Empfänger empfangen und in die Positionsberechnung einbezogen.

Bilder L+T

Das Grundlagennetz der LV-95 besteht aus ca. 180 ausgewählten *geodätischen Punkten* und wird bei Bedarf weiter verdichtet. Die Genauigkeit der Koordinaten liegt landesweit bei 0.5 - 1 cm in der Lage und bei 2 - 3 cm in der ellipsoidischen Höhe.

Die Aufnahme der Situation für Grundbuchpläne erfolgt *tachymetrisch,* wobei die Lage der Stationen mit GPS bestimmt werden. Einzelobjekte für Sachpläne (z.B. Schachtdeckel von Kanalisationen u.ä.) werden direkt über GPS aufgenommen.

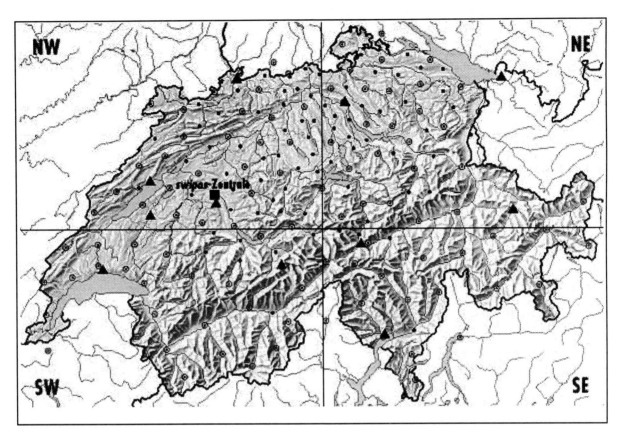

Grundlagennetz der LV 95   Quelle: L+T

Die neueste Entwicklung der **Kameratechnik für Flugaufnahmen** erlaubt die direkte Korrektur von Abweichungen durch Windbewegungen aus der vorgeplanten Flugachse ebenfalls mittels Satellitennavigation. Damit entfallen schwierige Einpassungs- und Korrektureinstellungen am **Stereoautographen** weitgehend. Dank dieser Entwicklung lassen sich **Orthophotos** (massstabtreue Luftbilder) leichter automatisch rechnen.

Die Auswertung erfolgt nicht mehr durch mechanische Übertragung auf einen Zeichentisch, sondern als **digitale Speicherung**. Es ist heute möglich, alle Elemente, die im Stereoautographen von einem Luftbildpaar ausgewertet werden, direkt digital zu erfassen und zu speichern. Die entstehenden **Datensätze sind klar originale Grundlagen.**. Möglich ist die digitale Ausgabe, die interaktiv weiter bearbeitet wird. Die Technik der Auswertung erfordert allerdings für ein gutes Resultat, allen Einzelheiten des Geländemodells akribisch genau zu folgen. Die dabei erzielten Linien (z.B. Höhenkurven in sehr stark gegliedertem oder sehr flachem Gelände) können nicht direkt für die fertige Karte verwendet werden, denn sie würden mit ihrer "Unruhe" das Bild stören. Bei der interaktiven Bearbeitung wird den graphischen Anforderungen Rechnung getragen. Die digital erhobenen und gespeicherten Daten der Grundbuchvermessung können natürlich direkt übernommen werden.

Die jüngste Entwicklung veränderte nicht nur die technischen Mittel, sondern auch die Berufsbilder der Beteiligten. Sie stellt hohe Anforderungen an die Flexibilität und Lernfähigkeit Aller. Es ist zu erwarten, dass sich nach einer Übergangszeit neue Spezialisierungen durchsetzen werden.

4   WEGE ZUR KARTE

Der Berufskartograph erhält in der Regel Vorgaben über die Zielsetzung einer Karte von einem Auftraggeber. Der Wissenschaftler, besonders wenn er sich als Forscher betätigt, kann selber Ideen zur Darstellung seiner Arbeit entwickeln. Wenn sie *räumliche Bezüge* hat, wird die Idee nahe liegen, Resultate in der Form einer Karte darzustellen.

4.1   Auftrag und Zielsetzung

Die *Vorarbeiten* sind unabhängig von der Produktionsart der Karte, integral digital oder traditionell handwerklich, zuerst zu leisten:

4.11   Vorarbeiten

Sind grössere Karten vorgesehen, so empfiehlt es sich, zuerst die *einsetzbaren Mittel an Zeit, Gerät, Arbeitskraft und Geld* und den *zeitlichen Rahmen* abzuschätzen und festzulegen. *Dazu sind Kontakte zu Fachleuten einzelner Arbeitsschritte (Kartograph, EDV-Spezialist, Drucker) und Informationen über die vorgesehenen Wege (Arbeitsschritte, Zeitbedarf, Kosten) und die zur Verfügung stehenden Systeme (Hardware und Software)* sehr wichtig. Für *Auftragsarbeiten* sind ein *Arbeitsprogramm* und eine *Kostenschätzung* nötig; es empfiehlt sich, auch für *Eigenarbeiten* diese Schritte zu machen, denn auch nicht bezahlte Arbeit ist ein wertvoller Aufwand und eine allfällige Publikation (das Mittel, seine wissenschaftliche Leistung mitteilen zu können und vielleicht später auch materiell zu profitieren) wirft genau die gleichen Fragen nach Aufwand und Ertrag auf wie ein direkter Auftrag.

Hier muss über die *déformation professionelle* gesprochen werden, vor der gerade Wissenschaftler nicht durch die harte Kontrolle der Wirtschaftlichkeit gefeit sind: Wer sich über Jahre in ein Thema verbeisst, erliegt gerne der Illusion, seine Leser müssten ein ebenso intensives Interesse an seiner Arbeit haben wie der Autor. Bahnbrechende Erkenntnisse von allgemeinem Interesse sind aber gerade in der Geographie selten und das *"günstige Verkaufen"* der Arbeit ist meist nötig.

Man erstelle zuerst eine *Liste*, was sich an *Sachverhalten, Beziehungen und funktionalen Aspekten* zu einem gestellten Thema darstellen liesse und setze dies in Beziehung zu einer realistischen Anzahl zu erstellender Karten. Man wähle nur die wichtigsten Aussagen aus und überlege sich, ob eine synthetische Karte weniger, aber wichtiger Beziehungen nicht der Aufgabe besser gerecht werden kann, als eine möglichst umfassende Darstellung aller einzelnen Sachverhalte, die dann mit langen trockenen Texten verknüpft werden müssen, ohne direkte räumliche Beziehungen darstellen zu können. Für Karten mit Synthesethemen, die verschiedene Elemente in unterschiedlicher Form kombinieren, reichen beim Einsatz normaler Computeranlagen oft die graphischen Möglichkeiten der Programme nicht aus, und der bequeme Kartenautor zerlegt dann die Aussagen in eine grössere Zahl von Darstellungen mit nur einem Thema. Dabei wird vergessen, dass oft *erst das Zusammenfassen verschiedener Elemente den besonderen Wert einer Karte ausmacht*, der sie über eine reine Zahlenstatistik heraushebt. Wer geographisch denkt, wird hoffentlich nie in Erwägung ziehen, statistische Daten nur in Reihen von Graphiken darzustellen (was leider heute mit automatisierten Diagrammen zu leicht möglich ist) und den Raum zu ignorieren.

Der Einsatz eines Computers verlangt noch mehr als die klassische Kartographie *ein sorgfältiges Prüfen und ein erprobtes Arbeitsprogramm,* denn die Beweglichkeit des Computers ist in der Regel kleiner als diejenige des Kartographen! Besonders wichtig ist es, die *Eigenschaften der Hardware und besonders der Software* genau zu kennen, denn es ist sehr teuer und bedarf eines grossen Zeitaufwandes, Grunddaten neu zu erheben, ein Programm umzuschreiben oder gar selbst zu erstellen.

Die Kosten der Rechenzeit für die Erstellung spielt bei Computerkarten kaum mehr eine Rolle, wenn PCs eingesetzt werden. Müssen aber *fremde Grossanlagen* verwendet werden, so ist die *Benützungszeit* nach wie vor ein bedeutender Kostenfaktor. Wird mit einem PC gearbeitet, so können die Überlegungen zur Themenauswahl weiter gesteckt werden als bei klassischen Karten. Es kann mehr mit Varianten und Modellen *"gespielt"* werden. Der Kartenbenützer und Leser einer Arbeit, also das *Zielpublikum,* darf aber in seiner Fähigkeit und Geduld, eine grosse Zahl von Varianten zu erfassen und zu interpretieren, nicht überfordert werden.

4.12   Ablauf der integralen digitalen Kartenherstellung

Die neuen Geräte erlauben es auch kartographischen Laien, die kein Zeichentalent haben, Karten herzustellen, wenn sie über die nötigen Kenntnisse zur Bedienung der Apparaturen verfügen. Die vorher strikte Trennung der Berufe ist aufgehoben. Der Kartenautor kann von der Feldarbeit bis zur fertigen Karte alle Schritte selber machen. Allerdings benötigt er dazu sehr breite Kenntnisse über Apparaturen, Programme u.a., sodass sich wieder eine, wenn auch andere als früher übliche Arbeitsteilung ergeben wird.

Werden elektronische Datenverarbeitungs- und Ausgabegräte eingesetzt, so können zwar die Darstellungsformen, die Massstäbe und Farben im Herstellungsprozess leichter noch verändert werden, aber es gilt von Beginn an die Anforderungen, die Möglichkeiten und Grenzen der eingesetzten Geräte und Programme genau zu kennen. Zwischen dem integral - digitalen und dem handwerklichen Weg ergibt sich naturgemäss eine grosse Zahl von möglichen Kombinationen. Je nach eingesetzten Geräten und Programmen können sich die Abläufe verändern.

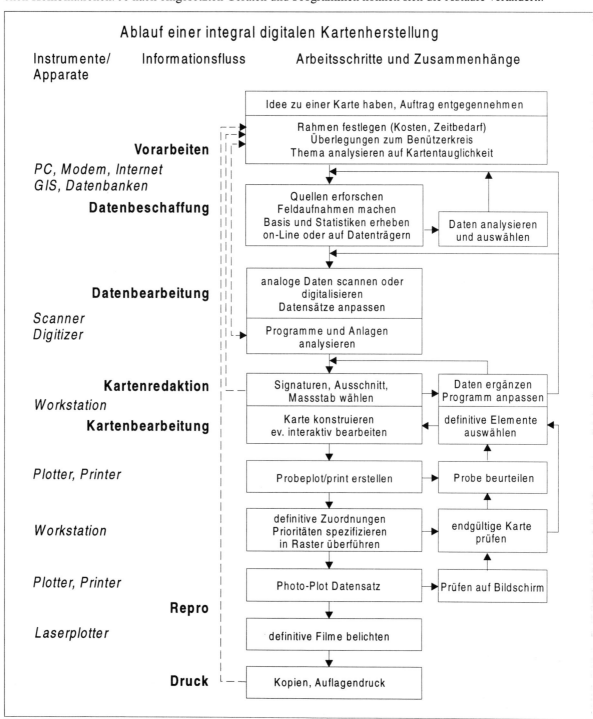

4.13   Ablauf der handwerklichen Herstellung einer Karte

Die traditionelle Kartenherstellung entwickelte seit dem 19. Jahrhundert eine Arbeitsteilung, die vor allem durch die hohen Anforderungen an das **handwerkliche Können** der Kupferstecher und Kartolithographen, später der Reprophotographen, Kopisten und Drucker bedingt war.

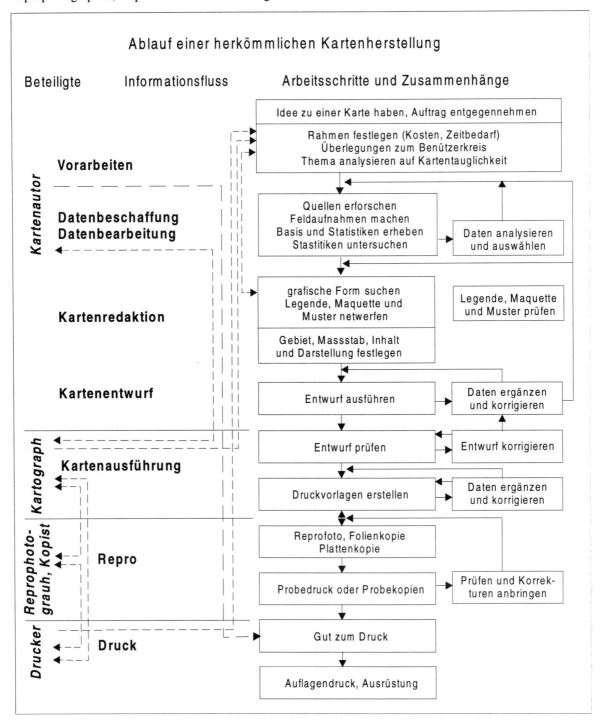

Der Kartenautor lieferte einen möglichst vollständigen Entwurf ab, der vom Kartographen überprüft und selbständig umgesetzt wurde. Die weitere Mitarbeit des Autors beschränkte sich auf die Kontrolle der Ergebnisse, die Korrekturen und die Farbabstimmung beim Druck. Diese Arbeitsteilung blieb bei der Einführung der Gravur und anderer Reprotechniken zuerst erhalten. Die weitere Bearbeitung und Zusammenarbeit lag in den Händen der Fachleute, die Kartenautorin musste nur noch ihr Einverständnis mit dem **Gut zum Druck** bestätigen.

4.2   Beschaffung sekundärer Grundlagen

Abgeleitete Karten heissen *Folgekarten* oder *Sekundärkarten*.

4.21   Neue Wege

Für grössere zusammenhängende Gebiete stehen heute noch keine vollständigen digitalen Datensätze zur Verfügung. Werden Kartenwerke aus **bestehenden** Karten digitalisiert, d.h. die graphischen Originale in einem Scanner erfasst, so müssen die entstehenden **Datensätze** zur Beschaffung sekundärer Daten gerechnet werden. Auch die Modelle der Höhenpunkte und die aus Karten interaktiv gewonnenen Vektordateien gehören dazu, wenn sie aus bestehenden Höhenkurven durch Interpolation berechnet oder aus gescannten Rasterdateien ermittelt wurden.

Solche sekundären Datensätze können keine höheren Genauigkeiten ergeben als die benützte Grundlage. Direkt gewonnene Daten (z.B. Satellitenbilddatensätze) werden *transformiert und verändert*.

Die Entwicklung von Generalisierungsprogrammen ist im Gange, kann aber nur bei voll vektorisierten Karten eingesetzt werden. Die hohen Anforderungen, wie sie an Landeskarten gestellt werden, können nur mit interaktiver Nachbearbeitung gesichert werden. *Eine brauchbare Generalisierung für die gewohnte Situationszeichnung konnte noch nicht erreicht werden.* Folgemassstäbe topographischer Karten (z.B. 1:50'000, 1:100'000) können bisher nur von Hand generalisiert werden. Die Datenauswahl, die charakteristisch richtige Zusammenfassung, die Lageveränderungen und -verdrängungen müssen noch vom Kartographen am Bildschirm vorgenommen werden. Die *Nachführung* von digitalisierten Karten am Bildschirm kann relativ einfach erfolgen. Ein Qualitätsverlust, wie er bei den zahlreichen Kopier- und Ätzvorgängen nicht zu vermeiden war, tritt nicht mehr ein. Allerdings sind die Fragen der langfristigen elektronischen Sicherung noch nicht gelöst. Gewähr bieten bisher die Übertragung auf die „mechanisch-optische" *CD* oder *DVD*.

Anders ist die Situation in der Verlagskartographie, wo ein gleicher oder ähnlicher Karteninhalt in immer verschiedenen Konfigurationen ausgegeben werden muss. Dies trifft zu für Schulkarten, Autokarten, Atlanten, usw.. Die Ungleichheit bestehender Originale in Massstab, Projektion und Kartenmittelpunkt erlaubt keine direkte Zusammensetzung aneinanderstossender Randzonen. So kann nicht einfach der Ostteil einer Karte Frankreichs mit dem Westteil einer Karte der Bundesrepublik zu einer Karte des Raumes Vogesen-Schwarzwald zusammengesetzt werden. Der ganze Inhalt muss für neue Netzentwürfe oder neue Kombination *transformiert* werden. Diese Arbeit von Hand auszuführen benötigt sehr viel Zeit. Steht hingegen ein vollständiger elektronisch gespeicherter Datensatz (z.B. ganz Westeuropa) zur Verfügung, so können Länder- und Teilkarten beliebig generiert werden. Auch eine Variation des Massstabes ist in gewissen Grenzen möglich. Nachführungen sind nur noch einmal auf dem zentralen Datensatz nötig, nicht mehr auf jeder einzelnen Publikation. Hier lohnt sich die grosse Investition in die Datenbanken.

Mit dem Aufkommen *digitaler Geländemodelle*, *geographischer Informationssysteme* (GIS) und der Möglichkeit zur Übertragung für verschiedene Zwecke stellen sich neue urheberrechtliche Fragen, die heute noch einer Lösung harren. In der Regel wird der Benützer eines Datensatzes mit dem Inhaber der Originaldaten einen Lizenzvertrag abschliessen müssen, vergleichbar den nötigen Bewilligungen zum Gebrauch der Landeskarten.

4.22   Traditionelle Wege

Seit jeher wird der Grossteil der Karten durch die *Umarbeitung* und *Ergänzung* des Inhalts aus bestehenden Karten erstellt. So entnimmt man in der Regel den Inhalt für Karten kleinerer Massstäbe aus Karten grösserer Massstäbe, sei es durch *Neuzeichnen von Entwürfen* oder durch *photomechanische Reduktion der Quelle* mit anschliessender *Anpassung*. Diesen Vorgang, die *Generalisierung,* ist die wichtigste eigentlich kartographische Aufgabe. Neben den kartographischen Kenntnissen werden andere Fachkenntnisse wichtig für die Bearbeitung von Schulkarten, Autokarten, touristischen Karten u.ä.. Hier können Geographen, die sich die nötigen Grundkenntnisse in Kartographie angeeignet haben, in der Datenbeschaffung und in der Kartenredaktion mitarbeiten.

4.3   Beschaffung des Karteninhalts für thematische Karten

4.31   Beschaffung originaler Grundlagen

Eine grosse Zahl von Daten, besonders Statistiken, sind erheblich leichter zugänglich geworden (Internet, direkter Anschluss an Datenbanken); sie können einfacher verarbeitet werden, und eine wiederholte Ausgabe ist mit weniger Aufwand verbunden als bei einer Zeichnung von Hand. Liegen einer Arbeit aber Originaldaten zugrunde, so darf die sorgfältige Analyse ihrer Verwendung vor der Erhebung nicht vernachlässigt werden, denn der Aufwand zum Beschaffen ist unabhängig von der Verarbeitung immer etwa gleich gross.

Interessant ist die Unterstützung durch den Computer für thematische Karten bei denen der ganze Karteninhalt oder Teile davon aufgrund von statistischen Datensätzen errechnet werden müssen (z.B. Kreissektordiagramme über Beschäftigung oder Pendlerströme, usw.) und für Karten, die mit einem Grunddatensatz in verschiedenen Variationen ausgegeben werden (z.B. unterschiedliche Gewichtung von Faktoren in der Raumplanung oder veränderte Annahmen bei Modellrechnungen). Diese Aufgaben können heute mit einer grossen Zahl von Programmen gelöst werden, welche über grosse Möglichkeiten der graphischen Ausdrucksformen verfügen. Man verspricht sich davon vor allem eine Einsparung an Arbeitszeit und eine bessere Qualität der Karten, wenn diese durch Laien erstellt werden. Das trifft zu für Anwender, die sich am Computer gut eingearbeitet haben. Muss aber der Einsatz zuerst gelernt werden, oder müssen Programme erstellt oder angepasst werden, so wird die Einsparung an Zeit oft zur Illusion. Die weit verbreiteten kombinierten Computerprogramme enthalten Textverarbeitung, Tabellenkalkulation und Datenbanken, stellen aber in der Regel nur eine eng begrenzte Palette graphischer Möglichkeiten ohne räumliche Bezüge zur Verfügung, die - wenn überhaupt - nur mit einem erheblichen Programmierungsaufwand erweitert werden kann. Graphikprogramme, wie z.B. Corel oder Harvard Graphics, deren Produkten wir täglich in den Zeitungen und bei fast jedem Vortrag begegnen, bieten meist bessere, d.h. freier gestaltbare graphische Möglichkeiten. Noch besser geeignet sind die speziellen Programme, die im Institut zur Verfügung stehen.

Mit dem Einsatz von GPS-Systemen kann im Feld der räumlich-thematische Inhalt direkt in den Computer übernommen und mit Programmen weiter verarbeitet werden.

Die grosse Verbreitung *Geographischer-Informations-Systeme (GIS)* weitet das Angebot direkt flächenbezogener Daten in einem Mass aus, das vor kurzem nicht denkbar war. Der Aufwand und die Zeit zur Schaffung solcher Systeme dürfen aber nicht unterschätzt werden. Dies gilt vor allem für die Erfassung von Daten über grosse Gebiete (z.B. ganze Schweiz). Die traditionelle amtliche Vermessung dauert auch bereits seit dem Beginn des Jahrhunderts, ohne dass sie abgeschlossen wäre. Zweifel bestehen, ob die vollständige Umstellung in der geplanten kurzen Zeit realisiert werden kann. Die zweite Komponente, die gerade für geographische Anwendungen sehr wichtig ist, nämlich die *räumliche Aufbereitung statistischer Daten*, lässt teilweise noch auf sich warten, decken doch die Volkszählungsergebnisse, welche räumlich aufbereitet sind, nur einen kleinen Bereich der Statistik ab und der grosse Rest bezieht sich auf politische Einheiten, in der Regel Gemeinden. Die GIS werden aber nicht nur Informationen zur Verfügung stellen, sie werden auch - leider - zu einer Uniformierung im Bereich thematischer Karten grosser Massstäbe führen.

Für thematische Karten beschaffte der *Fachwissenschaftler* die Daten, sei es durch eigene Erhebungen im Gelände, sei es durch die auf fachliche Bedürfnisse ausgerichtete Auswertung von Luftbildern und Satellitenaufnahmen oder sei es durch die Bearbeitung schriftlicher Quellen, Statistiken, Umfragen u.ä.. Auf diese Weise entstehen z.B. geologische, geomorphologische, hydrologische, klimatologische, glaziologische oder kulturgeographische Karten. Die Geländeaufnahme erfolgt entweder durch den direkten Eintrag in eine Basiskarte mit Hilfe des Messtischs oder von Vermessungsinstrumenten (vom einfachen Sitometer bis zum Theodolit). Bei genügenden Anhaltspunkten in der Basiskarte (z.B. Siedlung, Landnutzung) kann auch frei gearbeitet werden, bei ungenügenden Anhaltspunkten können einfache Auswertungsgeräte und Luftbildumzeicher eingesetzt werden. Werden Literatur oder Statistiken verarbeitet, so besteht die Aufgabe in der geeigneten, dem Benützer angepassten, graphisch einwandfreien Darstellung.

Wer die Daten erfasst, bearbeitet und in einem *Kartenentwurf* niederlegt, wird als *Kartenverfasser* oder *Kartenautorin* bezeichnet.

4.32   Beschaffung sekundärer Grundlagen

Der rechtliche Schutz einer Karte geht weniger weit als etwa bei einem literarischen Werk. Der **Inhalt einer Karte** darf benützt werden, verboten ist jedoch eine direkte photomechanische Übernahme ohne Einwilligung des Autors. Wie bei den topographischen Karten hat auch im Bereich der thematischen Karten die Verwendung bereits bestehender Karten eine lange Tradition. Aber es muss immer bedacht werden, dass man die Inhalte zusammen mit ihren **Fehlern** übernimmt.

Das Gleiche gilt für die Statistik. Eine gründliche **Quellenkritik** ist immer angebracht, weisen doch auch offizielle Statistiken manchmal erhebliche Fehler auf, sei es bei der Erhebung oder bei der Festlegung von Kategorien.

Es hat keinen Sinn, **Daten zu beschaffen und zu bearbeiten, die später nicht verwendet werden können**. Lücken in den Grunddaten oder falsche Daten können aber ebenso fatale Folgen für den Ablauf der Arbeit und die Qualität des Resultats haben.

Sekundäre Daten und Quellenmaterial (z.B. Grundkarten) oder manuell erstellte **Kartenentwürfe** (ausgearbeitet oder lesefähige Skizzen) werden heute meist über **Scanner** erfasst und als Rasterbild (Pixelkarte) eingelesen. Aber es muss immer bedacht werden, dass man die Inhalte zusammen mit ihren **Fehlern** übernimmt. Auf diesen Grundlagen lassen sich Inhalte in Raster- oder Vektortechnik erstellen. Mit den Scannern und der erleichterten Möglichkeit zur Umarbeitung werden früher klare Grenzen der Autorenrechte verwischt.

Datenträger für die Kartographie sind **Plattenspeicher** oder **Compact Discs (CD und DVD)**. Neue **Speichermedien** erreichen immer höhere Leistungen, die einen Einsatz in der Kartographie erlauben.

Beim Einsatz des Computers ist eine erste Gefahr bereits bei den Grunddaten zu beachten, der **"Taschenrechnereffekt"**: Der Computer berechnet alle eingegebenen Daten mit einer sehr hohen, immer gleichen Genauigkeit. Er kann keine Überlegungen über die **Qualität der Daten** anstellen. Grobe Schätzungen und exakt gemessene Werte werden gleich behandelt. Nur die Kartenautorin kann - *und muss* - sich immer Rechenschaft geben über die Bedeutung, den "Qualitätsstandard" von Daten und damit auch der damit errechneten Resultate. Sie muss im übertragenen Sinn zum Rechenschieber zurückkehren, der immer zu einer Abschätzung der Zahlen zwang. Es lohnt sich, wenn überhaupt möglich, in die Programme **Rundungsoperationen** einzubauen oder ursprünglich unexakte Daten in gröberen Einheiten auszugeben.

4.4   Redaktion und Kartenentwurf

4.41   Redaktion

Unter Redaktion werden im weiteren Sinn alle organisatorischen Schritte und die Planung der Abläufe verstanden, die zur Erstellung einer Karte nötig sind. Um die einzelnen Teilschritte zeigen zu können möchten wir den Begriff **Redaktion** hier eingrenzen auf Tätigkeiten, die mit der Redaktion im Journalismus verglichen werden können, also **alle Entscheide, die den Inhalt einer Karte** bestimmen.

Mit der integral elektronischen Kartenherstellung erfolgt die **Redaktion** nur noch bei der **Auswahl und Vorbereitung der Daten** zur Integration in die Programme und für die Ausgabe. Bereits in einer frühen Phase müssen die Datensätze angepasst werden. Der grosse Teil der redaktionellen Arbeit wird auf dialogfähigen Anlagen (Intergraph, Arc View u.a.) im Rahmen der **Kartenbearbeitung** vorgenommen.

In einem ersten Schritt müssen die **Auswahlkriterien** des Karteninhalts festgelegt werden. Dabei sind die Ziele der Karte und der vorgesehene Massstab zu berücksichtigen. Neben **Klassierungskriterien für Städte und Ortschaften, Strassen, Eisenbahnen, u.ä.**, müssen auch die **besonderen Inhalte** (in einer Strassenkarte z.B. Campingplätze, Badeorte, Museen, Sehenswürdigkeiten, malerische Strecken, Aussichtspunkte, Raststätten, usw.) bestimmt werden. Die **Masse und Formen der Elemente** sind genau festzulegen.

4.411 Maquette

Die **Kartenmaquette** zeigt den Kartenausschnitt, der dargestellt werden soll, in der Form einer Skizze. Sie gibt zudem Auskunft über die graphische Gestaltung des Kartenrandes mit der Beschriftung, die Plazierung der Titulatur, die Anordnung der Erläuterungen (Kartenlegende).

4.412 Massstab

Die Wahl des **Massstabes** ist für thematische Karten wesentlich schwieriger als für topographische Karten, wo sich gängige Massstabreihen mit entsprechend angepasster Inhaltsdichte eingebürgert haben. Neben den Anforderungen, die direkt von der Dichte des Inhalts ausgehen, müssen immer auch die Bedingungen der Wiedergabemöglichkeit betrachtet werden. Es ist klüger, im Innern eines Buches die Karten auf das normale Seitenformat zu reduzieren und wenn nötig entsprechend zu vereinfachen, als mit einer grossen Zahl unhandlicher - und teurer - Klappen zu arbeiten.

Zwischen der Dichte der Daten und dem Kartenmassstab besteht ein enger Zusammenhang. Entweder bestimmen die verfügbaren Daten den Massstab oder der Massstab die Zahl der darstellbaren Daten. In vielen Fällen ist ein bestimmtes Untersuchungsgebiet vorgegeben (z.B. eine Planungsregion). Der Massstab muss nun so gewählt werden, dass das ganze Gebiet in einer bestimmten Grösse dargestellt werden kann. Die Datendichte muss sich in diesem Fall dem Massstab anpassen. Es gilt deshalb zu entscheiden, ob die zusätzliche Information der genauen Lage eine Verbesserung der angestrebten Aussagen ergibt. Ist dies der Fall, so muss der Massstab vergrössert werden, bis die Darstellung klar und eindeutig wird.

Computerkarten können am Bildschirm in ihrer Darstellung sehr stark vergrössert oder verkleinert werden. Die Signaturen, müssen an die kartographischen Anforderungen (Grösse, Lesbarkeit, Genauigkeit, Lage) angepasst werden. Anderseits können Tests viel leichter wiederholt werden als bei traditionellen Karten. Es sei deshalb jeder Kartenautorin beim Einsatz des Computers für die Kartenerstellung empfohlen, den Rat zur *sorgfältigen Prüfung des geeigneten Endmassstabes* ganz besonders zu beachten.

4.413   Legende

Die **Legende** legt **alle Elemente** fest, die zur Darstellung kommen sollen. In dieser **Zeichenlegende,** die nicht identisch ist mit der Legende, die später auf der Karte selbst zur Erläuterung dient, werden die einzelnen Elemente in **Form, Strichstärke, Abständen, Farbe, usw.** genau festgelegt. Die **Masse** der einzelnen Elemente sind auf ihre Wirkung im einzelnen und im **Zusammenspiel mit allen anderen Signaturen** zu prüfen.

Bei **Kartographieprogrammen,** welche mit **Signaturen** arbeiten, müssen die einzelnen Elemente entworfen und im einem **Katalog,** welcher der Karte zugeordnet ist, festgelegt werden. Sind spätere Anpassungen erforderlich, so ändern sich alle gleichen Signaturen in der Karte selbständig zum geänderten Symbol.

4.414   Muster und Entwurf

Für komplexe Karten, topographische und thematische, sollte immer zuerst ein kleiner Ausschnitt, der alle vorkommenden Kombinationen enthält als *Muster*, möglichst im endgültigen Massstab, gezeichnet werden. Nur so können die Überlegungen zur Karte *früh genug* überprüft werden. Kartenmuster werden im ganzen vorgesehenen Reproduktionsweg erstellt und liegen als *Farbkopie* oder *Andruck* vor.

Eine eigentliche Kartenvorlage ist nur noch bei der traditionellen Herstellung erforderlich. Sie enthält in einem oder mehreren Blättern den gesamten **lagerichtigen Karteninhalt,** der aufgrund von Skizzen und Materialien gezeichnet wird. Diese Vorlage muss **masshaltig** sein, denn die dient oft direkt als Zeichenunterlage und darf sich im Laufe der Reinzeichnung nicht verziehen. Die fertig redigierte Vorlage kann entweder alle Elemente in einer Zeichnung vereinen, oder sie kann bereits nach Druckfarben oder Sachelementen getrennt sein. In der **Entwurfszeichnung** ist es nicht nötig, alle Elemente in der definitiven Form darzustellen. Mit Hilfe einer besonderen Erläuterung kann die später gewünschte Umsetzung gezeigt werden (z.B. einfache rote Linie = Strasse 2. Klasse). Wichtigstes Gebot ist die **Lagegenauigkeit** der Vorlage, denn der Kartograph kann nicht genauer zeichnen, als es die Vorlage erlaubt.

Der Entwurf soll sich an den Reproduktionsmöglichkeiten messen. Es hat keinen Sinn, mit buntesten Farben komplexe Kartengemälde zu erstellen, die später auf einer A 4 Seite mit einer oder zwei Farben gedruckt werden müssen. Müssen vielfarbige, grossmassstäbliche Vorlagen mit feinen, wirren Signaturen zuerst umgearbeitet werden, so bedeutet dies einen vermeidbaren Mehraufwand an Zeit und Geld.

4.415 Klassenbildung, Grenz- und Schwellenwerte

Die graphischen Mittel und die begrenzte Aufnahmefähigkeit der Benutzer macht es nötig, die Kontinua der Daten zu gliedern, d.h. Klassen zu bilden, Grenz- und Schwellenwerte festzulegen. Die Anzahl der Klassen hängt dabei oft von den verfügbaren Mitteln ab, sei es eine begrenzte Farb- oder Rasterzahl, sei es die Differenzierung der Signaturengrössen. Am einfachsten ist es, *schematische Klassen* zu bilden, z.B.

Signaturen der Ortsgrössen für	100	1000	10000	100000	1 Mio.	Einwohner
Werte der Punktsignaturen für	100	1000	10000			Grundwerte
Dichtewerte Einwohner/km2	10	20	50	100	500	E/km2
Zunahmen oder Abnahmen	10	20	50	100		%

Diese einfachen Grenzwerte erleichtern Vergleiche mit anderen, gleich unterteilten Karten. Sie können aber auch natürliche oder charakteristische Gruppen zerreissen, atypische Resultate liefern oder heterogene Elemente in einer Klasse zusammenfassen.

Als Beispiel wird eine Stadt in 30 Gebiete mit einigermassen homogener Bebauung aufgeteilt. Es ergeben sich die folgenden charakteristischen Gruppen (**Tafel 18**)

- Die zentralen Teile haben trotz hoher Ausnützung Werte von 90-105 E/ha.
- Dicht bebaute ältere Quartiere mit Überalterung Werte von 270-305 E/ha.
- Neue Wohnquartiere mit hohen Kinderzahlen haben Werte von 390-450 E/ha.
- 2-3 geschossige locker bebaute Wohnquartiere liegen zwischen 85-115 E/ha.
- Einfamilienhausquartiere haben je nach Parzellierung 35-60 E/ha.

Wird eine starre Klassierung mit Grenzen bei 100, 200, 300 und 400 gewählt, so kommen die oben genannten charakteristischen Gruppen nicht zum Ausdruck. Werden die Grenzen so gelegt, dass in jeder Gruppe 6 Werte vorkommen, so entsteht ebenfalls kein aussagekräftiges Bild. Um eine gute Gliederung zu erhalten, d.h. die Charakteristik zeigen zu können, müssen die Grenzen bei 60, 120, 240, 360 gelegt werden, eine Teilung, die sich aus der Datenanalyse ergibt.

Fast alle Gebiete der thematischen Kartographie stellen die Frage der *sinnvollen Gruppenbildung*. Bei historischen Karten werden seit langem die Schwellenwerte bei wichtigen Entwicklungsphasen gelegt. Es wird kaum jemandem einfallen, die geraden Zahlen der Jahrhunderte als Grenzwerte zu brauchen. Vielmehr werden entscheidende Zäsuren gewählt, z.B. 1315 (nach Morgarten), 1415 (Eroberung des Aargaus), 1798 (Ende der Alten Eidgenossenschaft), 1815 (nach Wiener Kongress).

Ein Karteninhalt wird nur erfasst, wenn die Zahl der Flächen und Kategorien nicht zu gross ist.

Progressiv abgestufte Gruppen erlauben es, die Zahl der Klassen zu reduzieren und trotzdem für die Teile von grosser Wichtigkeit feine Abstufungen zu wählen. Die Gruppenbildung sollte nicht nach rein statistisch Kriterien erfolgen. Vielmehr muss sie aufgrund der Datenanalyse frei gewählt werden.

Die meisten Computer-Programme weisen eine grosse Zahl mathematischer Funktionen auf, die richtig eingesetzt zur Ermittlung einer aussagekräftigen Klassenbildung dienen können. Allerdings ergeben sich oft rechnerische Grenzwerte, die ungerade sind und sich vom Leser kaum merken lassen. Wird die rein rechnerische Ermittlung auf signifikante Werte gerundet, so verlässt man zwar die scheinbare Genauigkeit, gewinnt aber an Benutzerfreundlichkeit. Beim Programmieren sollte immer darauf geachtet werden, dass *Klassengrenzen frei gewählt* werden können. Was nützen die schönsten Quantilen, wenn sie nicht tatsächliche, signifikante Gruppen zeigen und niemand sich die Grenzwerte merken kann?

Die Natur kennt sehr selten exakte scharfe Grenzlinien. Kann die traditionelle Kartographie dem noch einigermassen Rechnung tragen, so wird dies in der Anwendung im Computer schwierig. Überlappende Kategorien können zur Bildung charakteristischer Gruppen nicht verwendet werden. Sollen Schwellenwerte gezeigt werden (z.B. stabile Verhältnisse entsprechen in einem Fall Zunahmen von bis 3 % und Abnahmen bis 3 %), so muss eine Kategorie mit diesen Grenzen gebildet werden

4.416   Mit oder ohne Topographie

Die topographische Grundlage einer thematischen Karte allein ermöglicht direkte Zusammenhänge zwischen Thema und Topographie zu erkennen. Der Wert einer thematischen Karte kann damit wesentlich gesteigert werden. Die Geographie fragt immer nach der Beziehung einer Aussage zum Raum, ebenso die Geologie und die Botanik, denn es ist wichtig zu wissen, ob eine geologische Schicht im Steilhang oder auf einer flachen Zone auftritt, ob eine Pflanze sonnige oder schattige Lagen bevorzugt. Die einfachen kleinformatigen thematischen Karten können meist gar nicht mit einer umfassenden topographischen Grundlage versehen werden. Es hängt wesentlich vom Massstab und der Datendichte ab, ob die Topographie mitgedruckt werden kann. In einfarbigen Darstellungen ist dies nur über die Aufrasterung der Situation möglich. Damit erscheint die Topographie nicht mehr im vollen Ton (wie die thematische Aussage), sondern als leichter Ton (grau oder farbig). Die Rasterung hat einen Verlust an Schärfe zur Folge, die topographische Grundlage kann nicht mehr in allen Teilen deutlich gelesen werden. Einen Ausweg bietet ein vereinfachtes Bild der Topographie, sei es durch die Beschränkung auf wenige Strassen und Orte, auf das Flussnetz oder das Relief, je nach Wichtigkeit der Zusammenhänge.

Karten *grosser Massstäbe*, mit geringer Dichte der Topographie, erlauben die Aufrasterung der Grundlage mit einem sehr feinen Raster, damit sie im Druck als leichter Grauton erscheint. Der Eindruck thematischer Aussagen, wie z.B. lokalisierte Messdiagramme oder Situationspläne u.ä. in Schwarz ist leicht möglich. Der Druck solcher Karten stellt hohe Anforderungen an Technik und Papier. Es kann billiger sein, in einem einfachen Verfahren zwei Farben zu drucken. Eine Unsitte ist die Erstellung von Zonen- und anderen Nutzungsplänen in sehr grossen Massstäben ohne jegliche Topographie, nur weil die gängigen Grundbuchpläne und ihre Reduktionen keine Höhenkurven enthalten. Es kann dann vorkommen, dass den zuständigen kantonalen Behörden die Abgrenzung einer Bauzone zuerst im Terrain verständlich gemacht werden muss, weil sie aus dem Parzellarplan nicht ersichtlich ist.

Normalerweise werden thematische Karten *mittlerer Massstäbe* (1:25'000 bis 1:200'000) in mindestens *zwei Farben* gedruckt, wenn die Topographie einbezogen wird. Für solche Standardmassstäbe stehen in der Schweiz **die *totalen Bilder der topographischen Karten*** des Bundesamtes für Landestopographie als gute Grundlage zur Verfügung. Diese *Pixel-Dateien* enthalten *die ganze Situation mit der Schrift, das Gewässernetz, die Höhenkurven und die Waldgrenzen*. Das Relief kann aus den Höhenkurven abgelesen werden. Wird die Topographie in einem leichten Grauton gedruckt, so sollte die thematische Aussage mit einer kräftigen deutlich zeichnenden Farbe (rot, violett) eingedruckt werden.

In *kleinen Massstäben* (unter 1:200'000) wird, wenn sie überhaupt noch dargestellt wird, die Topographie auf einige wenige Situationselemente oder auf das Gewässernetz beschränkt. Bei richtiger Generalisierung und Farbgebung des thematischen Inhalts lassen sich gute Resultate erzielen. Politische und statistische Karten kleiner als 1:300'000 werden meist ohne Topographie erstellt, obwohl auch hier der Einfluss der Verkehrswege oder des Reliefs wichtig ist. Einen Ausweg bietet der *leichte Eindruck der Schummerung*, verbunden mit deutlichen gut zeichnenden Signaturen, wie sie für Bevölkerungspunktkarten verwendet werden.

Wer immer als Geograph gewohnt ist, die topographischen Verhältnisse seinen Aussagen zugrunde zu legen, sollte nicht auf die zusätzliche Information einer Grundlage verzichten. Es sind deshalb Mittel und Wege zu suchen, die Grundlage einzubauen. Dazu stehen grundsätzlich folgende Möglichkeiten zur Verfügung:

- Mit einem *Scanner* wird die ganze topographische Grundlage erfasst und gespeichert. Sie wird später unverändert der thematischen Aussage unterlegt, was zu reprotechnischen Problemen führen kann.
- Es werden nur Teile der Topographie mit Scanner erfasst (z.B. Höhenkurven, Flussnetz oder Situation) und in speziellen Programmschritten verarbeitet, bis sie mit der thematischen Aussage kombiniert werden können.
- Es wird ein einfaches Grundgerüst der Topographie speziell für den Eintrag erstellt, z.B. Flussnetz, wichtigste Orte und Verkehrsachsen, Begrenzungslinien. Die politischen Grenzen allein werden dem Geographen aber kaum genügen, denn ihr Verlauf ist oft sehr willkürlich und verfälscht Aussagen.

4.417   Programme bearbeiten

Eigene Programme können in den gängigen *Programmiersprachen* (z.B. Basic, Pascal, C) erstellt werden. Der Aufwand lohnt sich aber nur, wenn man bereits Kenntnisse der Sprachen hat, und wenn ein Programm nachher für mehrere Anwendungen gebraucht wird. Je grösser die Beweglichkeit eines Programms sein soll (viele Freiheitsgrade für die Form der Darstellung, die Darstellung von erläuternden Elementen (Grenzen, Flüssen, Orte, usw.), um so aufwendiger wird die Arbeit und um so grösser der *Zeitbedarf zum Testen der Programme*.

5   WAHRNEHMUNG und GENERALISIERUNG

5.1   Allgemeines

Die Karte, als vereinfachtes und erläutertes Abbild eines Teils der Erdoberfläche ist, verglichen mit dem Luftbild, das ihr oft zugrunde liegt, *sehr stark abstrahiert und besteht im wesentlichen aus Darstellungskonventionen, den Kartensignaturen*. Wir haben uns durch den ständigen Umgang mit Karten dermassen an die Signaturen gewöhnt, dass wir z.B. ein schwarzes Rechteck sofort als Haus, eine feine Doppellinie als Strasse identifizieren, obwohl diese graphischen Symbole keine Grundrissbilder der Objekte sind. In den folgenden Abschnitten werden generelle Fragen der Generalisierung diskutiert. Da die Karte immer auch Auswahl ist, werden die Fragen der Generalisierung einzelner Kartenelemente in den entsprechenden Abschnitten behandelt.

5.2   Warum muss generalisiert werden ?

5.21   Minimaldimensionen

Das Auflösungsvermögen des menschlichen Auges ist von Natur aus beschränkt, zudem muss der Kartenautor damit rechnen, dass ein grosser Teil der künftigen Kartenbenützer nicht über das volle Sehvermögen, oder nicht über ein geschultes Auge für die Erkennung feiner Differenzen verfügt. Das Auflösungsvermögen des menschlichen Auges liegt etwa bei 0.02 mm auf 30 cm Abstand vom Auge. Bei gutem Kontrast können feine Linien von 0.04 mm Strichdicke noch erkannt werden. Dies ist auch etwa die Grenze der drucktechnischen Möglichkeiten, ohne Verluste im Reproduktionsprozess zu riskieren.

Es ist aber auch nicht sinnvoll, die Feinheit der Kartenelemente bis an die Grenze des noch Sicht- und Druckbaren voranzutreiben, denn wichtige Objekte müssen rasch und deutlich erkennbar sein, Formunterschiede müssen deutlich erkannt werden können, und der Reduktion des Kontrasts durch helle Druckfarben muss Rechnung getragen werden.

Gerade noch erkennbar sind auf weissem Papier schwarz gedruckte
- einfache Linien von 0.05 mm Breite;
- Doppellinien mit einem Zwischenraum von 0.25 mm Breite
- Abstände zwischen Flächen von 0.25 mm Breite;
- ein Quadrat wird als solches erkannt, wenn es mindestens 0.3 mm Kantenlänge aufweist;
- Punkte von 0.15 mm Durchmesser;
- Kreise von 0.3 mm Durchmesser;
- offene Dreiecke von 1.0 mm Seitenlänge;
- Vor- und Rücksprünge einer Haussignatur von 0.2 mm;

Für farbige Liniensignaturen und Flächen erhöhen sich diese Werte je heller die Farbe ist und je geringer der Kontrast zur Umgebung ist (z.B. hellblaue Linien auf einem blaugrau gedruckten Reliefton müssen breiter sein als rote Linien, die optisch gleich wirken sollen. Diese komplexen Zusammenhänge lassen sich oft erst im fertigen Musterausschnitt einer Karte klar erkennen.

Farbige Flächen müssen, um sich deutlich von benachbarten andersfarbigen Flächen abzusetzen, mindestens 4.0 Quadratmillimeter aufweisen. Auch hier müssen helle Farben und feine Raster grösser gehalten werden.

5.22   Die Verdichtung des Karteninhalts durch die Verkleinerung

Der massstäblichen Darstellung von Objekten in der Karte sind enge Grenzen gesetzt durch die Möglichkeiten des menschlichen Auges und der Reproduktion:
- ein Einfamilienhaus von 12 m Länge und 10 m Breite würde im Massstab 1:50'000 noch 0.24 x 0.2 mm gross und damit die minimalen Masse unterschreiten;
- eine Nebenstrasse mit einer Fahrbahnbreite von 4.5 m wird bereits im Massstab 1:25'000 nur noch 0.18 mm breit und kann so nicht mehr dargestellt werden.

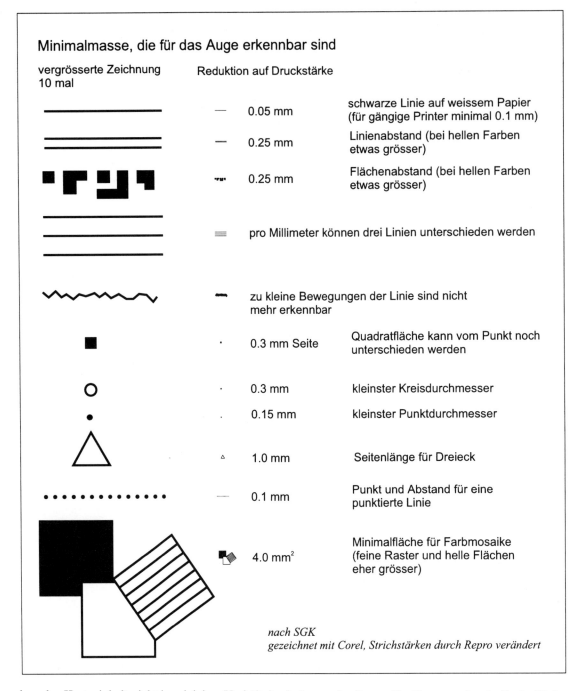

Minimalmasse, die für das Auge erkennbar sind

vergrösserte Zeichnung 10 mal	Reduktion auf Druckstärke	
	— 0.05 mm	schwarze Linie auf weissem Papier (für gängige Printer minimal 0.1 mm)
	— 0.25 mm	Linienabstand (bei hellen Farben etwas grösser)
	0.25 mm	Flächenabstand (bei hellen Farben etwas grösser)
	≡	pro Millimeter können drei Linien unterschieden werden
	—	zu kleine Bewegungen der Linie sind nicht mehr erkennbar
	· 0.3 mm Seite	Quadratfläche kann vom Punkt noch unterschieden werden
	· 0.3 mm	kleinster Kreisdurchmesser
	· 0.15 mm	kleinster Punktdurchmesser
	△ 1.0 mm	Seitenlänge für Dreieck
	— 0.1 mm	Punkt und Abstand für eine punktierte Linie
	4.0 mm²	Minimalfläche für Farbmosaike (feine Raster und helle Flächen eher grösser)

nach SGK
gezeichnet mit Corel, Strichstärken durch Repro verändert

Da zudem der Karteninhalt nicht im gleichen Verhältnis abnimmt wie die zur Verfügung stehende Papierfläche, entsteht im kleineren Massstab eine Verdichtung des Karteninhalts, die rasch zur Unlesbarkeit des Kartenbildes führen kann. Die Lesbarkeit des Kartenbildes kann nur wieder erreicht werden durch Verzicht auf die Massstäblichkeit der Darstellung der Objekte, d.h. die Einführung von Signaturen.

Wird eine Karte stark verkleinert, so können die Einzelheiten nicht mehr erkannt werden (Bild linke Seite). Mit der Einhaltung der Minimalmasse in der fertigen Karte können aber nicht mehr alle Objekte gezeigt werden (Bild rechte Seite). Aus der Einhaltung der Minimalmasse ergibt sich also ein Zwang zur Generalisierung

n. SGK

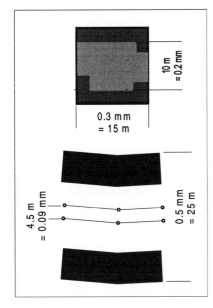

5.23   Die speziellen Lesebedingungen

Die oben genannten Minimaldimensionen gelten für eine Karte, die bei gutem Licht in Ruhe betrachtet werden kann. Nun sind solch optimale Bedingungen sehr selten. Karten dienen ja nur zum geringsten Teil Bürogeographen, sie werden vielmehr im Freien, des nachts, bei ungenügender Beleuchtung, im fahrenden Auto usw. benützt und müssen unter diesen schlechten Umständen lesbar sein.

Der Kartenautor muss deshalb Elemente, die vom anvisierten Benützerkreis sofort und deutlich erkannt werden müssen, in der Breite, aber auch in der farblichen Hervorhebung übertreiben, andere zur Entlastung des Gesamtbildes zurücktreten lassen oder ganz weglassen. Deshalb weisen z.B. Autokarten breite rote Hauptstrassen oder spezielle Farben für die Autobahnen auf, während Nebenstrassen fein dargestellt sind. Topographische Karten, die ihrer Herkunft nach vor allem militärischen Zwecken zu dienen haben, legen grossen Wert auf die Genauigkeit der Lage einzelner Objekte.

5.24   Generalisierung thematischer Karten

Die graphisch und drucktechnisch bedingten Grenzen gelten natürlich auch für thematische Karten. Zusätzlich sind aber zu beachten

- die Art, die Dichte, die Verteilung, der Detaillierungsgrad und die Bedeutung der Daten
- der angesprochene Benützerkreis
- der Massstab, die Kartengrösse, die Zahl der Druckfarben
- die Lesedistanz (integriert in ein Buch, separate Beilage oder Wandkarte)

Wichtiges hervorheben, Unwichtiges weglassen !

5.241   Darstellung des Inhalts

Für topographische Karten bestehen heute umfangreiche Beispielsammlungen für eine gute Generalisierung in den verschiedenen Massstäben [IMHOF, 1965; SGK, 1980]. Die thematische Kartographie kann keine allgemein gültigen Regeln für alle Möglichkeiten aufstellen, dazu ist ihr Arbeitsfeld zu breit. In diesem Skript kann es nur darum gehen, ***anhand von Beispielen Probleme und mögliche Lösungen aufzuzeigen***, die für die Erstellung eigener Karten Hinweise und Anregungen bringen können. Es wird aber in jedem Fall für den Entwurf einer Karte nötig sein, sich die Überlegungen neu zu machen.

Tafel 1 zeigt die Zusammenhänge zwischen Datendichte, Generalisierung und Darstellung des Inhalts.

Es stehen die Daten von fünf Niederschlagsmessstellen in einem Gebiet zur Verfügung. Erstellt werden soll eine Karte der Niederschlagsverhältnisse. Wird ein zu grosser Massstab gewählt und die Isohyeten entlang der Höhenkurven gezeichnet, so wird eine Genauigkeit vorgetäuscht, die jeder Datengrundlage entbehrt. Ehrlicher ist es, den Massstab wesentlich kleiner zu wählen und die Isohyeten als geglättete Linien nur generell der Topographie anzupassen.

Muss der grosse Massstab für andere Aussagen oder für die Situation beibehalten werden, so werden besser nur die Messpunkte eingetragen und die Werte als Diagramm dargestellt.

Tafel 2 zeigt die Irreführung durch falsche Wahl der Signaturenwerte.

Für die Erstellung einer Punktkarte der Bevölkerungsverteilung im Berggebiet mit sehr grossflächigen Gemeinden steht eine Einwohnerstatistik nur gemeindeweise zur Verfügung, ohne weitere Aufteilung. Es hat keinen Sinn, den Wert eines Punktes so klein zu wählen, dass alle Gemeindewerte möglichst genau erfasst werden können und die Punkte - mangels weiterer Angaben - regelmässig auf die ganze Gemeindefläche zu verteilen (man denke z.B. an Guttannen!).

Besser ist es, einen grösseren Signaturenwert (z.B. 1000) zu wählen und die Punkte im dauernd besiedelten Gebiet zu verteilen. Sollen die Werte jeder Gemeinde ausgezählt werden können, so kann wohl der Signaturwert klein gewählt werden, aber ehrlicherweise muss auf eine Verteilung verzichtet werden. Es empfiehlt sich dann, die Punkte in leicht auszählbaren Rahmen im Bereich der Siedlungen gemeindeweise anzuordnen.

Besonders heikel ist die Generalisierung, wenn in *einer Karte* verschiedene Merkmale mit unterschiedlich nötigem Generalisierungsgrad dargestellt werden sollen:

Für eine Regionalplanung sollen die schützenswerten Landschaften, Hecken, und Ortsbilder, aber auch die geschützten Einzelobjekte (Bäume, Häuser) dargestellt werden. Der kleinste dafür geeignete Massstab ist 1:25'000. Ist die Verteilung der Objekte sehr unregelmässig, so entstehen einerseits *schwer lesbare Häufungen* (z.B. Schutzobjekte in einer Altstadt) und anderseits bleiben *grosse leere Flächen* ohne jegliche thematische Aussage. Werden zudem die flächigen Objekte mit Rastern oder Farben belegt, so kann oft die Information der Grundkarte, die für die Einzelobjekte wichtig ist, nicht mehr gelesen werden.

In solchen Fällen empfiehlt es sich, einen handlichen Massstab für die flächenhaften Darstellungen zu wählen, in dem nur die Situierung der Einzelobjekte eingetragen und numeriert wird. Zur genauen Darstellung der Einzelobjekte können als Neben- oder Textkarten dann Massstäbe gewählt werden, die der nötigen Detaillierung entsprechen und leichter lesbar sind.

Es ist eine scheinbar unausrottbare Unart der Planer, unbesehen der Dichte des darzustellenden Inhalts einheitliche Massstäbe zu verlangen und dazu meist den grösstmöglichen Massstab zu wählen. Einheitliche Massstäbe erlauben zwar die Zusammensetzung über mehrerer Gebiete hinweg, aber sinnvoll nur, wenn auch die Datenerhebung und die Darstellungsprinzipien gleich geregelt sind. Diese Voraussetzung ist in den wenigsten Fällen gegeben. Ist die Inhaltsdichte für den Massstab zu klein, entstehen oft Pläne, die mit wenig differenzierten Flächen, Farben oder Rastern grosse Gebiete bedecken, welche nicht mehr Aussagekraft haben als eine kleine Karte in einem Massstab, welcher der Inhaltsdichte angemessen ist. Meist werden in den grossen Massstäben nicht adäquate Daten erhoben, sondern man begnügt sich mit der Klitterung von Daten und Aussagen aus Quellen kleineren Massstabs oder wenig differenzierter Statistiken. Der fertige Plan täuscht dann einen differenzierten Inhaltsreichtum vor, der gar nicht vorhanden ist.

5.242 Kategorienbildung und Legende

Für thematische Karten ist die *Frage der Differenzierung der Kategorien* eine Aufgabe der Generalisierung. Von der Wahl der Darstellungsmittel und dem logischen Aufbau eines Signaturensystems hängt oft die Lesbarkeit und der Erfolg einer thematischen Karte ab.

Soll für eine Landnutzungskarte der Ackerbau in alle möglichen (und in der Statistik vorhandenen) Kategorien unterteilt werden, oder werden Gruppen gebildet? Welchen Wert gewinnt die Karte durch eine Unterscheidung aller Getreidearten, oder genügt die Angabe der offenen Ackerfläche im Gegensatz zum Dauergrünland? Bei der Kartierung industrieller Strukturen können die Aufteilungen ebenfalls beliebig weit getrieben werden, wenn die Datenlage es erlaubt. Aber ergibt sich dann noch ein aussagekräftiges klares Kartenbild, oder wird die übergrosse Zahl der Symbole vom Leser gar nicht mehr wahrgenommen?

Für die Darstellung steht meist nur eine begrenzte Zahl von Rastern oder Symbolen zur Verfügung. Zudem wird der Benützer mit zu vielen unruhigen Signaturen und einer ellenlangen Legende mehr abgeschreckt als informiert. Diese Fragen der Generalisierung müssen zu Beginn der Arbeit mit der Datenlage geklärt und mit Kartenproben überprüft werden.

5.243 Thematische Generalisierung beim Einsatz von Computern

Der Einsatz eines PC stellt besondere neue Fragen für die Generalisierung des Karteninhaltes und der Darstellung:

Normale Computerprogramme können nicht generalisieren ohne Mithilfe des Autors. Erreichen z.B. mehrere Gemeinden nur zusammengefasst einen bestimmten Signaturwert, so ist ein Eingriff erforderlich, und eine neue Einheit zu schaffen, damit die Signatur nicht unterdrückt wird. Soll die Karte auf einer Grossanlage erstellt werden, so lohnt es sich, zuerst die Möglichkeiten der Anlage (z.B. bei Kümmerly & Frey oder an der ETH-Z) kennen zu lernen, dann die Datenverarbeitung angepasst auf einem üblichen PC vorzunehmen und anschliessend die Karte auf der Grossanlage zu erstellen.

Computerprogramme arbeiten vielfach mit *einfachen administrativen Grenzen* als Bezugsflächen, Daten beziehen sich aber oft nur auf Teile dieser Flächen (Einwohnerwerte nur auf die Dauersiedlungsgebiete in Gebirgsgegenden und nicht auf das ganze Territorium einer Gemeinde). Es lohnt sich immer, - wenn überhaupt möglich - solche zusätzlichen Begrenzungslinien zu erfassen und die *Daten auf die massgeblichen Flächen* zu beziehen, sollen nicht optisch falsche Aussagen riskiert werden. *Besonders schlimm sind Programme, welche eine Funktion zur Erstellung von Punktkarten aufweisen, die aber nur den Wert mit einem Zufallsgenerator auf die zugeordnete Fläche verteilt (z.B. MapViewer 3).*

Graphikprogramme haben oft eine *begrenzte Zahl von Rastern zur Verfügung*. Wird die Obergrenze überschritten, so fängt eine Wiederholung an. Das kann dazu führen, dass unterschiedliche Aussagen plötzlich mit den gleichen Rastern belegt werden. Man muss sich zu Beginn der Arbeit über die Grenzen der Differenzierung ins Bild setzen.

5.25   Faktoren, welche die Generalisierung weiter beeinflussen

5.251 Der Massstab

Der Massstab bestimmt die Abbildungsgrösse einer Karte. Der Grad der Generalisierung ist direkt vom gewählten Massstab abhängig. Der Massstab bestimmt aber auch den Benützerkreis und dessen Anforderungen. Als Wanderer braucht man eine Karte 1:50'000, wenn man über kleine, nicht markierte Wege wandern will, sogar 1:25'000. Ist man aber mit dem Auto unterwegs, so würde der ständige Blattwechsel nur lästig fallen und die Vielfalt der Information könnte gar nicht gewürdigt werden. Man wird also zu einer Karte 1:100'000 od. kleiner greifen.

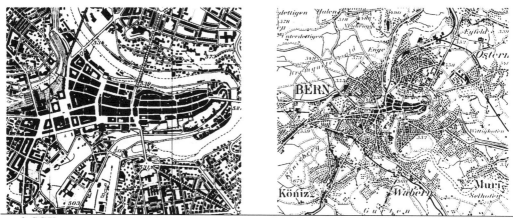

nach SGK

Auch bei thematischen Karten besteht zwischen der Dichte der Daten und dem Kartenmassstab ein enger Zusammenhang. Entweder bestimmen die verfügbaren Daten den Massstab oder eine gegebene Kartengrösse bestimmt den Massstab und damit die Zahl der darstellbaren Daten.

In vielen Fällen ist ein bestimmtes Untersuchungsgebiet vorgegeben (z.B. die Region der Musterdaten). Der Massstab muss nun so gewählt werden, dass das ganze Gebiet in einer bestimmten Grösse dargestellt werden kann. Die Datendichte muss sich in diesem Fall dem Massstab anpassen. Es gilt deshalb zu entscheiden, ob die zusätzliche Information der genauen Lage eine Verbesserung der angestrebten Aussagen ergibt. Ist dies der Fall, so muss der Massstab vergrössert werden, bis die Darstellung klar und eindeutig wird.

5.252 Das Quellenmaterial

Für topographische Karten in den meisten entwickelten Staaten stehen vermessungstechnische Grundlagen zur Verfügung, die es erlauben, Karten grosser Massstäbe und damit hoher Inhaltsdichte und Detailgenauigkeit zu erstellen. Fehlt das benötigte Quellenmaterial, so kann es meist ohne übermässigen Aufwand beschafft oder erstellt werden. Ganz anders liegen die Verhältnisse in aussereuropäischen Ländern. Für Karten grosser Massstäbe, wie sie z.B. als Grundlage für Feldaufnahmen erforderlich sind, muss oft zuerst von der Triangulation bis zur fertigen topographischen Grundkarte alles erstellt werden, oft durch den Forscher selbst. Dieser Zwang hat am Geographischen Institut der Universität Bern zu einigen Pionierarbeiten geführt, die Beachtung verdienen (Arbeiten in Abessinien, Kenia und Tschad). Muss zuerst das ganze Quellenmaterial bearbeitet werden, so wird sich die Geographin aus eigenem Interesse überlegen, welchen Grad der Generalisierung er benötigt, d.h. welche Inhalte für seine Arbeit unabdingbar sind, und welche Detaillierung er für seine Grundlage braucht.

Dort, wo die Quellenlage nicht einschränkt, besteht immer die Gefahr, dass ein zu grosser Massstab gewählt wird, welcher der Dichte der Aussage nicht entspricht. Es hat keinen Sinn, eine Karte 1:25'000 zu erstellen, wenn man nur über ein Messstellennetz von 10 km Maschenweite verfügt. Es ist auch wenig sinnvoll, eine Grundkarte mit Einzelhaussignaturen zu verwenden, wenn sich die Aussage nur auf ganze politische Einheiten bezieht. Damit wird nur der Eindruck einer nicht vorhandenen Genauigkeit erweckt.

5.253   Der Zeichenschlüssel

Der Zeichenschlüssel legt die Grösse und das Gewicht aller verwendeten Signaturen fest. Ein guter Zeichenschlüssel richtet sich dabei nach dem Benützerkreis (z.B. Autofahrer, Militär, etc.). Werden nun bestimmte Kartenelemente besonders betont, so benötigen sie mehr Fläche für ihre Darstellung und erfordern allein damit ein Zurückdrängen und Vermindern des übrigen Inhalts. Zudem muss weniger wichtiger Inhalt auch in seinem graphischen Ausdruck zurückhaltend gestaltet werden, damit er nicht die wichtigen Kartenelemente konkurrenziert.

Zeichenschlüssel für eine topographische Karte

Angepasste Masse für Bahnen und Strassen
(für Corel, minimale Differenz einfacher Linien 0.1 mm)

0.3 / 0.3	0.8	Normalbahn, mehrspurig
	0.4	Normalbahn, einspurig
0.1 / 0.1	0.6	Schmalspurbahn, Zahnradbahn
	0.1	Industriegleise, Feldbahn, Bahnhofgleise
	0.2	Schwebebahn, Sesselbahn, (Skilift: braun)
0.2 / 0.2	1.3	Autobahn
0.2 / 0.2	1.3	Autostrasse
0.15 / 0.25	1.0	Strasse 1. Klasse
0.15 / 0.15	0.6	Strasse 2. Klasse
0.15 / 0.15	0.6	Strasse 3. Klasse
	0.2	Fahrweg, Wirtschaftsweg
	0.2	Feldweg, Saumweg
	0.2	Fussweg
0.1 / 0.1 0.5	0.1	Wegspuren, ev. Projekte

Die Strichlängen und Abstände gerissener Linien
werden im Programm festgelegt.

5.254   Die Farbwahl

Hier ist ein direkter Zusammenhang mit der Generalisierung schwieriger zu erkennen. Um die Wirkung von topographischen Karten in kleinen Massstäben zu verbessern, werden oft mehr Farben eingesetzt als für grossmassstäbliche Karten (vergleiche die Zahl der Druckfarben in den Landeskarten). Der Einsatz mehrerer gut gewählter Farben kann ein Kartenbild verbessern, sodass der Zwang zur Auswahl etwas gemildert werden kann. Trotzdem ist es besser, die Möglichkeiten der farbigen Gestaltung schwergewichtig bei den thematischen sachlichen Aussagen zu nutzen und die Grundlagenkarte möglichst einfach zu gestalten.

5.255   Die technischen Möglichkeiten der Wiedergabe

Die professionelle Reprotechnik erreicht heute ein Auflösungsvermögen, das demjenigen des Auges entspricht. Hier entstehen also keine weiteren Einschränkungen für die Generalisierung. Anders sieht es aus, wenn die Reproduktion über qualitativ weniger gute Verfahren (Kopie, Kleinoffset, u.ä.) erfolgen soll. Hier müssen die Grenzen des Auflösungsvermögens von Anfang an berücksichtigt werden, da sonst bei der Reproduktion ärgerliche Verluste auftreten können. Der Generalisierungsgrad muss auf die kleinsten sicher reproduzierbaren Elemente ausgerichtet werden.

5.256   Die Nachführung

Die Aspekte der Nachführung werden oft kaum beachtet. Es ist aber klar, dass eine Karte mit vielen Einzelheiten (z.B. Einzelhaussignaturen) wesentlich mehr Veränderungen des Inhalts unterworfen ist, als eine Karte, die nur generelle Angaben enthält (z.B. Ortsringe). Für Karten, die über einen längeren Zeitraum benützt und deshalb nachgeführt werden müssen, muss vor der ersten Ausgabe der vertretbare Aufwand der Nachführung im Detaillierungsgrad des Zeichenschlüssels und im Umfang der Generalisierung berücksichtigt werden.

5.26   Automatische Generalisierung

Es ist verständlich, dass versucht wird, die aufwendige und anspruchsvolle Arbeit der Generalisierung mit elektronischen Hilfsmitteln zu vereinfachen. Diese Bestrebungen werden immer wichtiger durch den vermehrten Einsatz elektronischer Speichermittel für den Karteninhalt. Aufgrund empirischer Gesetzmässigkeiten, die auch beim generalisieren von Hand angewandt werden, wird seit längerer Zeit versucht, eine mathematische Form für die Arbeit zu finden. PILLEWITZER und TÖPFER schlugen dazu 1964 das *Wurzelgesetz* vor. Danach ist die Anzahl der Objekte im Folgemassstab (nF) gleich der Zahl der Objekte im Ausgangsmassstab (nA) multipliziert mit der Wurzel der Division der Massstabszahlen (mA/mF). Mit dieser Gesetzmässigkeit, die keinen absoluten Anspruch erheben kann, ist es möglich, über mathematische Auswahlverfahren eine automatische Generalisierung zu erreichen. Allerdings sind bis heute noch keine befriedigenden praktischen Ergebnisse erzielt worden.

6   HERSTELLUNGSWEGE

6.1   Traditionelle Umsetzung für die Reproduktion

6.11   Allgemeines

In der Schweiz erstellten Berufsleute, welche in einer vierjährigen Lehre ausgebildet wurden, die Druckvorlagen. Ihre hohe Qualifikation war, zusammen mit dem allgemein hohen Ausbildungsstand aller Reprofachleute (Reprophotographen, Kopisten, Drucker) ein wichtiges Element des hohen Standes schweizerischer Karten. In anderen Ländern wurde vielfach das Hauptgewicht auf die wissenschaftliche Ausbildung der Kartenredaktoren gelegt, z.B. ist in osteuropäischen Ländern ein Universitätsstudium üblich, und die handwerkliche Kunst wird vernachlässigt (Druckvorlagenerstellung durch angelernte Zeichner). Das Endresultat waren meist qualitativ schlechtere, graphisch unbefriedigende und weniger benutzerfreundliche Karten.

Kartenreproduktionsoriginale können in verschiedenen Techniken erstellt werden:

Nur von *historischer Bedeutung* sind heute der *Holzschnitt* und der *Kupferstich*, bei denen das Original direkt seitenverkehrt in den Druckträger geschnitten, bzw. gestochen wurde. Auch die eigentliche *Lithographie*, die der Kartographie zu einer enormen Erweiterung der farblichen Ausdrucksmöglichkeiten verhalf, wird heute nicht mehr angewandt.

Soweit Karten noch handwerklich hergestellt werden, kommt entweder die *Zeichnung mit Tusche* zum Einsatz oder es wird *auf Folien graviert*. Für die Herstellung der Flächenfarben werden Masken von Hand oder mittels reprographischer Techniken erstellt und photographische Raster verwendet. Die Geländedarstellung wird meist als Halbtonvorlage mit Aerograph und Pinsel gemalt und später photographisch aufgenommen und gerastert. Die Herstellung der eigentlichen Druckvorlagen (Nutzen) geschieht über Scannen und direkte Plattenherstellung auf digitaler Basis. Die komplizierten reprotechnischen Um- und Zusammenkopien werden kaum mehr verwendet.

6.12   Zeichnung

Die *Zeichnung mit Tusche auf Kunststoffolien* ist eine wichtige Arbeitstechnik geblieben. Für die linearen Elemente werden spezielle Reissfedern verwendet, welche sehr feine Striche ermöglichen, oder feinste Stahlfedern (Brandauer). Korrekturen können durch Wegschaben mit Lithographienadeln und anschliessender Neuzeichnung gemacht werden. Dank anlösender Tuschen ist es möglich, dauerhafte Originale auf masshaltigen Kunststoffen mit gekörnter Oberfläche zu zeichnen. Als Zeichengrundlage können auch auf Aluminiumplatten aufgezogene Zeichenkartons oder Bromsilberpapiere verwendet werden. Durch die Metallunterlage wird eine grössere Masshaltigkeit erreicht. Dank der Fortschritte in der Reprotechnik (elektronische Korrektur der Farbwerte mittels Scanning) werden heute wieder mehr Kartenoriginale farbig hergestellt und direkt reproduziert (z.B. die Karte "Die Erde, Natur, Mensch, Wirtschaft" von Georges GROSJEAN oder das herrliche Kartengemälde der Schweiz von Eduard IMHOF).

6.13   Schichtgravur

Für die Gravur auf Folien werden verschiedene Schichten verwendet, die aus einer einzigen Schicht bestehen. Kopien der Kartenentwürfe werden auf die Schicht aufkopiert. An alle Gravurschichten werden sehr hohe Anforderungen gestellt. Sie müssen

- homogen, geschmeidig und kratzfest sein (in der gravierten Linie dürfen keine Rückstände verbleiben),
- nicht spröde sein, eine günstige Härte aufweisen (die Stichel sollen nicht schnell abstumpfen, feinste Zwischenräume dürfen nicht ausbrechen),
- durchsichtig sein für unterlegte Grundlagen oder Kopien,
- undurchsichtig sein für photographisches (aktinisches) Licht,
- kopierfähig und korrekturfähig sein (zum Aufbringen von Kopien oder zum Abdecken von Korrekturen),
- umwandlungsfähig sein vom Negativ zum Positiv,
- löslich sein für die Aetzgravur (Qualität der Linien muss erhalten bleiben).

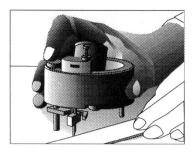 Für die Gravur werden Ringe verwendet, die über Gleitfüsse mit Rollkugeln verfügen, während in einer um die vertikale Achse drehbaren Halterung die Stahlgravurstichel eingespannt werden. Diese Gravurstichel sind so konstruiert, dass ihre präzis geschliffene Vorderkante die ganze Gravurschicht randscharf bis zum Träger entfernt, beim Ziehen unter Druck (Gewicht des Rings, leichter Druck des Kartographen). Graviert wird also nicht in den Träger, sondern es wird nur die aufgetragene Schicht entfernt! Stichel können so geformt sein, dass es möglich ist, Doppellinien (z.B. Strassen) oder Dreifachlinien (z.B. Autobahnen) in einem Arbeitsgang fertig zu gravieren.

6.2 Neue Reproduktionswege

6.21 Anlagenkonfiguration

Eine komplette Anlage für die integrale digitale Kartenherstellung umfasst etwa folgende Geräte, in einer oder mehreren Einheiten:

- *Datenerfassungsgeräte: Hochpräzise Digitizer* mit punktueller oder kontinuierlicher Erfassung; *Bildschirme mit Cursor*; *Keyboards* und *Tablets mit Griffel* für die Eingabe ergänzender Informationen;
- *Flachbett-* und *Trommelscanner* mit hoher Auflösung (20 und mehr Linien pro mm)
- Kontrollplotter oder -bildschirme.
- *Speichergeräte*: *Platten- (Harddisk)* und *Diskettenspeicher*, *spezielle Speicherchips* und *CD und DVD Registriergeräte*.
- *Zentrale Recheneinheit:* Leistungsfähige Computer verschiedener Hersteller mit Peripheriegeräten (früher Mainframes, heute sind auch kleinere Anlagen genügend).
- *Interaktive Arbeitsplätze:* Hochauflösende Bildschirme mit Lichtgriffel, Keyboards und Tablets.
- *Ausgabegeräte:* Hochpräzise *Licht- und Laserplotter*; einfachere Kontrollplotter; Bildschirme, die Ausschnitte zeigen und Korrekturen erlauben; *separate Speichereinheiten*, die eine unabhängige Off-Line Ausgabe ermöglichen;
- Plotter für Zeichnung und Gravur; Kontrollprinter.

Für die Datenspeicherung und Verarbeitung stehen zwei Systeme zur Verfügung:

- *Vektor-Systeme*
  Die Elemente werden nur in *einzelnen Punkten* erfasst und gespeichert. *Die Linien werden als Gerade oder andere definierte Kurven zwischen den erfassten Punkten berechnet.* Auf dieser Arbeitsweise beruhen die Systeme der Grundbuchvermessung. Das Vektorsystem eignet sich besonders für Karten mit einfachen Linienbildern und für thematische Eintragungen. Es müssen nur die zeichnenden Elemente erfasst werden, nicht aber die nichtzeichnenden Zwischenräume. Die Ausgabe erfolgt über übliche Drucker oder Rollenplotter, für die das Programm die Vektordaten in Druckpunkte umwandelt.
- *Raster-Systeme*
  Sämtliche Elemente werden in ein sehr dichtes Netz von Punkten aufgelöst (Rasterung analog der Rasterung für die Bildreproduktion) mit einer Punktedichte bis etwa 12'000 Punkte (Pixel) pro mm². Ein Pixel hat somit einen Seite von 0.01 mm, was etwa 2'500 dpi eines Laserprinters entspricht. Die höchste Darstellungsgenauigkeit (Schärfe der Zeichnung) entspricht einem Rasterpunkt (Pixel). Von blossem Auge können die feinen "Abtreppungen" schräger Linien nicht mehr wahrgenommen werden. Nur in starker Vergrösserung lassen sich die leichten "Unsauberkeiten" erkennen. Das Rastersystem bedingt eine sehr grosse Speicherkapazität, muss doch jeder einzelne Rasterpunkt definiert sein. Die Ausgabe erfolgt über Licht- oder Laserplotter, die wie Scanner zeilenweise arbeiten, also das gesamte Bild langsam aufbauen.

Eine Kombination beider Systeme ist möglich, z.B. die Erfassung linearer Elemente im Vektor-System und die Bearbeitung, Speicherung und Ausgabe im Raster-System.

6.22 Originalvorlagen und Dateneingabe

Als Vorlagen für lineare und flächige Elemente können gedruckte Karten und Entwurfszeichnungen am Digitizer bearbeitet werden. Die Eingabe erfolgt durch Nachfahren der Linien mit einem Griffel oder einer Messlupe. Punkte, welche zur Definition der Linien oder ihrer Stützung benötigt werden, in internen Koordinaten gespeichert und zur Berechnung der Vektoren verwendet. Die leicht mögliche Transformation ganzer Datensätze erlaubt die Verwendung von Vorlagen, welche nicht sehr masshaltig sein müssen. Korrekturen wegen Unterschieden in Massstab oder Verzug können später leicht vorgenommen werden. Flexible Originale, die sich für einen Trommelscanner eignen, lassen sich im Rasterformat abtasten.

Für topographische und physikalische Karten werden digitale Datensätze der Aufnahme und Auswertung weiter verwendet oder Ausgangsdaten über das Scannen von Originalvorlagen eingegeben. Die Datenverarbeitung beschränkt sich auf die anlagengerechte Speicherung, eventuelle Transformation und die Vorbereitung zur Ausgabe.

Für thematische Karten, die direkt auf Statistiken aufbauen, werden die Daten in gängigen Formen von Kalkulationstabellen eingelesen. Über Keyboards können Zusatzinformationen während der Datenerfassung eingegeben werden.

6.23   Bearbeiten

An die Stelle des bisherigen Kartenentwurfs ist die Datenbearbeitung getreten, meist interaktiv am Bildschirm. In einem Zeichenschlüssel werden die Signaturen und Farben definiert. Veränderungen der Signaturen (z.B. Autobahn mit Doppel- statt Dreifachlinie) und der Farbzuteilung (z.B. Strassenfüllung Grün statt Rot) können später mit dem Programm noch vorgenommen werden. In verschiedenen Arbeitsschritten werden die Entwürfe bearbeitet und verbessert. Mit Hilfe von Programmen werden gescannte Vorlagen im Rasterformat umgewandelt ins Vektorformat. Programme setzen die Stützpunkte der Linien und ordnen sie, Einzelheiten werden positioniert und Aussparungen festgelegt (z.B. Unterbrüche Linien). Bei Vektorspeicherung kann auch die kontinuierliche Linienverbreiterung von einem Ausgangspunkt aus (z.B. für Flussläufe) programmiert werden. Programme erlauben auch die Separation einzelner Elemente (z.B. Listing für Ortsnamenindizes mit gleichzeitiger Gitteridentifikation). Flächenelemente, die im Entwurf nur als geschlossene Kontur vorliegen, werden markiert und durch das Programm mit den entsprechenden Farben in den richtigen Rasterkomponenten gefüllt.

Bei thematischen Karten spielt oft die Positionierung der Signaturen eine grosse Rolle für die Leserlichkeit der Karte. Die Überlappungen und Aussparungen müssen ebenfalls festgelegt werden. Kann dies nicht direkt am Bildschirm erfolgen (bei einfachen Programmen) so müssen die Lagekoordinaten in den Datensätzen verändert werden bis ein brauchbares Bild erreicht wird.

Die Bearbeitung muss alle Elemente umfassen, die später auf dem Ausgabefilm erscheinen sollen, denn es wäre sehr mühsam, Korrekturen von Hand auf den Filmen anzubringen. Um die Arbeit prüfen zu können sind oft Probeplots erforderlich.

6.24   Ausgeben

Die Datenausgabe für die *Erstellung von Druckvorlagen* erfolgt entweder auf *Datenträger (Plattenspeicher, Disketten), die direkt für die Druckplattenherstellung verwendet werden können* oder in speziellen *Laser- oder Lichtplottern auf photographische Filme*.

Einzelne Exemplare können über Plotter und Printer, mit Zeichenbreiten bis zu einem Meter, ausgegeben werden. Für kleinere Formate können normale Printer verwendet werden. Für eine genügende Qualität sind bei Ink Jet Farbprintern spezielle Papiere erforderlich.

6.3   Kartendruck

Welche Bearbeitungswege auch immer gewählt werden, am Schluss der Arbeit soll eine Karte in einem einheitlichen Erscheinungsbild jedem Benützer zur Verfügung stehen. Die bisher beschriebenen Arbeitsschritte liefern als Ergebnis entweder *Datensätze, einzelne Originale auf Papier, transparente Filme* oder *Folien*. Diese müssen vervielfältigt werden.

Für die Herstellung grosser Auflagen steht immer noch der *Druck* im Vordergrund.

Die Druckverfahren für den Kartendruck haben sich im Laufe der Zeit stark verändert. Waren die ersten gedruckten Karten Holzschnitte und damit *Hochdrucke* (Druckbild erhaben), so dominierte bis zum 20. Jahrhundert der *Tiefdruck* (Kupferstich, das Kartenbild wird in die Platte eingetieft) und der *Steindruck* (Lithographie, ein *Flachdruckverfahren*, das auf der Abstossung von Wasser und Fett beruht).

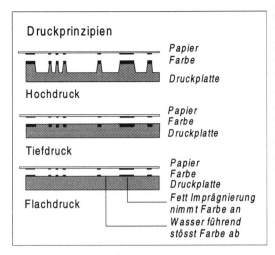

Heute wird für den Kartendruck fast ausschliesslich das *Offset-verfahren* angewandt, wobei sich der Kartendruck meist vom normalen Vierfarbendruck unterscheidet. Farbige Photographien, Gemälde, usw. wurden über photographische Rasteraufnahmen und Farbauszüge reproduziert. Farbfilter erlauben dabei die Aufteilung in die Grundfarben *Magenta (Rot), Cyan (Blau)* und *Gelb.* Die *Retusche (*Elimination der Filterfehler) übernehmen heute *elektronisch arbeitende Farbscanner.* Zur Verbessserung der Schärfe wird noch ein magerer (spitzer) *Schwarzauszug* gedruckt. Dieses Verfahren ist für den Kartendruck mit Nachteilen behaftet, müssten doch alle feinen Linien und Flächenelemente ebenfalls in Rasterpunkte der Grundfarben zerlegt und beim Druck wieder zusammengefügt werden, was immer mit Verlusten der Schärfe verbunden ist.

Kartenoriginale werden nach den *endgültigen Druckfarben getrennt* erstellt, und dann wird beim Druck die *jeweilige Farbe* geführt (z.B. Braun für Höhenkurven oder Grau für die Reliefschummerung). Die Zahl der Druckfarben kann deshalb je nach Aufbau der Karte sehr stark von der normalen Vierfarbenskala abweichen. So betragen die Farbenzahlen für die Landeskarten:

1:50'000	6 Farben:	Dunkelbraun (fast Schwarz) für Situation, Fels, Schrift
		Hellbraun für die Höhenkurven
		Blau für die Gewässer und die Gletscherkurven
		Grün für den Waldton
		Grau für das Relief
		Gelb für die Reliefseiten im Licht
1:25'000	8 Farben:	wie 1:50'000
		zusätzlich Dunkelgrün für die Waldränder und Bäume
		Hellblau für die Seeflächen
1:100'000	10 Farben:	wie 1:25'000
		zusätzlich Dunkelgelb und Rot für Strassen
1:200'000	15 Farben:	zusätzliche Farben vor allem für das Relief

Die Farbtrennung der original Datensätze der Karten für den Druck erfolgt durch getrennte Asugabe der einzelnen Elemente. Anhand der totalen Bildes auf dem Schirm kann heute die Gesamtwirkung der Karte früher beurteilt werden als in der Gravurtechnik. Trotzdem sind *Probedrucke* wertvoll für ein harmonisches Bild der fertigen Karte.

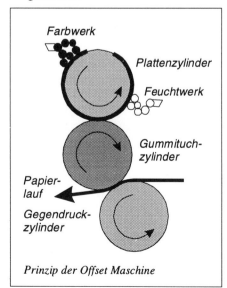

Prinzip der Offset Maschine

Die *Druckträger* für den Offsetdruck sind heute biegsame Bleche aus Zink, Aluminium oder Aluminiumlegierungen, oder sie sind auf einem Grundträger mehrschichtig mit verschiedenen Metallen aufgebaut (Bi- und Trimetallplatten) oder *Kunststoffplatten*. Die Belichtung erfolgt direkt auf Licht- oder Laserplottern. Die fertigen Platten reagieren *wasseranziehend und fettabstossend (nicht druckende Partien)* oder *wasserabstossend und fettanziehend (druckende Teile),* denn der *Offsetdruck ist ein Flachdruck*, bei dem die druckenden und nichtdruckenden Elemente auf der gleichen Höhe liegen.

Die Druckplatten werden in der Maschine auf Zylinder aufgespannt und rotieren kontinuierlich. Zuerst wird die Platte mit dem *Feuchtwerk leicht genässt*, bevor das Bild durch das *Farbwerk eingefärbt* wird. Die Farbe des Bildes wird sofort auf den gegenläufigen *Gummizylinder* übertragen und gelangt von dort auf den zugeführten Papierbogen. Aus diesem Grunde sind beim *Offsetdruck die Druckplatten seitenrichtig, die Vorlagen folglich seitenverkehrt.* Es kann also nicht eine seitenrichtige Reinzeichnung direkt zum Druck verwendet werden, zuerst muss ein seitenverkehrter *"Nutzen"* erstellt werden. Bei der negativen Schichtgravur wird das kontaktkopierte Positiv seitenverkehrt und kann direkt als Nutzen für die Plattenkopie dienen. Bei *Datenträgern* wird der Datensatz *automatisch seitenverkehrt ausgegeben.*

Der Übergang zum Offsetdruck erlaubte es, stabilere Papiere für den Kartendruck zu verwenden als beim Kupferstich, wo nur saugfähige Papiere zu guten Drucken führten, Papiere, die beim Falten und Knicken rasch durchscheuerten und rissen. Auch die Lithographie mit der direkten Uebertragung vom Stein aufs Papier erforderte satinierte Papiere mit geringer Reissfestigkeit. Um zähe, reissfeste Papiere zu erhalten werden seit den sechziger Jahren für die Papierherstellung Kunststoffasern verwendet (z.B. Syntosil). Diese "Papiere" sind auch in nassem Zustand sehr reissfest. Karten auf Syntosil sind derart dauerhaft, dass sie rascher veralten als sie zerstört werden können. Aus diesem Grunde wird für die Landeskarte weiterhin ein festes Offsetpapier verwendet und nur in besonderen Fällen auf synthetisches Material gedruckt. Der Einsatz teurer synthetischer Papiere lohnt sich vor allem für Karten, die sehr stark beansprucht werden oder die lange Zeit nicht nachgeführt werden (z.B. geologische Karten).

Der Offsetdruck hat sich in den letzten Jahren durchgesetzt gegenüber anderen Verfahren (Buchdruck, Rotationstiefdruck). Er wird heute auch für den Zeitungsdruck eingesetzt (Rollenoffset). Aus dieser Entwicklung konnte auch der Kartendruck profitieren. Statt einiger weniger Blätter pro Stunde im Kupfertiefdruck oder 500-700 Abzügen pro Stunde im Flachdruck erlauben moderne Maschinen den Druck von vier bis sechs Farben in einem Arbeitsgang mit Geschwindigkeiten von 7000-10000 Exemplaren pro Stunde. Einzig die sehr hohen Anforderungen an die Passer der Farben verbieten es dem Kartendrucker, die Möglichkeiten voll auszuschöpfen. Der Einsatz grosser Offsetmaschinen kommt nur bei grossen Auflagen in Frage.

6.31   Druckfarben

Ob für eine Karte nur eine oder mehrere Druckfarben eingesetzt werden, ist eine wichtige Kostenfrage, aber nicht nur. Entscheidend ist oft die graphische Qualität der Karte. Eine gut gestaltete einfarbige Reproduktion ist einer wirren vielfarbigen Darstellung vorzuziehen. Anderseits bedingen komplizierte überlagerte Aussagen meist den Einsatz mehrerer Druckfarben. Die wichtigste Voraussetzung für das Gelingen einer Karte ist die gründliche Vorbereitung des *logischen Aufbaus der Farbskala*, der *Gestaltung der Signaturen und Zeichen* und der *Harmonie des Zusammenspiel der verschiedenen Kartenelemente*.

Reproduktionstechnische Bedingungen sollten bei der Bestimmung der Farbenzahl und -kombinationen bekannt sein. Die professionelle Kartographie arbeitet heute im Offsetdruck mit sehr feinen Rastern (60-120 Punkte pro cm). Ähnliche oder noch grössere Auflösungen erreichen die Scanner (bis 33 Pixel pro mm). Unter diesen Voraussetzungen kann mit den *vier Normalfarben Cyan, Magenta, Gelb und Schwarz,* eine mehr als ausreichende Anzahl Farbtöne erzeugt werden. Lineare Elemente, deren Farbe aus mehreren Grundfarben zusammengesetzt wird, müssen in den einzelnen Farben äusserst genau passen. Die Kombination feiner linearer Elemente aus mehreren Farben (z.B. violett aus Magenta und Cyan oder braun aus Rastern von Magenta, Cyan und Gelb) wird deshalb nie die Schärfe einer eigenen speziellen Druckfarbe erreichen. Zusammengesetzte Farben sollten deshalb nur für Flächentöne oder Füllbänder (z.B. Stras-sen mit roter Füllung) verwendet werden. Eine feine lineare Begrenzung setzt nebeneinanderliegende Farbtöne besser gegenseitig ab als eine konturlose Darstellung.

6.4   Andere Reproverfahren

6.41   Heliographie

Das gute alte *Lichtpausverfahren* eignet sich zur einfachen, billigen Herstellung kleiner Auflagen *grossformatiger, einfarbiger Pläne,* falls man heute noch Geräte in Betrieb findet. Halbtöne können begrenzt wiedergegeben werden. Allerdings ist zu beachten, dass Heliographien am Tageslicht ausbleichen. Die besten Resultate werden mit Vorlagen auf *transparenten Folien* erreicht. Werden Kleberaster verwendet, so ist besonders auf eine saubere Verarbeitung zu achten, da Verunreinigungen zu Flecken auf den Kopien führen.

6.42   Kopiergeräte

Mit dem Aufkommen der elektrostatischen Kopiergeräte konnten kleinformatige (meist maximal A3), *einfarbige* Karten in kleinen Auflagen (bis etwa 100 Exemplare) sehr preiswert vervielfältigt werden. Feine Linien werden aber nicht immer zuverlässig oder unregelmässig wiedergegeben. Die Grenze der Linienbreite liegt bei etwa 200 dpi (ca. 1/8 mm). Da die Qualität der Geräte immer weiter verbessert wurde, können heute auch feinere Linienelemente in Einzelkopien reproduziert werden. Schnell arbeitende Maschinen für grössere Auflagen liefern aber immer noch wenig befriedigende Resultate. Die Qualität eines Offsetdrucks wird nicht erreicht.

Die Laserkopierer erlauben Kopien von farbigen Vorlagen und erreichen bemerkenswerte Qualitäten, in der Feinheit der Strichwiedergabe und der Farbtreue. Die Kosten pro Exemplar sind noch recht hoch, sodass sich nur einzelne Kopien lohnen.

6.43   Photographische Vervielfältigungen

Muss ein farbiges Original in wenigen Kopien für einzelne Benützer hergestellt werden, so können sich grossformatige photographische Farbkopien lohnen. Es ist aber ein Unsinn, farbige Originale zu photographieren und dann in sehr teuren Farbkopien und grosser Auflage zu vervielfältigen, wenn es mit einiger Kenntnis der Reproanforderungen möglich ist, ein besseres Resultat günstiger zu erreichen.

6.44   Printer

Für einfarbige Ausdrucke eignen sich am besten *Laserdrucker*, die auf dem gleichen elektrostatischen Prinzip wie Kopierer arbeiten. Ihre Qualität übertrifft heute die Kopierer. Die maximale Auflösung liegt bei etwa 3000 dpi (ca. 0.008 mm), eine Feinheit, die aber nicht immer weiter kopiert werden kann.

Tintenstrahldrucker erreichen etwa die gleichen Qualitäten wie Laserdrucker. Heute sind Modelle auf dem Markt, die in den Grundfarben mit zusätzlichem Schwarz die Ausgabe vielfarbiger Drucke gestatten. Sollen später grössere Auflagen gedruckt werden, so ist es besser, *farbgetrennte einfarbige* Papier- oder Filmausdrucke zu erstellen, die später für die Offsetvorlagen verwendet werden können. Die Druckformate sind meist auf A4 bis A2 beschränkt. Die Geschwindigkeit der Ausgabe im Format A4 ist immer grösser geworden und erreicht heute etwa 6-8 Exemplare pro Minute, grössere Formate erfordern viel mehr Zeit.

Spezielle *Rollenprinter*, mit der gleichen Technik, erlauben Ausdrucke mit einer Breite von 1 m und beliebiger Länge. Sie bilden heute das wichtigste Ausgabegerät für grossformatige Pläne in kleiner Auflage. Ihre Geschwindigkeit ist begrenzt, wird doch jedes Exemplar wieder Punkt für Punkt neu ausgegeben.

6.45   Plotter

Bei den *Plottern* ist zu unterscheiden zwischen den üblichen Stiftplottern und Licht- oder Laserplottern. Grossformatige *Plott-Originale* müssen aber meist reduziert werden. Bei *Stiftplottern,* die mit Bleistiften, Rapidographen oder Gravursticheln versehen sind ist zu beachten, dass mit der Reduktion des Originals nicht nur die Flächen, sondern auch die Strichstärken kleiner werden und oft die graphischen Minimalmasse unterschreiten, was zu nicht mehr lesbaren Karten führen kann.

Licht- und Laserplotter arbeiten mit sehr hohem Auflösungsvermögen und erfüllen alle Anforderungen für kartographische Druckvorlagen. Ihr Auflösungsvermögen liegt heute maximal bei etwa 3000 dpi (ca. 1/100 mm) und ist damit kleiner als das Auflösungsvermögen des Auges. Nur mit starker Vergrösserung lassen sich die Abtreppungen von punktförmig aufgebauten Zeichen oder Buchstaben noch erkennen. Die Ausgabe erfolgt in der Regel auf *masshaltige Filme*, die direkt für die Offsetkopie verwendet werden. Sollen keine unerwünschten Retouchen von Hand mehr erfolgen, so müssen alle möglichen Fehler *während der Datenbearbeitung* eliminiert werden und das *vollständige Bild der fertigen Farbplatte* im Datensatz enthalten sein. Der Einsatz professioneller hochauflösender *Licht- oder Laserplotter* rechtfertigt sich nur für Karten mit hohen Anforderungen und erfordert von Beginn an eine enge Zusammenarbeit mit der Institution, die den Plotter betreibt.

Bei PC-Einsatz ist zu beachten, dass einzelne Programme (z.B. Corel, Freehand, Intergraph, ArcView, Autocad) Ausgabefiles enthalten, die eine farbgetrennte Ausgabe direkt auf Belichtungsgeräte erlauben. Diese Files können direkt für den Druck in den normalen Offsetfarben verwendet werden. Der Druck einer Karte (z.B. in einer Dissertation) wird noch lange in traditioneller Offsettechnik am günstigsten sein. Die Ausgabe einer Computerkarte hat dem Rechnung zu tragen.

7   PROGRAMME

7.1   Allgemeines

Dieses Sript kann nur die Grundzüge einzelner Programmarten, ihre Stärken und Schwächen aus der Sicht der Kartographie und der Anwendung durch Studierende betrachten. Es kann nicht darum gehen einzelne Produkte zu diskutieren. Die Entwicklung der Programme verläuft derart rasch, dass das Skript mit seinem bisher vierjährigen Auflagenturnus nicht zu folgen vermag.

7.2   Anforderungen

7.21   Kartographie

Die *Kartographie* stellt an Programme einige *spezifische Anforderungen*:
- *Linien müssen in der Geometrie den tatsächlichen oder ausgewerteten Linien im Charakter entsprechen:*
  Eisenbahnen, Strasse, Autobahnen und Kanäle als technische Werke mit geometrischen Elementen wie Geraden, Kreisabschnitten, für grosse Massstäbe auch Klothoiden
  Natürliche Fluss- und Bachläufe in ihrer unregelmässigen Bewegung, zunehmend in der Stäke von der Quelle zur Mündung
  Höhenkurven entsprechend dem Gelände folgen, fliessend oder eckig für Felspartien
- *Häuser* müssen in jeder Lage als Rechtecke oder mit rechtwinkligen Vor- und Rücksprüngen gezeichnet werden können.
- *Anschlüsse* zusammenlaufender Strassen müssen gerundet gezeichet werden können.
- *Über-* und *Unterführungen* müssen dargestellt werden können.
- *Signaturen* und *Legenden* sollten leicht geändert und auf den Inhalt übertragen werden können.
- *Schriften* müssen in verschiedenen Typen, Grössen und Eigenschaften (wie **fett**, *kursiv*, ***kursiv fett***, normal, schmal, g e s p e r r t, <u>unterstrichen</u>), frei plazierbar, gebogen an Kurven zur Verfügung stehen.
- *Flächen* sollen mit Farben und Signaturen gefüllt werden können. Die Transparenz für andere Elemente sollte möglich sein.
- Beim *Import und Export in andere Formate* sollten neben den Achsen der Linien auch die Farben und Formen (z.B unterbrochene Linien) erhalten bleiben.

7,22   Feldaufnahmen

Für Feldaufnahmen werden zunehmend *GPS-Geräte* verwendet. Die Resultate dieser Messungen sollten in ihrer richtigen Lage in das Programm aufgenommen werden können. Zuordnungen der aufgenommenen Elemente sollten leicht möglich sein. Basiskarten sollten leicht integriert und *georeferenziert* (mit geographischen oder Landeskoordinaten) werden können, damit eine Kontrolle der Messergebnisse sofort möglich ist. Die Lage der Basiskarten muss verändert, Verzerrungen müssen eliminiert werden können.

Die Programme sollten nicht zu kompliziert sein und nicht zuviel Platz beanspruchen, damit sie im Felde auf einem Laptop eingesetzt werden können, auch wenn das Handbuch zu Hause geblieben ist.

7.3   Normale Zeichenprogramme

Weit verbreitete Zeichenprogramme (z.B. Corel Draw, Freehand, Adobe Illustrator) arbeiten mit Zeichenebenen. Die Elemente der verschiedenen Ebenen können einzeln und gesamthaft bearbeitet werden. Es liegt dann nahe, Ebenen nach Sachgebieten zu definieren, was aber zu Schwierigkeiten im Zusammenspiel führen kann. Die Programme können sowohl Freihandlinien als auch geometrische Kurven (Kreise, Ellipsen, Bezierkurven) zeichnen. Einige erlauben die Eingabe über die Kurvenelemente, wie Punkte, Radien, Tangenten. Verändert werden können in der Bearbeitung ganze Linien, Abschnitte und einzelne Punkte. Linien können getrennt, zusammengeführt und in ihrem Charakter geändert werden (Kurven zu Geraden und umgekehrt).

Vielfach können aber Doppellinien mit Füllung nur mit Tricks erstellt werden. Man zeichnet zuerst eine Linie in der nötigen Aussenbreite, dupliziert sie ohne Verschiebung, weist dem Duplikat die Breite und Farbe der Füllung zu und stellt es vor die urspüngliche Linie.

Diesen Programmen fehlt eine wichtige Eigenschaft für kartographische Zwecke: *Sie sind meist nicht georeferenziert*. In einigen Programmen können zwar die Lineale einem geographischen Masssystem (allerdings nur rechtwinklig) angepasst werden, die Zeichnung wird aber in Programmkoordinaten gespeichert, was beim Export in andere Anwendungen zu unliebsamen Überraschungen führen kann.

7.4   Zeichenprogramme für Karten

7.41   Für topograhische und thematische Karten

Diese Programme zeichnen sich dadurch aus, dass sie *immer massstäblich* arbeiten, d.h. die Lineale der Zeichnung entsprechen einem festen Massstab und die Ausgabegrösse kann ebenfalls in einem bestimmten Masstab erfolgen. Sie speichern den Inhalt mit den gewählten Koordinaten ab oder ermöglichen zumindest eine Verknüpfung, die auch beim Export in andere Formate erhalten bleibt.

Sie erfüllen in der Regel *alle oder den grössten Teil der oben genannten Anforderungen.* Ihr Umfang reicht von bescheidenen 2 MB bis zu alles umfassenden Anlagen, welche eine voll professionelle Bedienung erfordern.

7.42   Für statistische Karten

Sie *verknüpfen Datenbanken mit räumlichen Bezügen.* Werte können Punkte (Ortschaften, Zentren) oder Territorien wie Gemeinden, Kantonen, Staaten zugeordnet und in verschiedenen graphischen Formen ausgegeben werden. Die meisten Programme kennen *Stabdiagramme* (nebeneinander oder summiert), *Zeitdiagramme* verschiedener Werte, *Kreisdiagramme* und *Tortengraphiken* (Kreissegmente). Bei weiteren Funktionen ist Vorsicht gegoten, so enthält *MapViewer 3* eine Möglichkeit Werte als Punktkarten auszugeben. Die Verteilung erfolgt im zugehörigen Territorium mit einem Zufallsgenerator und damit hat die Darstellung keinen räumlichen Wert innerhalb der Fläche. Höchstens im Zusammenspiel möglichst vieler Territorien kann ein allgemeinde Eindruck der Dichte erreicht werden.

Die viel gepriesenen *3-D Darstellungen* entpuppen sich meist als *Spielerei*. Für die Beurteilung der Qualität eines Programms ist es wichtiger zu wissen, ob Nullwerte in beliebigem Winkel möglich sind, in welcher Reihenfolge die Werte angeordnet werden, ob Klassengrenzen und Farben frei und genau festgelegt werden können.

Für die Festlegung der Punkte und Territorien sollten *Werkzeuge* zur Verfügung stehen, welche die Erstellung eigener Karten erlauben. Müssen diese Grundlagen zugekauft werden, so ist meist das Angebot zu schmal, zu eng definiert und zudem teuer. Zu beachten sind zudem die *Import-* und *Exportmöglichkeiten* für die *Datenübernahme* und die *Ausgabe der fertigen Karten*. Die Programme können teilweise *Netztransformationen* für einige Abbildungsarten ausführen.

7.5   GIS-Programme

Im Rahmen der Ausbildung am Institut wird grosser Wert auf das Arbeiten mit *GIS-Systemen* gelegt und ein breites Spektrum zur Einarbeitung und Anwendung angeboten.

Diese Programme verknüpfen Datenbanken mit den räumlichen Aspekten und *bieten sehr breite Paletten für Berechnungen und graphische Gestaltung. Sie sind immer georeferenziert*. Die Entwicklung von komplexen Programmen ist sehr teuer und der Markt der Kartographie eng. Einige gängige Programme wie Intergraph oder Autocad wurden ursprünglich als CAD Programme für den Maschinenbau, die Architektur oder den Tiefbau konzipiert und später um vermessungstechnische und kartographische Module erweitert. Andere, wie Arc Info und Arc View wurden direkt für GIS Aufgaben erstellt.

Allen Programmen ist die enorme Vielfalt der Möglichkeiten gemeinsam. Die volle Palette kann jedoch nur von Leuten genutzt werden, die *professionell* mit ihnen arbeiten.

II TOPOGRAPHISCHE MODELLE

1 ALLGEMEINES

Die *Darstellung der dritten Dimension* ist ein Kernproblem der Kartographie. Besonders in gebirgigen Ländern wurden diese Fragen früh aufgegriffen und immer wieder Die Lösungen der klassischen topographischen Karten werden unter III TOPOGRAPHISCHE KARTEN, 2.4 Relief der Landoberfläche eingehend gezeigt. Mit der Entwicklung der EDV, besonders der ungeahnten Verbesserung der Speichermedien, öffneten sich neue Möglichkeiten zur Erfassung, Bearbeitung und Speicherung. Daraus sind heute Geländemodelle enstanden, die mit verschiedenen weiteren räumlichen Informationen kombiniert werden können.

2 HÖHENMODELLE

2.1 Eigenschaften, Herstellung

Allen Modellen gemeinsam ist, dass sie auf Punkten beruhen, deren Lagen (Koordinaten) und Höhen bekannt sind, und die in regelmässigen festen Abständen (Rasterweite) angeordnet sind.

Zu den Pionieren der Entwicklung von Höhenmodellen zählt KURT BRASSEL mit seinen Arbeiten seit den frühen siebziger Jahren. Für die ersten Modelle wurden die einzelnen Rasterpunkte aus herkömmlichen topographischen Karten anhand des Kurvenbildes interpoliert, später wurden sie durch Messung im Stereoautographen ermittelt. Höhenmodelle werden meist lotrecht abgebildet.

Mindestens drei, meistens vier Punkte bilden eine Einheitsfläche, deren Lage (Neigungwinkel, Neigungsrichtung) bekannt ist. Unter der Annahme einer Lichquelle mit parallelen Strahlen in beliebiger Lage können nun die Einheitsflächen rechnerisch Graustufen zugeordnet werden. Das Resultat ist ein schattenplastisches Bild. Für die allgemeinen Eigenschaften gelten:

	grosse Einheitsfläche	kleine Einheitsfläche
Speicherbedarf	gering	gross
Verarbeitung	schnell	langsam
Detailgenauigkeit	klein	gross
Wirkung	realistisch	schematisch
Wirkung bei Reduktion	ruhig	unruhig

Für die Schweiz wurde zuerst das digitale Höhenmodell *RIMINI* (rechte Bildhälfte) entwickelt. Die Rasterweite beträgt 250 m, ist also recht gross mit 6.25 ha pro Einheitsfläche. Es eignet sich für Anwendungen mit geringen Genauigkeitsansprüchen und für Kartenhintergründe in kleinen Massstäben. Dieses Modell wird nicht mehr nachgeführt,

Das neue digitale Höhenmodell *DHM25* (linke Bildhälfte) arbeitet mit einer regelmässigen Rasterweite von 25 m, also ein bistimmter Punkt auf 6.25 Aren, was etwa der Parzelle eines Einfamilienhauses entspricht. Das Modell beruht auf den Höheninformationen der Landeskarte 1:25'000 und den abgeleiteten Höhenwerten. Es kann wesentlich höhere Genauigkeitsansprüche befriedigen als das alte Modell.

Für die Ausgabe in kleineren Massstäben kann der Datensatz rechnerisch generalisiert werden, entweder über die Vergrösserung der Rasterweite oder andere analytische Reduktionsmethoden.

Quelle L+T

Dank dem Einsatz moderner Technik (*Laser, GPS*)können Höhenmodelle heute direkt und sehr genau aufgenommen werden. Ein Vermessungsflugzeug wird mit einer GPS Empfangsstation ausgerüstet, seine Bordinstrumente und die Laserkamera werden mit einem Rechner verbunden:

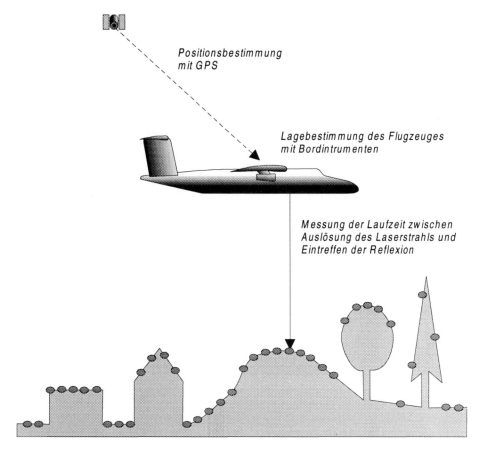

- Der Laser sendet fächerförmig Impulse aus. Mit der GPS Navigation und dem Einbezug der Daten der Bordinstrumente kann die Richtung des Strahls genau berechnet werden.
- Laserpulse werden in kurzen Abständen ausgestrahlt (Minimaler Abstand zwischen den Punkten ca. 2m).
- Der auftreffende Strahl auf der Erdoberfläche hat je nach Flughöhe etwa den Durchmesser eines Suppentellers. Auf diesem Kreis findet fast immer eine genügende Reflexion in Richtung des Flugzeugs statt (Die Ausnahme bilden sehr glatte Oberflächen wie ruhige Seespiegel).
- Der Reflex jedes Pulses auf der Erdoberfläche wird im Flugzeug empfangen. Aus der *Laufzeit* kann *die Entfernung zum Oberflächenpunkt* und daraus die *Lage* (in Koordinaten) und die *absolute Höhe* des *Bodenpunkts* gerechnet werden.
- In Verbindung mit den Flugdaten entsteht so direkt ein *Netz von Höhenpunkten in Parallelperspektive*, das numerisch gespeichert wird.

Die Daten können im Rechner weiter verarbeitet werden:
- Häuser und sogar Dachformen sind erkennbar. Sie können, wenn nötig eliminiert werden, um die Geländeoberfläche allein zu erhalten.
- Die Siedlung kann in ihrer dritten Dimension erfasst werden.
- In Waldgebieten fallen immer einzelne Punkte zwischen die Bäume bis auf den Boden. Auch hier kann somit aus den Bodenpunkten direkt die Geländeoberfläche ermittelt werden, so genau, dass die bisher nötige Verifizierung im Terrain entfallen kann.
- Alle diese Operationen lassen sich über Programme steuern. Die Rasterweite des originalen Modells kann generalisiert werden, je nach Anforderungen.
- Sichtbar und damit interpretierbar gemacht werden die enormen Datenmengen über das gleiche Verfahren wie die Höhenmodelle mittels angenommener Lichtquelle und der Zuordnung von Graustufen zu den Einheitsflächen.

Der grosse Aufwand für Höhenmodelle rechtfertigt sich nur, wenn sie als Grunddaten breit eingesetzt werden. In Kombination mit Flächen- und Liniendaten aus GIS-Systemen lassen sich daraus Landschaftsmodelle entwickeln.

3   LANDSCHAFTSMODELLE

Quelle L+T

 Mit speziellen Programmen können Höhenmodelle in Schrägansichten umsetzen, wobei der Standpunkt des Betrachters (Lage, Höhe über Grund) und der Winkel des Bildes frei gewählt werden können. Weitere Informationen, wie Verkehrsnetz, Gebäude, Wald, Flussnetz, Grenzen, Landnutzungsflächen, Bauzonen, statistische Daten, Orthophotos, Hausmodelle u.a., die *georeferenziert* als *Linien- und Flächenelemente in Vektorformaten* abgespeichert sind, können *den Höhenmodellen überlagert* werden. Ihre Begrenzungslinien und Inhalte werden mit dem Höhenmodell kombiniert und erhalten damit die dritte Dimension. Vorgänge, die in ihrer Dynamik eine grosse vertikale Komponente haben, lassen sich mit Landschaftsmodellen einfacher und besser erklären. Man denke etwa an die Rückbildungsprozesse von steilen Hanggletschern.

Der grösste Vorteil der sehr anschaulichen Bilder oder Blockdiagramme liegt darin, dass Betrachter, welche aus einem abstrakten Kartenbild keine Schlüsse ziehen können, sich mit den Modellbildern viel besser zurechtfinden. Der Nachteil solcher Bilder liegt vor allem darin, dass sie kaum ausgemessen werden können.

4   SIEDLUNG

Die Beschränkung der Darstellung der Siedlung auf Flächen und Signaturen, wie sie in topographischen Karten üblich ist, erlaubt keine genauen Aussagen zur Masse der Gebäude oder deren Höhen. Nun können mit den neuen Aufnahmetechniken *Modelle* erzeugt werden, *welche die Höhen anschaulich machen*, ohne die Nachteile der Luftbilder aufzuweisen, denn auch auf entzerrten Orthophotos bleiben die an den Rändern der Aufnahmen die Schrägansichten der Gebäude aus der Zentralperspektive erhalten.

III TOPOGRAPHISCHE KARTEN

1 ALLGEMEINES

Als topographisch wird eine Karte bezeichnet, *"in der Situation, Gewässer, Geländeformen, Bodenbewachsung und eine Reihe sonstiger zur allgemeinen Orientierung notwendiger oder ausgezeicheter Erscheinungen den Hauptgegenstand bilden und durch Kartenbeschriftung erläutert sind"* (IKV 1973).

Die Kenntnis der eigenen Räume war seit jeher unabdingbar für die militärische, politische und administrative Herrschaft. Wer seinen Herrschaftsbereich ausdehnen wollte, musste über Informationen des zu erobernden Raumes verfügen. Im Gebiet der heutigen Schweiz wurden topographische Karten zuerst durch Einzelpersonen, oft im staatlichen Auftrag hergestellt. Sie wurden, nur im Original oder in wenigen Exemplaren vorhanden, als militärische Geheimnisse gehütet. Eine sehr gute Übersicht der schweizerischen Entwicklung findet sich in Georges GROSJEAN, Geschichte der Kartographie, Geographica Bernensia U8, Bern 1996.

Während grossmassstäbliche Pläne, vor allem zur Bestimmung des Eigentums und der Steuerpflicht seit dem 17. Jahrhundert in grösserem Umfang erstellt wurden, wurden Karten mittlerer Massstäbe, die das ganze Staatsgebiet abdeckten erst seit dem 18. Jahrhundert, in der Schweiz systematisch eigentlich erst seit der Errichtung des Bundesstaates, staatlichen Stellen übertragen, welche die Aufnahme und Herstellung topographischer Karten an die Hand nahmen, meist mit Dominanz des Militärs, das auch über die Form, Gewichtung, Inhalte und die Darstellungsart entschied. In der Schweiz wurden topographische Karten, vielleicht auch dank des Milizsystems, schon früh stark verbreitet. Sie sind Volksgut geworden.

Die topographischen Karten haben sich zu *dem Informationsmittel über den Raum* entwickelt.

Trotz aller neuen Formen der Darstellung räumlicher Daten bleibt die Karte das wichtigste Informationsmittel. Es lohnt sich deshalb, in den folgenden Abschnitten die einzelnen Inhalte topographischer Karten eingehend zu diskutieren, vor allem aus der Sicht der schweizerischen Verhältnisse.

2 KARTENELEMENTE

2.1 Situation

Unter dem Begriff **Situation** versteht man in topographischen Karten alle Elemente der Siedlungsdarstellung, also die Ortschaften, einzelne Gebäude, kleine Geländeobjekte wie Wegkreuze, trigonometrische Signale, Hochkamine, Sende- und Aussichtstürme und die Elemente der Kommunikation, des Verkehrs mit Strassen, Wegen, Eisenbahnen usw., ferner Grenzen aller Art. Vielfach wird die Situation in einer Farbe dargestellt, damit sie in der Herstellung auf einer Folie oder Platte konzentriert werden kann. Je nach Wahl des Generalisierungsgrades für die Siedlungsdarstellung wird jedoch zunehmend wieder mit Farbflächen gearbeitet. Viele verschiedene Farben für die Darstellung der linearen Kommunikation und die Einzelsignaturen der Siedlung machen das Kartenbild nur unruhig. Eine klare Unterscheidung der Liniencharaktere, ev. verbunden mit einer farbigen Füllung einzelner Signaturen ergeben ein besseres Bild. Wichtig ist vor allem die Wiedergabe des Liniencharakters, der auch bei zunehmender Generalisierung erhalten und sichtbar bleiben muss. Strassen bestehen aus kurzen Geraden und Kurven mit relativ kleinen Radien (ausg. Autobahnen), während Eisenbahnen lange Geraden und Kurven stetiger, aber im Vergleich zu Strassen grösserer Radien aufweisen. Als Farbe wird für die Situation meist dunkle Sepia oder ein sehr dunkles Grau verwendet, die in mehrfarbigen Karten besser wirken als Schwarz.

2.11 Siedlung

Die Siedlung kann verschieden dargestellt werden. Von der grundrisstreuen Darstellung jedes einzelnen Hauses in grossen Massstäben und Plänen bis zur abstrakten kleinen Kreissignatur für eine ganze Siedlung in kleinen Massstäben. Schwierig ist es, die Darstellungsweise dem Massstab entsprechend richtig anzupassen.

Ein spezielles Problem, das besonders in topographischen Massstäben bis etwa 1:200'000 von Bedeutung ist, besteht in der Darstellung der dritten Dimension in der Siedlung. Konnten früher für hochaufragende Objekte

(Kirchtürme, Hochkamine, Signale topographischer Punkte in der Ebene) noch spezielle Signaturen gewählt werden, so erlaubt die Darstellung der Gebäude mit Volltonsignaturflächen keine Aussage zur Höhe der Bauten. Die charakteristischen Grundrisse liessen aber während langer Zeit für den geübten Kartenbenützer genügend Rückschlüsse auf die Bebauung zu. Man vergleiche auf einer topographischen Karte 1:25'000 die graphische Wirkung des Zürcher Quartiers Aussersihl mit derjenigen des Triemli und der lockeren Bebauung am Zürichberg. Die geschlossenen Blöcke der dichten Randbebauung lassen ohne weitere Erklärung die fünf- bis sechsgeschossigen Häuser erahnen, während die quer zu den Erschliessungsstrassen stehenden gleichartigen einfachen Signaturen im Triemli auf die Wohnblöcke der fünfziger Jahre mit drei bis vier Geschossen schliessen lassen und die Bebauung am oberen Zürichberg auf freistehende Einfamilienhäuser und Villen hindeutet.

Mit dem Aufkommen der gemischten Gesamtüberbauungen, die von Reiheneinfamilienhäusern über achtgeschossige Scheiben bis zu den zwanziggeschossigen Hochhäusern alle Typen umfassen (z.B. das Tscharnergut in Bern), oder Siedlungen, deren Bauten komplizierte, in Grundriss und Höhe abgetreppte Formen aufweisen, (z.B das obere Murifeld in Bern), aber auch mit neuen Kombinationen von Einfamilenhäusern (z.B. Halensiedlung oder Runddorf in Benglen ZH) ging der Zusammenhang zwischen dem Grundrissbild und dem Bild der Bebauung, das der Kartenleser ableiten konnte, verloren. Man versucht deshalb heute (vor allem in der BRD) mit speziellen Signaturen, die den Schattenwurf eines Hochhauses andeuten, die markanten Punkte im Siedlungsbild hervorzuheben, während man für die niedrigere Bebauung von der Darstellung der Einzelbauten abrückt und je nach vorherrschenden Gebäudehöhen verschieden intensive Flächentöne benützt. Für Massstäbe von 1:50'000 und kleiner ist diese Darstellungsart in städtischen Gebieten besser als die klassische Häusersignatur. Für die Einzelhofgebiete und lockere dörfliche Siedlungen sind aber weiterhin Einzelhaussignaturen erforderlich.

Für die Massstäbe 1:5'000 und 1:10'000 kommt nur die grundrisstreue Darstellung der einzelnen Gebäude in Frage. Volltonsignaturen, wie sie der Uebersichtsplan der Grundbuchvermessung kennt, ergeben wohl ein klares Kartenbild, das die Siedlungsstrukturen in Streuung und Dichte deutlich erkennen lässt. Für thematische Eintragungen eignen sich Volltöne aber nicht. Optimal sind konturierte Gebäudegrundrisse, die mit Rastertönen gleicher Farbe (Punkt oder Linienraster) gefüllt sind. Ihre Herstellung und Nachführung verursacht aber einen erheblichen Aufwand. Es kann erwartet werden, dass mit der Einführung der elektronischen integrierten Vermessung die Nachführungsprobleme erheblich geringer werden. Für die Verkleinerung der Grundlagen stellen sich aber bereits für die Uebersichtspläne Fragen der Generalisierung, deren automatische Verarbeitung noch nicht möglich ist.

Einzelne Gebäude lassen sich auch noch im Massstab 1:25'000 grundrissgetreu darstellen. Aber die Grundrissform muss auf die geometrischen Grundformen (Quadrat, Rechteck) vereinfacht werden. Kleine Gebäude (unter 8 m Seitenlänge) müssen bereits vergrössert werden. Um das Gleichgewicht in der Wirkung einer Siedlung zu wahren, müssen deshalb auch grössere Gebäude grösser dargestellt werden.

In schweizerischen topographischen Karten werden neben der Grundrissdarstellung keine weiteren Aussagen gemacht, sieht man von den kleinen Fähnchen ab, die abgelegene Gasthöfe kennzeichnen. In den Karten anderer Staaten (siehe auch unter IV.4.) werden jedoch oft weitere Angaben (z.B. Feuerfestigkeit, öffentliche Gebäude, Gebäudehöhen) dargestellt. Die Niederlande mussten für die sehr grossen Flächen der Gewächshäuser eine besondere Signatur entwickeln, um diese für gewisse Landesteile sehr wichtigen Elemente deutlich zeigen zu können. Die schweizerischen Karten kennen für offene Hallen, Gewächshäuser und ähnliches eine feine Kontur, während die Fläche schraffiert ist.

Mit den zunehmend komplizierter werdenden Nutzungsüberlagerungen tritt die Frage auf, welche Nutzung oder welches Niveau dargestellt werden soll, denn die dritte Dimension kann ja nicht benutzt werden. (Man denke an den Bahnhof Bern, der im tiefsten Geschoss die Verbindungsgänge der PTT und SBB, sowie die Station des RBS aufweist, darüber die Gleisanlagen der Bahn, dann die Postplatte mit Parkplätzen und die Geschosse des Parkhauses, bevor zuoberst eine Grünfläche und erneut Einzelbauten den Abschluss bilden.) In der Regel stellt man die im Luftbild sichtbare oberste Ebene dar (also den Park vor der Universität mit den Gebäuden des Restaurants), während die tiefer liegenden Ebenen in ihrer Begrenzung als unterbrochene Linien eingezeichnet werden.

2.111   Generalisierung der Siedlung

Im kleineren Massstab fallen zuerst die Kleinformen des Grundrisses weg. Vorsprünge, Anbauten u.ä. werden nicht mehr dargestellt. Die Form des Hauses wird auf ein einfaches Rechteck oder Quadrat reduziert, das aber in der Grundstruktur den Proportionen des ursprünglichen Hausgrundrisses entsprechen muss. Eliminierte Kleinflächen sind in die Gesamtfläche einzubeziehen. Grossformen, wie Winkelbauten oder Hofbebauungen alter Quar-

tiere müssen in ihrem Charakter erhalten werden. Kleinere Hofflächen sind zusammenzufassen in eine Hofdar-
stellung, welche die graphischen Mindestmasse einhält. Wenn möglich sind rechteckige Signaturen zu verwenden. Bei der Zusammenfassung ist darauf zu achten, dass das Schwarz-Weiss Verhältnis gewahrt bleibt.

Wenn wir die Flächenverhältnisse eines einzelnen kleinen Hauses in den verschiedenen Massstäben betrachten,
so wird die Grundfrage der Generalisierung sofort ersichtlich:

Seitenlänge des Hauses in Natur		7.5 m	
Grundfläche des Hauses in Natur		56 m^2	
graphische Minimalseitenlänge		0.3 mm	

Massstab	in der Karte:	in Natur umgerechnet:	
	Seitenlänge	Seitenlänge	Fläche
1: 25'000	0.3 mm	7.5 m	56 m^2
1: 50'000	0.3 mm	15 m	225 m^2
1:100'000	0.3 mm	30 m	900 m^2
1:200'000	0.3 mm	60 m	3600 m^2

Die Zahl der darstellbaren Objekte muss deshalb bei kleiner werdenden Massstäben immer stärker verringert
werden. Dabei ist zu beachten, dass Form und Charakter der Siedlung zu wahren sind. So dürfen Quadrate nicht
in Rechtecke umgewandelt werden, müssen typische Anordnungen mit weniger Objekten annähernd richtig angedeutet werden.

Das Gleiche gilt auch für die Auswahl der Strassen. Besonders gut lässt sich die Verringerung und Ersetzung der
Strassen an einem Quartierbild zeigen. Im Massstab 1:25'000 lassen sich alle Strassen und die angrenzenden
Häuser annähernd richtig darstellen, einzig die strassenseitigen Gebäudeabstände werden unterdrückt. Bereits im
Massstab 1:50'000 muss die Zahl der Quartierstrassen von drei auf zwei reduziert werden, die Wohnblöcke und
Einfamilienhäuser werden verringert, aber in der Verteilung der Strukturen beibehalten. Für den Massstab
1:100'000 kann gar nur noch eine Quartierstrasse dargestellt werden. Trotz den sehr groben (in der vergrösserten
Darstellung) Blöcken lassen sich die Quartierstrukturen noch erahnen.

Spätestens beim Massstab 1:100'000 muss man sich jedoch die Frage stellen, ob eine Darstellung der Siedlung in
der generalisierten Form von Einzelhausblöcken noch die beste Lösung ist. Denn man kann ja effektiv nicht mehr
Gebäude zeigen, sondern nur *Struktursymbole*. Auch dort, wo die Einzelhaussignatur vernünftig erscheint, z.B.
im Streusiedlungsgebiet des Emmentals, können längst nicht mehr alle Gehöfte abgebildet werden, wenn man die
Forderung nach dem Beibehalten des Siedlungscharakters erfüllen will. Nicht nur die Nebengebäude, wie Stöck-
li, Speicher und Remisen werden weggelassen, etwa die Hälfte aller Höfe kann ebenfalls nicht mehr aufgenommen werden, denn die Karte muss ja nebst der Siedlung noch anderen Elementen Platz bieten (Gelände, Schrift
u.a.) und das allgemeine Gleichgewicht muss gewahrt bleiben. Die traditionelle Siedlungsdarstellung verdrängt
zudem in Städten andere Kartenelemente wie Höhenkurven oder Schrift. Besonders die englischen Karten gehen
bereits in grossen Massstäben (One-Inch-Map) zu einer flächenhaften Siedlungsdarstellung über, mit einem
leichten grau wirkenden Punktraster in der Situationsfarbe. Die Karte wirkt sehr ruhig und bietet viel freien Raum
für die Darstellung und Beschriftung von Einzelheiten, wie öffentliche Gebäude, Sehenswürdigkeiten, archäologische Stätten. Die Strassen können dabei auch im bebauten Gebiet in verschiedenen Klassen deutlich dargestellt
werden, was bedeutet, dass z.B. Durchgangsachsen sofort ersichtlich sind. Spätestens ab 1:100'000 interessieren
mehr die grossen Linien und wichtige Einzelobjekte, wie Durchgangsstrassen, wichtige und markante Einzelgebäude, bei militärischen Karten auch Brücken, Tragfähigkeiten und Dichte und Zustand der Wälder, u.ä. Für den
Massstab 1:25'000 ergibt die Darstellung mit Einzelhaussignaturen ein aussagekräftiges, lebendiges Bild. Der
Massstab 1:50'000 kann je nach Anforderungen in städtischen Gebieten bereits als Grenzfall angesehen werden,
während in ländlichen Gebieten die Einzelhaussignatur ein besseres Resultat verspricht. Ab 1:100'000 wird diese
Darstellungsart der Siedlung problematisch.

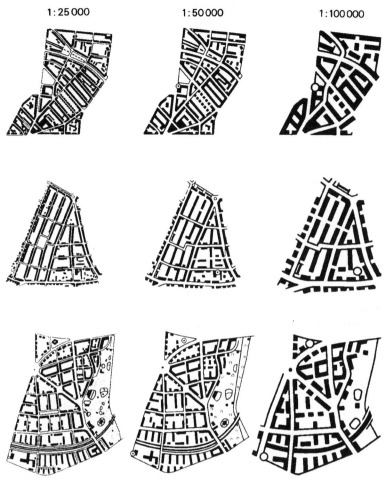

1:25 000   1:50 000   1:100 000

Zahlenmässige Verringerung der Einzelhäuser und der Häuserreihen. Zusammenfassungen dürfen den *Gesamteindruck* nicht verändern.

Geometrische Verschiebungen einer Strassenbewegung, wo sie durch die Verringerung der Häuserreihen gefordert wird.

Auch in einem aus verschiedenen Haustypen bestehenden Quartier müssen der *Charakter* und die *Grössenverhältnisse* der Häuser erhalten bleiben.

n. SGK

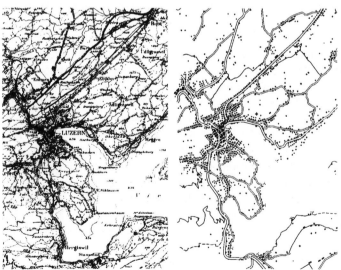

Spätestens ab 1:100'000 interessieren mehr die grossen Linien und wichtige Einzelobjekte, wie Durchgangsstrassen, wichtige und markante Einzelgebäude, bei militärischen Karten auch Brücken, Tragfähigkeiten und Dichte und Zustand der Wälder u.a. Für den Massstab 1:25'000 ergibt die Darstellung mit Einzelhaussignaturen ein aussagekräftiges, lebendiges Bild. Der Massstab 1:50'000 kann je nach Anforderungen in städtischen Gebieten bereits als Grenzfall angesehen werden, während in ländlichen Gebieten die Einzelhaussignatur ein besseres Bild verspricht. Ab 1:100'000 wird diese Darstellungsart der Siedlung problematisch.
n. SGK

Der Uebergang der Darstellungsarten von der Einzelhaussignatur über die Siedlungsflächendarstellung bis zu abstrakten Kreissymbolen stellt aber ebenfalls Generalisierungsprobleme:

- Flächenraster müssen begrenzt werden. Mit der baulichen Entwicklung der letzten Jahrzehnte, die das Gefüge der Siedlungen immer mehr ausufern liess, wird es schwierig, den Siedlungsrand zu bestimmen.
- Die unterschiedliche Bauweise zwischen Zentrum, alten Stadtquartieren und lockerer Bebauung in den Vororten lässt sich mit unterschiedlich intensiven Rastern und verschiedenen Farbtönen zeigen, wobei allerdings das Kartenbild ruhig bleiben muss. Hochhäuser, wichtige Einzelobjekte u.ä. können mit Signaturen hervorgehoben werden.

- Bei der Wahl abstrakter Signaturen (Flächen, Quadrate, Kreise) stellt sich die Frage der Bezugsfläche für die Bestimmung des Wertes, der den verschiedenen Formen zugeordnet werden muss, nach den Grössenklassen der Abstufung und nach der Auswahl.

Individuelle Siedlungsgrundrisse mit Flächenfarben oder Rastern können im Massstab 1:500'000 für Siedlungen mit mehr als 10'000 Einwohnern verwendet werden (z.B. Uebersichtskarte der Schweiz der L+T, Tafel 1 des Atlasses der Schweiz). Als Grenze wird der Rand des effektiv genutzten Baugebietes genommen. Die Nachführung kann sich damit auf die inzwischen eingetretenen Vergrösserungen der überbauten Zonen beschränken, während innerhalb der bereits früher überbauten Gebiete keine Aenderungen erforderlich sind. Mit der neuen Gesetzgebung in der Raumplanung wird ja wieder, wie in den Zeiten des Ancien Régime, eine deutlich sichtbare Siedlungsgrenze erreicht durch die Trennung von Baugebiet und Landwirtschaftsgebiet.

Werden für die Bestimmung der Bevölkerungszahl die politischen Gemeinden gewählt, ergeben sich in der Karte weitere Probleme. Die Stadt Zürich hat in den dreissiger Jahren eine grosse Zahl umliegender Gemeinden eingemeindet. Die Siedlungsfläche der Gemeinde Zürich erstreckt sich deshalb dort, wo die Stadt bis in unbebaute Gebiete reicht, bis zur effektiven Siedlungsgrenze, während dort, wo kleinere Nachbargemeinden ohne Unterbruch der Siedlung anschliessen, die flächenhafte Darstellung an der Gemeindegrenze aufhört und eine in der Ausdehnung nicht proportionale Signatur der Nachbargemeinde zugeordnet wird, obwohl die Grenze im Raum nicht erkennbar ist. So weisen z.B. Bern und Genf, die keine oder nur wenige Eingemeindungen vorgenommen haben, um die relativ kleine Fläche der Kernstadt einen Kranz von Kreis- und Rechtecksignaturen der Vorortsgemeinden auf, die nicht deren Siedlungsfläche entsprechen. Da zudem vom Grundsatz ausgegangen wird, dass jede Gemeinde auch mit ihrem Namen genannt sein sollte, werden kleine Orte beschriftet, grosse Stadtquartiere hingegen nicht. Das hat zur Folge, dass Muri, Köniz, Ittigen benannt werden, Oerlikon, Schwamendingen oder Altstetten jedoch nicht.

Es ist zu wünschen, dass für die Siedlungsdarstellung in kleinen topographischen Massstäben vom Bezug zur Gemeinde abgewichen wird und nur die effektive Siedlungsfläche zur Darstellung kommt. Nur so lässt sich zeigen, dass heute die Siedlung sich ohne Unterbruch von Zürich bis gegen Richterswil oder Rapperswil hinzieht. Die Gemeinden können ja trotzdem angeschrieben werden und ihr Zentrum kann mit einer besonderen Signatur bezeichnet werden. Dank den zusätzlichen Informationen, die der Hektarraster flächenbezogen liefert, kann für eine bestimmte Siedlungsfläche die Einwohnerzahl unabhängig von der politischen Zugehörigkeit bestimmt werden. Damit könnte auch die zu hohe Klassierung von Gemeindekernen vermieden werden, die nur dank mehrerer, nicht zusammenhängender Siedlungen, die aber in der politischen Gemeinde des Kerns enthalten sind, eine zu hohe Klassierung erreichen. Der Ort Sumiswald wird oft in der Klasse mit über 5'000 Einwohnern dargestellt, obwohl das Dorf nur etwa 1'500 Einwohner zählt und weitere 800 in Wasen wohnen, während der Rest, immerhin mehr als 2'000 Personen, verstreut im übrigen Gemeindegebiet leben. Ein gangbarer Weg bietet sich an, wenn man der Siedlungsdarstellung und der Schrift verschiedene Funktionen zuweist: Während sich die Siedlungsdarstellung möglichst an den realen Bauflächen orientieren sollte, kann die Schrift durchaus nach den Gemeindezahlen abgestuft werden.

Bei der Auswahl der darzustellenden Orte kann man entsprechend dem Massstab einfach bei einem gewissen Wert abbrechen, d.h. kleinere Orte werden nicht mehr dargestellt, zwar ein konsequentes Verhalten, das aber dem Kartenbenützer nicht dient, denn seine Bedürfnisse verlangen mehr als eine sture Orientierung an der Einwohnerzahl. Füllt man nun in den leeren Räumen, die keine Orte der kleinsten Kategorie aufweisen, weitere Ortskategorien ein, dann erweckt man ein falsches Bild der Bevölkerungsverteilung. Man muss also die zusätzlichen Orte nach ihrer Wichtigkeit für den Kartenbenützer auswählen. Bevorzugt eingetragen werden dabei Bahn- oder Strassenknotenpunkte, Sehenswürdigkeiten, geschichtlich bedeutende Orte, u.a. Die Bedeutung eines Ortes ist immer in seiner Umgebung zu sehen. In der Sahara oder der sibirischen Tundra hat ein Nest von 150 Einwohnern eine grössere Bedeutung als eine Stadt von 20'000 Einwohnern mitten im Ruhrgebiet.

Schwierig ist auch die Frage der Klassenbildung, wenn ein Kartenwerk die ganze Welt bedecken soll (Internationale Weltkarte 1:1Mio). Man wählt meist schematische Klassen, z.B.:

unter		5'000 Einwohner	100'000	bis	500'000 Einwohner
5'000	bis	10'000 Einwohner	500'000	bis	1 Mio Einwohner
10'000	bis	50'000 Einwohner	1 Mio	bis	5 Mio Einwohner
50'000	bis	100'000 Einwohner	über		5 Mio Einwohner

Auch hier stellt sich die Frage nach der Bezugsfläche. Nimmt man für Zürich nur die Gemeinde, so wird die Stadt tiefer eingestuft als wenn man die Agglomeration berücksichtigt.

2.12   Kommunikation

2.121   Strassen

Die kleinsten Strassenbreiten, die sich noch massstäblich darstellen lassen, liegen bei 2,5 m in 1:5'000 und 5 m in 1:10'000. Strassen müssen demnach in allen gängigen topographischen Karten als Signaturen gezeichnet werden. Dies ruft nach einer Klassierung.

Die nötigen Eigenschaften, welche die einzelnen Klassen zu erfüllen haben, können aber zu grossen Diskussionen Anlass geben. Als Beispiele sollen die schweizerischen Einteilungen benützt werden (im Ausland wurde ähnliche Diskussionen ebenso geführt, aber weniger öffentlich).

1924 forderte die militärische Kartenkommission sieben Strassen- und Wegklassen:

I.	Klasse:	Fahrbahn	über	6 m,	Tragfähigkeit	10 t
II.	Klasse:	Fahrbahn	4	- 6 m,	Tragfähigkeit	10 t
III.	Klasse:	Fahrbahn	2.5	- 4 m,	Tragfähigkeit	7 t
IV.	Klasse:	Fahrbahn	mind.	2 m,	Tragfähigkeit	3 t
V.	Klasse:	Fahrweg für Gebirgsfourgons befahrbar
VI.	Klasse:	Feldweg, Saumweg
VII.	Klasse:	Fussweg, Pfad, Uebergang im Gebirge

Der Uebersichtsplan der Grundbuchvermessung 1920 kennt sechs Klassen:

I.   Klasse: Kunststrasse, mind. 5 m breit, ungehindertes Kreuzen für zwei Lastwagenkolonnen oder eine Infanteriekolonne mit einer Trainkolonne.

II.   Klasse: Kunststrasse von 3 - 5 m, ungehindertes Fortkommen der Infanteriemarschkolonne, Kreuzungsmöglichkeiten von Motorkolonnen mit Infanterie in Zweierkolonne.

III.   Klasse: Strässchen von 2.2 bis 3 m, noch fahrbar für Motorlastwagen, Train, ohne Kreuzungsmöglichkeit.

IV.   Klasse: Wirtschaftsweg, guter Fahrweg mit harter Fahrbahn, auf- und abwärts fahrbar für Gebirgsfourgon, Gefechtsstaffel der Feldartillerie u.a.

V.   Klasse: Saumweg, mind. 0.5 m Trittbreite, 2.0 m lichte Weite auf der Höhe der Saumlast.

VI.   Klasse: Fussweg, begehbar für Einerkolonne ohne Tiere.

Diese Übersichten zeigen etwas sehr deutlich: Festlegungen erfolgen aus einer bestimmten zeitlichen Situation heraus, Kartenwerke hingegen dienen über Generationen hinweg und müssen auch geänderten Anforderungen genügen.

Bei den Diskussionen um die neue Landeskarte wiesen E.LEUPIN (1919) und ED.IMHOF (1927) darauf hin, dass unter Truppenführern und Stabsoffizieren nicht einmal die genauen Unterscheidungsmerkmale des Siegfried-atlasses bekannt waren, geschweige denn die neu vorgeschlagenen sieben Klassen. Strassenklassen werden in der Praxis eher gefühlsmässig beurteilt. Für die Einsatzplanung schwerer Fahrzeuge (heute vor allem Panzer und Artillerie) braucht man in der Schweiz besondere Karten mit Angabe der Tragfähigkeiten, besonders derjenigen der Brücken, während andere Staaten (z.B. früher im ehemaligen Warschauerpaktgebiet) diese Angaben in den topographischen Karten direkt machten, die Karten aber unter Verschluss hielten.

Die Landeskarte weist heute 8 Klassen auf, in Anlehnung an den Uebersichtsplan 6 Strassenklassen und die neu hinzugekommenen Autostrassen und Autobahnen:

1. Klasse: Gut ausgebaute Strasse mit Hartbelag, in der Regel über 7 m breit, so dass Lastwagen ohne Geschwindigkeitseinschränkung kreuzen können.

2. Klasse: Gut ausgebaute Strasse, normalerweise mit einem Hartbelag versehen. Die Strasse ist mindestens 4 m breit.

3. Klasse: Guter Unterbau vorhanden, midestens 2.5m breit, bei jedem Wetter fahrbar.

4. Klasse: Fahrweg, mit mindestens 1.8 m breiter tragfähiger Fahrbahn.

5. Klasse: Karrweg, unbekiest, oft nur mit Traktor oder 4-Rad-Antrieb befahrbar und Saumweg im Gebirge mit 2 m Breite auf Basthöhe, heute mindestens mit Einachstraktor befahrbar.

6. Klasse: Fussweg, alle nicht befahrbaren Wege, vom breiten Spazierweg bis zum Bergpfad und zur Wegspur im Hochgebirge.

Autostrasse   Kreuzungsfreie, nicht richtungsgetrennte Strasse für den Autoverkehr.

Autobahn: Kreuzungsfreie, durch bauliche Massnahmen richtungsgetrennte Fahrbahnen für den Autoverkehr.

Eine Klassierung der Strassen kann als genügend bezeichnet werden, wenn der Grossteil der Kartenbenützer die Bedeutung der verschiedenen Signaturen ohne Konsultation einer Legende erkennen kann.

Die Landeskarte 1:100'000, welche ursprünglich wie die grösseren Massstäbe keine farbliche Kennzeichnung der Strassen aufwies, wurde nachträglich mit orangen Hauptverbindungsstrassen und gelben Durchgangsstrassen versehen, um den Einsatz motorisierter Verbände zu erleichtern.

Für Auto- und Touristenkarten hat sich ein besonderer Stil eingebürgert (Man kann diese Karten deshalb auch bereits unter den thematischen Karten (Thema: Strasse) einreihen). Die Strassen werden nach ihrer Verkehrsbedeutung in deutlich unterschiedlichen Breiten und mit kräftigen Farbbändern gedruckt. Das Strassenbild wird durch eine Kilometrierung zwischen den wichtigen Knotenpunkten ergänzt, die ihrerseits wieder hierarchisch abgestuft ist um die Mühe des Addierens aller Werte zu ersparen. Das Kartenbild enthält noch touristische Angaben wie Sehenswürdigkeiten, Zeltplätze, Strandbäder, Motels, Aussichtspunkte u.v.a.m., während die Aussagen zur Topographie sich meist auf eine einfache Schummerung beschränken und höchstens die Wälder eingetragen werden.

2.122 Eisenbahnen

Bei den Strassen hat sich die Doppellinie als allgemein bekannte Signatur durchgesetzt, und die Strassenbreite ist neben der Funktion als Klassierungsmerkmal anerkannt. Bei Eisenbahnlinien bestehen wesentlich mehr Unterscheidungskriterien:
- Die Spurbreite wird in den meisten Karten als wesentliches Merkmal dargestellt.
- Die Anzahl der Gleise (Einspur, Doppelspur, Mehrspur) wird mindestens in grösseren Massstäben dargestellt, sei es als Doppellinien wie in der Landeskarte oder durch eine bestimmte Anzahl Querstriche (Analogie zu den Schwellen) in einer einfachen oder doppelten Linie.
- Die Betriebsart (nicht elektrifiziert, elektrifiziert oder Zahnstangenbetrieb) wird in der Schweiz nicht unterschieden, da diese Merkmale bei uns kaum mehr von Bedeutung sind, in anderen Staaten hingegen wird darauf grosser Wert gelegt.
- Die Funktion im Netz (Hauptstrecke, Nebenstrekke, Linie mit oder ohne Schnellzüge) wird eher in kleinen Massstäben wichtig um die Auswahl zu begründen. Hingegen werden reine Gütergleise besonders gekennzeichnet (auch auf offener Strecke). Im Ausland kommen stillgelegte Strecken oder Strecken mit demontierten Gleisen z.T. zur Darstellung.

Die Art der Streckenführung einer Eisenbahn hilft mit, die Signatur zu erklären, lassen sich doch deutliche Unterschiede zu einer Strasse in der Geometrie der Linien erkennen. Die Stationsanlagen werden recht unterschiedlich gezeichnet, von der einfachen Kastensignatur bis zum kompletten Gleisbild. In kleineren Massstäben muss naturgemäss mehr abstrahiert werden.

2.123 Seil- und Luftseilbahnen, Skilifte

Diese Transportmittel spielen in der Schweiz eine grosse Rolle. Sie werden deshalb auch mit besonderen Signaturen dargestellt, wobei Skilifte nur in grossen Massstäben und zur deutlicheren Unterscheidung in einer anderen Farbe eingetragen werden.

2.124   Weitere Anlagen der Kommunikation und Versorgung

Dazu können die Anlagen der Energieversorgung und des Nachrichtenwesens gezählt werden. In der Schweiz werden nur die oberirdischen Hochspannungsleitungen (meist über 100 kV) und die zugehörigen Transformatoren- und Schaltstationen dargestellt, wobei die eigentliche Liniensignatur in Blau gedruckt wird. Eine Telegraphenleitung kann in einem sehr flachen Terrain ohne viele Anhaltspunkte ein sehr wichtiges Orientierungsmerkmal sein, was wir in unserem mit Leitungen gesegneten Land nicht vergessen sollten.

Unterirdische Kabel und Rohre (z.B. Gas- oder Erdölleitungen) werden in schweizerischen Karten nicht dargestellt. Im Ausland werden diese Anlagen teilweise eingetragen.

Punktförmige Objekte wie Sendemasten, Wassertürme, Triangulationspunkte mit Türmen oder Pyramiden und ähnliche hochaufragende Orientierungspunkte erhalten meist besondere Signaturen oder werden beschriftet, um eine rasche Indentifizierung zu erleichtern. Früher wurden gar die Semaphorsignale der Eisenbahnen dargestellt, in deutschen und heute noch in russischen Karten.

2.125 Generalisierung der Kommunikation

Die Generalisierung des Strassen- und Wegnetzes wird ab dem Massstab 1:10'000 wichtig. Bereits hier können die schmalen Strassen nicht mehr grundrissgetreu dargestellt werden, d.h. die Signaturen für Feldwege werden bereits breiter als die effektive Breite. Für den Massstab 1:25'000 müssen kleine Wegstücke ohne Verbindungscharakter weggelassen werden, um das Kartenbild nicht unruhig werden zu lassen. Abgesehen davon kann aber praktisch das ganze Weg- und Strassennetz lagerichtig dargestellt werden. Im Massstab 1:50'000 wird nur noch eine Auswahl der Fuss- und Feldwege gezeigt. Es treten in Gebieten mit dichtem Siedlungs- und Strassengefüge bereits Verdrängungen auf, d.h. die Breite der Signaturen erlaubt es nicht mehr, das komplizierte Liniengeflecht lagerichtig darzustellen.

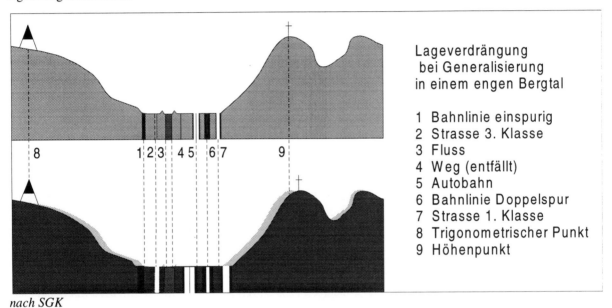

Lageverdrängung
bei Generalisierung
in einem engen Bergtal

1 Bahnlinie einspurig
2 Strasse 3. Klasse
3 Fluss
4 Weg (entfällt)
5 Autobahn
6 Bahnlinie Doppelspur
7 Strasse 1. Klasse
8 Trigonometrischer Punkt
9 Höhenpunkt

nach SGK

Verdrängungen in der Lage werden in der klassischen Kartographie nach folgenden Grundsätzen vorgenommen:

- immer lagerichtig eingetragen werden die Triangulationspunkte hoher Ordnung, ab etwa 1:100'000 aber schon nicht mehr alle kotierten topographischen Geländepunkte;
- lagerichtig eingetragen werden die Gewässer, abgesehen von lokalen Korrekturen, die im Zusammenhang mit anderen Elementen den Verlauf des Gewässers erläutern;
- verschoben werden zuerst die Strassen und Wege unterer Ordnung, dann Neben- und Hauptstrassen, Eisenbahnlinien;
- die Geländedarstellung mit Höhenkurven wird der Lage und dem Verlauf der Signatur sinngemäss angepasst.

Müssen also z.B. im Massstab 1:100'000 in einem engen Alpental mehrere Verkehrswege im Talgrund eingetragen werden (Man denke an das Urner Reusstal mit Autobahn, Eisenbahn, Kantonsstrasse, altem Saumweg und Bewirtschaftungswegen), so werden durch die nötige Verdrängung der Höhenkurven die Talflanken steiler dargestellt als sie tatsächlich sind, denn die Zahl der Höhenkurven bis zu einem trigonometrischen Fixpunkt muss ja eingehalten werden. Strassenverzweigungen sollten ebenfalls möglichst lagerichtig eingetragen werden, denn sie bilden wichtige Orientierungspunkte.

Bei der Reduktion in kleinere Massstäbe ist auch darauf zu achten, dass die Anforderungen des Benützers anders werden. Im Massstab 1:100'000 ist das Betonen der Hauptachsen wichtig, während Feld- und Fusswege nur noch dort eingetragen werden, wo ihnen eine besondere Bedeutung zukommt (z.B. im Gebirge).
Bei Eisenbahn-, Bergbahn- und Skiliftanlagen werden zuerst die weniger wichtigen Kategorien (z.B. Skilifte ab 1:50'000) ganz weggelassen, anschliessend wird die Differenzierung reduziert (Doppelspur nicht mehr dargestellt in 1:100'000). Luftseilbahnen werden je nach ihrer Verbindungsfunktion und ihrer touristischen Bedeutung reduziert (verfügt eine Ortschaft nur über eine Seilbahnverbindung, aber keine Strasse, so wird diese Seilbahn auch in kleinen Massstäben noch vermerkt). Etwa vom Massstab 1:200'000 an werden die Eisenbahnen oft in einer anderen Farbe gedruckt, um eine rasche klare Unterscheidung zum Strassennetz zu ermöglichen.

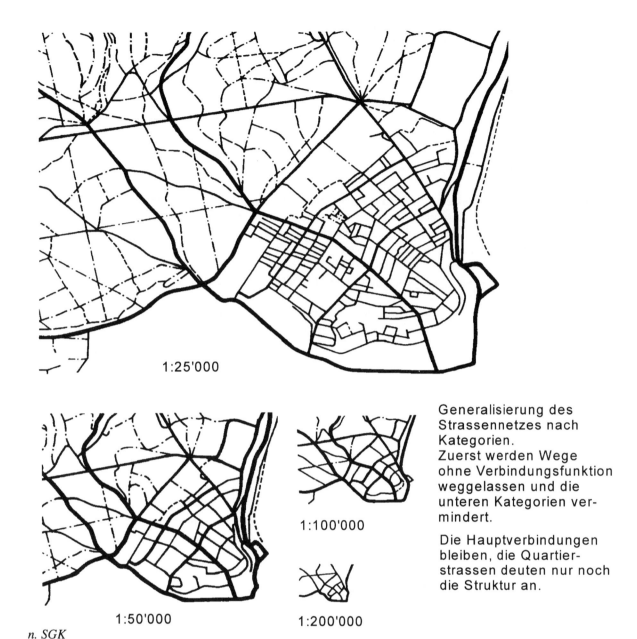

1:25'000

1:100'000

Generalisierung des
Strassennetzes nach
Kategorien.
Zuerst werden Wege
ohne Verbindungsfunktion
weggelassen und die
unteren Kategorien ver-
mindert.

Die Hauptverbindungen
bleiben, die Quartier-
strassen deuten nur noch
die Struktur an.

1:50'000   1:200'000

n. SGK

Bei der Reduktion in kleinere Massstäbe ist auch darauf zu achten, dass die Anforderungen des Benützers anders werden. Im Massstab 1:100'000 ist das Betonen der Hauptachsen wichtig, während Feld- und Fusswege nur noch dort eingetragen werden, wo ihnen eine besondere Bedeutung zukommt (z.B. im Gebirge).

Bei Eisenbahn-, Bergbahn- und Skiliftanlagen werden zuerst die weniger wichtigen Kategorien (z.B. Skilifte ab 1:50'000) ganz weggelassen, anschliessend wird die Differenzierung reduziert (Doppelspur nicht mehr dargestellt in 1:100'000). Luftseilbahnen werden je nach ihrer Verbindungsfunktion und ihrer touristischen Bedeutung reduziert (verfügt eine Ortschaft nur über eine Seilbahnverbindung, aber keine Strasse, so wird diese Seilbahn auch in kleinen Massstäben noch vermerkt). Etwa vom Massstab 1:200'000 an werden die Eisenbahnen oft in einer anderen Farbe gedruckt, um eine rasche klare Unterscheidung zum Strassennetz zu ermöglichen.

2.13   Kotierte Punkte

Die kotierten Punkte können zur Situation gezählt werden, da sie eng mit weiteren Situationselementen verbunden sind und auf der gleichen Platte gedruckt werden. Kotierte Punkte erleichtern das Erkennen der Höhenlage und unterstützen das Kurvenbild. Die genau vermessenen Höhenpunkte bestehen aus Fixpunkten des Triangulationsnetzes, Polygonpunkten der Luftbildgrundlagen und der Grundbuchvermessung und weiteren Punkten, die an markanten Orten bei der Luftbildauswertung bestimmt werden.

Früher waren es eine sehr grosse Zahl kotierter Punkte, die dem Topographen bei der Messtischaufnahme das Gerüst für die Konstruktion der Höhenkurven lieferten. Heute werden die Höhenkurven direkt aus dem Luftbild abgeleitet und nur noch die effektiv benötigten Koten direkt bestimmt.

Die Landeskarten 1:25'000 und 1:50'000 zeigen mit einer Dreieckssignatur alle Triangulationspunkte 1. bis 3. Ordnung. Die Punkte bestehen meist aus Steinen mit einer Messmarke und umliegenden Versicherungspunkten, die im Falle einer Zerstörung des Steines dessen Rekonstruktion erlauben. Nur die wenigsten Punkte der ersten Ordnung sind mit einem eisernen Signal markiert, das der Signatur zugrunde liegt. Die genauen Lage- und Höhenangaben werden in Versicherungsprotokollen festgehalten, welche als Grundlage für Feldarbeiten bei den Vermessungsämtern bezogen werden können.

In der Karte werden die Punkte 1.- 3. Ordnung mit Metern und Dezimetern angeschrieben, ebenso die Punkte vierter Ordnung der kantonalen Netze, soweit sie eingetragen werden. Gewöhnliche Höhenkoten werden nur in Meterbeträgen angeschrieben. Die Lage des Kotenpunktes wird mit einem Punkt markiert, wenn er im Felde eindeutig bestimmbar ist (Hausecke, Brücke, Ufermauer, usw.), mit einem kleinen diagonalen Kreuzchen, wenn er nicht auf Anhieb genau in der Lage bestimmt werden kann (z.B. auf einer offenen Hügelkuppe. Der gute Kartograph wählt immer Höhenpunkte, die vom Benützer leicht identifiziert werden können.

Die Dichte der Höhenkoten kann je nach Siedlungsdichte und Relief sehr stark variieren. EDUARD IMHOF (Geländedarstellung, S.110) erachtet die folgende Zahl Höhenpunkte pro 100 qcm Kartenfläche als zweckmässig (Richtwerte):

	Flaches und hügeliges Gelände	Alpines Gelände mit Fels
1: 10'000	10	20
1: 25'000	20	40
1: 50'000	30	50
1:100'000	30	50
1:200'000	20	40
1:500'000	20	40
1:1'000'000 und kleiner	25	50

Die höhere Dichte im alpinen Gelände mit Fels erklärt sich damit, dass die Felsschraffur das Höhenkurvenbild zerschneidet und Höhenkurven nur schwer lesbar sind. Mit Hilfe der Koten wird die Orientierung verbessert.

In Gebieten mit grosser Bautätigkeit muss die Zahl der Koten bei jeder Kartennachführung reduziert werden, weil die anderen Inhalte der Situation Vorrang haben.

Für Geographen, die textliche Aussagen im Gelände festlegen müssen, sei noch vor der Unsitte gewarnt, sich auf Höhenkoten zu beziehen (...200 m westlich von Punkt 743...), denn der geneigte Leser wird später nicht mehr über die gleiche Karte verfügen und sich nicht orientieren können. Viel besser sind Koordinatenangaben.

2.14   Grenzen

Die Landeskarten enthalten, entsprechend der vielfältigen und kleinräumigen Struktur unseres Landes eine ganze Anzahl Signaturen für politische Grenzen:
* punktierte Linien für die Gemeindegrenzen in 1:25'000 und 1:50'000 (nicht zu verwechseln in 1:25'000 mit den ähnlichen Trockenmauern!)
* strichpunktierte Linien für Bezirksgrenzen in 1:25'000 und 1:50'000
* starke unterbrochene und mit Querstrichen begrenzte Linien für Kantonsgrenzen (mit den renzsteinen als Kreise) und für ausländische Provinzen (bis 1:100'000)
* eine Reihe von Kreuzen und die Grenzsteine mit Nummern für Staatsgrenzen (bis 1:100'000)
* Linien mit oder ohne Rasterband im Massstab 1:200'000
* eine spezielle Signatur für die Grenzen der Nationalpärke

Grenzen

Landesgrenze mit Grenzzeichen und Nummer	
Kantonsgrenze mit Grenzstein	
Bezirksgrenze mit Grenzstein	
Gemeindegrenze mit Grenzstein	
Nationalparkgrenze	

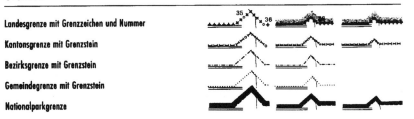

Einzelsignaturen

		1:25 000	1:50 000	1:100 000
Haus	Ruine			
Abgelegener Gasthof	Haus mit grosser Einfahrt			
Treibhaus				
Kirche	Kapelle			
Friedhof	Bildstock, Wegkreuz			
Kühlturm	Turm			
Hochkamin	Schloss, Burg			
Aussichtsturm	Lagertank			
Radiosender	Antennenanlage			
Campingplatz	Denkmal			
Platz	Sportplatz, Stadion			
Schiessstand				
Sprungschanze				
Mauern	Trockenmauern			
Lawinenverbauungen				
Höhle, Grotte	Felsblock			

Für den praktischen Gebrauch in der Planung empfiehlt es sich, die oft unterbrochenen oder nur durch stellvertretende Linien dargestellten schwach sichtbaren Gemeindegrenzen zu verstärken und verdeutlichen.

Quelle L+ T

2.15　Verschiedenes

Neben den bereits erwähnten punktförmigen Objekten der Kommunikation wurden vor allem in älteren Karten eine grosse Menge weiterer Detailangaben gemacht und z.T. beschriftet. Besonders reich "gesegnet" sind die Karten, die aus der preussischen Schule hervorgegangen sind (siehe 4.51). In der Regel werden in der Schweiz besondere Signaturen nur für Kirchen (Kreis mit Punkt), Kapellen (Kreis mit Kreuz über dem Kreis), Schlösser (Kreis od. Punkt mit Fähnchen), Ruinen (Mauerecke), erratischen Blöcken, in grösseren Massstäben auch Bildstöcke, Hochkamine u.ä. verwendet. Abgelegene Gasthäuser erhalten zur Haussignatur ein schräges Fähnchen und bei grossen Bauernhäusern kann im Massstab 1:25'000 die Hocheinfahrt dargestellt sein. Ein zu grosser Reichtum an besonderen Signaturen erschwert nicht nur die Nachführung, er kann auch unbeabsichtigte Folgen haben. So wurden verschiedene Grabhügel nach ihrem Eintrag in die öffentlichen Karten von ungebetenen Grabräubern heimgesucht.

2.2　Nomenklatur und Schrift

2.21　Nomenklatur

Unter der Nomenklatur versteht man den gesamten Bestand einer Karte an Namen für Orte, Einzelhöfe, Fluren, Wälder, Berge, Gewässer, Bezeichnungen einzelner Objekte und der Kotenzahlen (siehe unter 2.13).

Die Schreibweise der Namen in Karten ist eines der heikelsten Probleme der Kartographie, weil sich in keinem Fall eine allseits befriedigende Lösung oder gar eine allgemein anerkannte Konvention finden lässt. Die Topographen und die Kartographen sind aber nicht allein zuständig. Die Schreibweise der Namen und die Transkription aus Sprachen, die nicht das lateinische Alphabet verwenden, oder deren Ausspracheregeln für den normalen Kartenbenützer unbekannt sind, werden von Ortsnamenforschern, einer Untergattung der Sprachforscher, bestimmt.

Und diese wissenschaftlich begründeten Schreibweisen lassen sich bisweilen nur schwer mit praktischen Anforderungen des Kartenbenützers verbinden. Der Topograph vor Ort bei der Kartenaufnahme verfügt aber in schwierigen Fällen (Man denke hier an den lokalen Dialekt im hintersten Tessiner Bergtal und alten Einheimischen als einzige Auskunftspersonen) nicht über die nötigen Vorkenntnisse, um Namen korrekt erheben zu können. Bei dieser Arbeit kann auch modernste Technik keine Hilfe anbieten.

In der Schweiz mit ihren zahlreichen lokalen Dialekten bietet die Namenserhebung besonders grosse Schwierigkeiten. In den Dufour- und Siegfriedkarten sind deshalb recht viel falsch verstandene Namen enthalten. Für die Siegfriedkarte wurden in der Regel ortsübliche Schreibformen amtlicher Dokumente übernommen, oder man lehnte sich, wo keine solchen vorhanden waren, an bestehende Schreibgewohnheiten, und womöglich, an die jeweilige Schriftsprache an.

Bei der Schaffung der neuen Landeskarten, war es klar, dass die Fehler der alten Siegfriedkarten nicht einfach übernommen werden durften. Es wurden schweizerische und kantonale Nomenklaturkommissionen gebildet, in denen die Sprachforscher gewichtig vertreten sind. Es mussten aber auch die Bedürfnisse der Armee, des Tourismus, der Post und der SBB berücksichtigt werden. Der ganze Orts- und Flurnamensbestand wurde durch sprachlich ausgebildete Exploratoren bei der ansässigen Bevölkerung aufgenommen und durch Nachforschungen in Archiven aus Urkunden, Urbaren und Plänen ergänzt. Diese in den einzelnen Kantonen vorhandenen grossen Ortsnamensammlungen wurden bis heute aber meist noch nicht genügend wissenschaftlich ausgewertet.

Die Namen, die in amtlichen Karten schliesslich Aufnahme fanden, sind nur ein verschwindend kleiner Bruchteil des erhobenen Materials. Für die Bearbeitung der Karten konnten die Resultate der Auswertungen nicht abgewartet werden. Dort wo für einen Namen mehrere Versionen vorkamen, musste man sich entscheiden, auch wenn sich im Verlaufe der Nachführungen wieder Aenderungen ergeben konnten. Als Beispiel kann der Name des Flüsschens im Val Sinestra bei Scuol im Unterengadin angeführt werden, der historisch als **Veranca** bekannt war, im Siegfriedatlas als **Lavranca** erscheint (Artikel als Namensteil aufgefasst), in der Erstausgabe der Landeskarte **Brancla** hiess und seit 1964 als **La Brancla** eingetragen ist.

Die neuen Reproduktionstechniken erlauben es, einen Namen viel leichter neuen Erkenntnissen anzupassen, als dies früher beim Kupferstich möglich war. Wer sich anhand von Ortsnamen auf der Karte gegenseitig informiert, muss sicher sein, dass alle Partner die gleiche Ausgabe verwenden.

Die Frage, wie ein Kartenname geschrieben werden soll, beschäftigt Kartographen und Kartenbenützer seit Jahrzehnten: In der ortsüblichen Form, d.h. so wie die Einheimischen einen Namen aussprechen, oder in der Form, die der Schriftsprache ganz oder annähernd entspricht. Für lokale Flurnamen kann der effektiv von der einheimischen Bevölkerung benutzte und in der Schreibweise angepasste Name aufgenommen werden, denn er entspricht der Auskunft, die ein Auswärtiger auf Nachfrage erhält.

Schwieriger wird es bei Namen, die allgemein verwendet werden, sei es durch die Post oder die SBB. Wohl wird der Einheimische sagen, man sei in Burdlef oder Hoftere, wenn er Burgdorf oder Hochdorf meint, aber die öffentlichen Dienste verwenden durchwegs die Form der Schriftsprache. Also hat man für die Landeskarte alle Orte der Nomenklaturkataloge der PTT und SBB, die in Fahrplänen und anderen Dokumenten auftreten, in der üblichen Form übernommen. Das hat aber dazu geführt, dass verschiedene Namen wie Köniz und Chünizbärgwald (im Uebersichtsplan) oder Wichtrach und Wiftrechwald nebeneinander im gleichen Kartenblatt vorkommen. Die Umsetzung aller Namen in die Hochsprache, also von Schärhuferen in "Maulwurfshauferen" ist aber auch nicht sinnvoll. Oder wie soll man Ortsnamen wie Schnarz oder Plötsch in Schriftsprache übersetzen? Man konnte aber auch nicht einen Gipfel einmal als Horn und ein andermal als Hore benennen. Geographische Gattungsnamen werden zwar im Dialekt, aber in einer vereinheitlichten Form geschrieben. Deshalb heisst es in der Landeskarte Chünizbergwald.

Eine Schreibweise in phonetischer Schrift, wie sie in den Kartenproben zur Landeskarte noch versucht wurde, konnte sich nicht durchsetzen, da kein normaler Kartebenutzer sie lesen konnte. Das Verschwinden ausgeprägter lokaler Dialekte und die zunehmende Angleichung haben dazu geführt, dass in neueren Ausgaben der Landeskarten ausgeprägt lokale Namen einer allgemein verständlichen Form angenähert wurden.

Für die Landeskarten gelten folgende Grundsätze:
- Alle Namen werden im Prinzip so geschrieben, wie sie von der ortsansässigen Bevölkerung ausgesprochen werden;
- Geographische Gattungsnamen werden im ganzen Sprachgebiet einheitlich geschrieben;
- Namen grösserer Orte, besonders solche, die in den Namensverzeichnissen der Post und SBB eine fest eingebürgerte Schreibweise haben, oder die eine seit Jahrhunderten belegte schriftsprachliche Form haben, werden auf diese Weise geschrieben.

Trotz dieser Regeln braucht die Namensredaktion, die von den Nomenklaturkommissionen vorgenommen wird, ein grosses Einfühlungsvermögen und gesunden Menschenverstand, der immer die Bedürfnisse der Kartenbenützer berücksichtigt.

Die gleichen Schwierigkeiten treten auch in anderen Ländern auf. Man denke an die Mischung finnischer, schwedischer und russischer Namen in Finnland, an die verschiedenen Sprachen und Alphabete in der GUS oder in der indischen Union.

2.22   Schrift

In der alten Kartographie, in der Landestopographie bis 1953 wurde die ganze Kartenschrift durch den Kupferstecher oder Lithographen in Spiegelschrift direkt in die Platte gestochen oder auf den Stein gezeichnet. Mit dem Aufkommen neuer Reproverfahren wurden zuerst Buchdruckschriften oder spezielle kartographische Schriften auf Film übertragen und auf die transparenten Originalträger montiert. Heute werden auch in der Kartographie die modernsten Lichtsatzgeräte und Laserprinter mit besonders hohem Auflösungsvermögen eingesetzt. An Kartenschriften müssen andere Anforderungen gestellt werden als an gewöhnliche Druckschriften.

Kartennamen sollten leicht lesbar sein, aber das Bild der Situation möglichst wenig stören. In einem bewegten Geländerelief darf die Schrift nicht starr wirken. In der langen Entwicklungszeit der heutigen Kartenformen haben sich eine Reihe von Schriftarten herauskristallisiert, die einerseits die genannten Bedingungen erfüllen, sich aber anderseits gut stechen oder zeichnen liessen. Für diese besonderen Kartenschriften werden Namen gebraucht, die von den in der Typographie üblichen leicht abweichen.

Siedlung	Einwohner	1:25 000	1:50 000	1:100 000
Stadt	über 50 000	**BERN**	**GENÈVE**	**ZÜRICH**
Stadt	10 000–50 000	**LUGANO**	**CHUR**	SION
Politische Gemeinde	2000–10 000	**Sumvitg**	**Biasca**	**Buochs**
Politische Gemeinde	unter 2000	Cressier (NE)	Sagogn	Corippo
Ort, Ortsteil, Quartier	über 2000	*Cassarate*	*Bruggen*	*Le Sentier*
Ort, Ortsteil, Quartier	100–2000	*Champfèr*	*Carasso*	*Mürren*
Weiler, Häusergruppe	50–100	*Le Plan*	*Clavaniev*	*Nante*
Einzelhaus, Hof, Hütte		*Trifthütte SAC*	*La Räpette*	*A. Naucola*

Weitere Schriftbeispiele

Gebiete, Wälder	*Clos du Doubs*	*Gibeleggwald*	
Täler	*Surselva*	*Val Malvaglia*	*Chummertälli*
Berge	**Jungfrau**	*Rosablanche*	*Poncione di Braga*
Pässe	*Passo del San Gottardo*	*Col de la Croix*	*Fuorcla Surlej*
Flüsse	*LE RHÔNE*	*Limmat*	*Verxasca*	*Ova Chamuera*
Seen	*LAGO MAGGIORE*	*Lac de Morat*	*Lej da Segl*
Gletscher	*Aletschgletscher*	*Vadret Pers*	*Gh. dei Cavagnoli*	*Gl. de Darbonneire*

Quelle L+T vergrössert

2.221 Römisch (Antiqua)

Sie stammt aus der römischen Steinschrift, die sich elegant in Stein hauen liess. Sie weist betonte und feine Striche auf und die Enden der Buchstaben werden mittels Seriphen (Füsschen) abgegrenzt. Der Buchstabe wirkt deshalb geschlossen, auch wenn er in einem gesperrt (auseinandergezogen) gedruckten Namen allein im Kartenbild steht. Die Schrift wirkt sehr markant, klar, aber doch nicht klobig, sondern elegant. Die Antiqua kann stehend (senkrecht) oder liegend (schräg mit ca. 70 Grad) sein.

Man kann Namen in Majuskeln (nur Grossbuchstaben) oder Minuskeln (Kleinbuchstaben mit grossem Anfangsbuchstaben) verwenden. Werden nur Grossbuchstaben gebraucht, so spricht man von Versalschrift oder Kapitalschrift. Verwendet man noch drei bis vier verschiedene Schriftgrössen, so können zusammen mit den vier genannten Schriftgraden bereits 12 bis 16 Variationen verwendet werden. Die Antiqua wird in Karten für wichtige Orts-, Gebirgs- und Gewässernamen verwendet.

2.222 Kursiv

Diese Schriftart nähert sich der Handschrift. Sie weist keine Seriphen auf, sondern Haarstriche, mit denen die einzelnen Buchstaben "verbunden" werden. Die kursive Schrift läuft rund und kann, anders als die Antiqua weniger gut variiert werden. Sie wird meist nur liegend verwendet und eignet sich wenig für gesperrt angeordnete Namen und gar nicht für Versalnamen, da sich ihre Grossbuchstaben kaum von der Antiqua unterscheiden. Sie wird deshalb vorwiegend für Kartenelemente verwendet, die untergeordnet sind und wenig auffallen sollen, wie Flurnamen, Waldnamen, einzelne Gehöfte, kleine Bäche.

2.223 Blockschrift (Grotesk)

Diese Schriften, die sich in jüngster Zeit grösster Beliebtheit erfreuen, wurden ebenfalls aus der römischen Schrift entwickelt, sind aber in den Strichen immer gleich stark (optisch, nicht ungedingt gemessen), weisen im Gegensatz zur Antiqua nie Seriphen auf. Groteskschriften können stehend, liegend, versal oder mit Minuskeln verwendet werden. Ihre Struktur macht sie auch besonders geeignet für Variationen:

- schmallaufend: Buchstaben schmal im Verhältnis zur Höhe
- breitlaufend: Buchstaben breit im Verhältnis zur Höhe
- normal: übliches Verhältnis zwischen Strichdicke und Buchstabengrösse
- halbfett: Die Striche sind im Verhältnis zur Buchstabengrösse breiter gehalten
- fett: Die Strichstärken sind noch breiter im Verhältnis zur Buchstabengrösse
- Haarschrift: Alle Striche sind sehr fein und ohne Betonungen gehalten.

Bild einer stark vergrösserten Schrift
oben Rasterspeicherung, unten Vektorspeicherung

Im Vergleich der Lesbarkeit der verschiedenen Schriftarten unter schwierigen Umständen und der Harmonie des Kartenbildes schneiden die klassischen Kartenschriften Römisch und Kursiv besser ab als die gängigen Groteskschriften, die bei grossen Schriftgrössen schwer, bei kleinen weniger deutlich wirken. Eine schmal laufende Grotesk ist indessen eine Schrift, die in der Karte wenig Raum beansprucht und deshalb bei Karten, die viele Namen enthalten müssen (z.B. Autokarten) gerne verwendet wird. Neben den Druckschriften kommen, besonders in Karten, die vom Autor ganz hergestellt werden, auch die verschiedenen Möglichkeiten der Schablonenschriften zum Einsatz, die ebenfalls auf der Blockschrift aufbauen, während die beliebten Abreibeschriften in der benötigten Kleinheit sich nicht mehr genügend exakt plazieren lassen und die Namen "tanzen".

Andere Schriften, wie z.B. Fraktur eignen sich für die Kartographie nicht, es sei denn sie werden nur für ganz spezielle Aussagen benützt, so z.B. in englischen Karten zur Beschriftung historisch bedeutsamer Plätze wie Schlachtfelder oder mittelalterlicher Fundstellen.

Die Auswahl der Schrifttypen ist für ein harmonisches Kartenbild sehr wichtig, wobei die Beschränkung auf wenige verschiedene Arten bessere Resultate liefert als eine grosse Vielfalt. Die Landeskarten bis zum Massstab

1:100'000 dürfen als gute Beispiele bezeichnet werden, während in der Karte 1:200'000 viel zu viele verschiedene Schriften verwendet wurden und der Zweck dieser Mischung dem Kartenbenützer nicht mehr ersichtlich ist.

Die Plazierung der Schrift zu den einzelnen Objekten hat immer so zu erfolgen, dass die Zuordnung ohne weitere Erklärung ersichtlich ist. Wohl ist die beste Lage zu einem punktförmigen Objekt oben rechts, aber man muss die Anordnung so treffen, dass keine wichtigen Karteninhalte vom Namen überdeckt werden (z.B. Strassenabzweigungen, markante Richtungsänderungen), und man muss auf wichtige Einzelbauten und kotierte Punkte Rücksicht nehmen. In der Karte 1:25'000 ist dies, ausser in Städten und dicht bebauten Vororten, noch leicht möglich, bei kleiner werdenden Massstäben muss aber die Zahl der Namen stark generalisiert,d.h. verringert werden, denn die genaue Darstellung der Situation hat Vorrang vor der Beschriftung. In grossen Massstäben ist es schwierig, grosse Objekte, wie Talschaften, Bergzüge und ähnliches so zu beschriften, dass die Zuordnung und Ausdehnung klar und der Name trotzdem noch in seinem Zusammenhang ersichtlich ist. Dazu müssen die Namen gesperrt werden und die Richtung des Namens sollte dem Verlauf eines Tales angepasst werden. Von der horizontalen Anordnung der Namen sollte nur abgewichen werden, wenn es das Objekt verlangt. Eine Anordnung der Schrift mit vielen verschiedenen Richtungen macht das Kartenbild unleserlich.

2.3   Gewässer

2.31   Meere

Die Kartierung der Meere beschränkte sich bis vor einigen Jahrzehnten auf die küstennahen Gebiete, speziell vor Häfen, wo die genaue Kenntnis des Meeresgrundes für die Sicherheit der Seefahrt erforderlich war. Nicht etwa mangelndes Interesse war der Grund, dass man weite Meeresteile kaum kartierte, sondern vor allem die grossen Schwierigkeiten und die Kosten der Kartierung des Unterwasserreliefs. Die Seefahrt erforderte nur Tiefenangaben bis ca. 14 bis 20 m Tiefe, je nach der Grösse der Gezeitenhübe in Küstennähe. Erst Ende des 19. Jahrhunderts, mit der Erfindung der Seekabel trat ein praktisches Interesse auf. Allerdings beschränkte man genaue Lotungen auf die Trassen der Kabel. Nach dem Zweiten Weltkrieg stieg das strategische Interesse stark an. Die neuen Unterseeboote mit Nuklearantrieb konnten nicht nur beinahe unbegrenzte Zeit unter Wasser getaucht verweilen, sie erreichten auch Tiefen, die vorher dem Menschen ganz verschlossen waren. Bedeutende Fortschritte brachten die Fahrten der Professoren PICCARD (Auguste und Jaques) mit dem Bathyskaph Trieste. Sie erreichten 1960 den tiefsten Punkt im Marianengraben mit -10'916 m.

Es darf angenommen werden, dass die beiden Grossmächte USA und GUS heute über detaillierte Karten des ganzen Meeresgrundes verfügen, eingeschlossen die strategisch wichtigen Meeresteile unter den Polareiskappen. Diese Karten stehen leider der zivilen Forschung nur teilweise zur Verfügung. Dank der Erfindung des Echolotes und der Radarlotung wurde es möglich, relativ einfach eine sehr grosse Zahl von Tiefenpunkten und -profilen zu bestimmen, mit denen von der Gestalt des Meeresgrundes gleich gute Karten mit Tiefenkurven erstellt werden können wie mit Höhenkurven für die Landoberfläche. Diese neuen Erkenntnisse ermöglichten letztlich auch den Beweis der Theorie von WEGENER über die Kontinentaldriften.

Das Meer als letzter wenig erforschter Grossaum auf der Erde wird auch für die wirtschaftliche Zukunft der Menschheit immer wichtiger, sei es für die Nahrungsmittel der Küsten- und Schelfzonen (Fische und Krustentiere), sei es für die Suche nach Erdöl und Erdgas oder nach mineralischen Rohstoffen in der Tiefsee (z.B.Manganknollen) und nicht zuletzt für die Kenntnisse über den Haushalt des Sauerstoffs, der zum grossen Teil durch Meeresalgen beeinflusst wird und den wir Menschen so rücksichtslos gefährden.

2.311   Seekarten für die Schiffahrt

Seekarten werden in grossen Massstäben 1:10'000 bis ca. 1:100'000 von den Küstengebieten hergestellt. Sie bestehen vor allem aus einem dichten Netz von Tiefenkoten (bis 500 Koten pro 100 qcm Kartenfläche), die nicht regelmässig verteilt sind, sondern vor allem entlang der Randzonen der Schiffahrtswege (z.B. Hafeneinfahrten und Untiefen) gemessen und eingetragen werden. Zum dichten Netz der geloteten Punkte kommen eingetragene Seesignale, Kurslinien, Leuchtfeuer, Baken, Fahrrinnen und auch Wracks, also alle Informationen, die der Sicherheit der Seefahrt dienen. Der Kartenrand wird manchmal begleitet von einem Ansichtspanorama wichtiger Küstenabschnitte mit den von See aus markanten Orientierungspunkten.

Die Tiefen in Seekarten sind traditionell in englischen Faden (1 Faden = 1.83 m) angegeben, heute werden auch metrische Masse verwendet. Während auf dem festen Land eine Höhenbestimmung von einem Fixpunkt ausgehen kann, bewegt sich auf See das messende Schiff mit den Gezeiten. Können in Ufernähe oder bei Flussmündungen, die eine besonders genaue Kartierung erfordern, noch Fixpunkte an Land einbezogen werden, so ist dies auf hoher See nicht mehr möglich. Allerdings kann heute dank der Satellitennavigation auch diese Schwierigkeit gemeistert werden. Wichtig für die Tiefenangabe ist der Bezugshorizont. Die Sicherheit der Schiffahrt verlangt, dass in keinem Fall das Wasser unter Kiel geringer ist als die Kote angibt. Der Bezugshorizont in Gewässern mit Tidenhub von Bedeutung misst deshalb die Tiefen zur Zeit des *Springtidenniedrigwassers*, das als Seekartennull festgelegt ist. Das Seekartennull ist aber von Land zu Land verschieden fixiert, sodass z.B. zwischen französischen und belgischen Küstenseekarten eine Differenz von 60 cm vorhanden ist. Auf offener See kann der Zeitpunkt des Springtidenniedrigwassers nicht gemessen, sondern nur berechnet werden. In Gewässern ohne bedeutende Gezeiten (z.B. in der Ostsee) geht man vom Mittelwasser aus. Um die Sicherheitsmarge weiter zu erhöhen wird das Seekartennull tiefer angesetzt als das ungefähr niedrigste Niedrigwasser, in England um 60 cm (1/3 fathom) unter dem Springtidenniedrigwasser. Tiefekoten werden ohne einen Punkt nur mit der Zahl (bis 14 m zusätzlich der Dezimalstelle angeschrieben, da der exakte Lotungspunkt nicht genau bekannt ist. Tiefenkurven werden nicht interpoliert und dargestellt, da anders als an Land der Kurvenverlauf weder abgeschätzt, noch photogrammetrisch eingemessen werden kann.

Lange Zeit war die exakte Bestimmung des Messschiffs im Moment der Lotung nur in Küstennähe durch Rückwärtseinschneiden auf drei Fixpunkte an Land möglich, während auf hoher See die astronomischen Standortbestimmungen nur auf etwa 1 km genau vorgenommen werden konnten. Mit der Radiopeilung und neuerdings der Satellitennavigation (GPS) können wesentlich bessere Resultate erzielt werden.

Es verbleiben aber noch die Unsicherheiten des Echolots bei verschiedenen Schichtungen des Tiefenwassers. Die Tiefenkurven, die sich in Karten kleiner Massstäbe finden, vermitteln einen falschen, zu ruhigen Eindruck der Oberfläche des Meeresgrundes, die in Wirklichkeit gleich stark oder noch mehr bewegt ist als die Landoberfläche. Beliebt in Schulatlanten sind Tiefenstufen, welche die grosse Gliederung der Meeresböden und -gräben wiedergeben, aber keine Vorstellung von der Beschaffenheit des Meeresgrundes geben können. Für die Abgrenzung der verschiedenen Farbtöne haben sich folgende Stufen eingebürgert:
- 200 m   für die Erfassung der Schelfgrenze (Rand der Kontinentalplatte)
- 4000 m   für die Erfassung der untermeerischen Bergrücken (z.B. mittelatlantischer Rücken)
- 6000 m   für die Erfassung der Tiefseebecken
- tiefer als 6000 m   für die Erfassung der Tiefseegräben.

Neuere Karten versuchen den Meeresuntergrund in ähnlicher Manier darzustellen wie die Landoberfläche. Eine Schummerung, meist in Blaugrau gehalten, zeigt die Berge und Täler, die Ebenen und Gräben gleich wie wir sie von Landkarten gewohnt sind. Mit diesen neuen Darstellungen können die Kontinentalverschiebungen, die neuen Gebirge in den Zerrzonen, aber auch die verschwindend kleinen Gipfelzonen der Vulkane, die als Inseln aus dem Wasser ragen, sehr anschaulich dargestellt werden.

2.32   Gewässer auf dem Festland

2.321   *Bäche und Flüsse*

Die Gewässer gehören, neben Situation und Relief, zu den wichtigsten Inhalten einer Karte. Sobald ein mehrfarbiger Druck möglich wurde, erhielten sie eine eigene Farbe, Blau. Das Gewässernetz in einer Karte ist ein Hauptelement für die Orientierung im Raum. In Ländern mit geringer Siedlungsdichte oder sehr lockerem Verkehrsnetz bilden die Flüsse oft das einzige Orientierungssystem. Man denke etwa an das Amazonasbecken. Aber auch in der dicht besiedelten Schweiz geben Bäche und Flüsse wertvolle Auskünfte über die allgemeine hydrologische Situation, den Zustand der Kulturlandschaft usw.

Dargestellt werden Bäche und kleine Flüsse als einfache dunkelblaue Linien, deren geometrischer Verlauf direkte Schlüsse auf den baulichen Zustand des Gewässers selbst zulässt. Am frei mäandrierenden Bach darf auf ein natürliches Ufer geschlossen werden, während ein gerader Kanal meist künstlich angelegte Böschungen aufweist. Wenn ein Bach im Wallis parallel zu den Höhenkurven am Berghang verläuft, wird es sich um eine Bisse handeln. Die Landeskarte macht ausser den Namen keine weiteren Angaben zu den Fliessgewässern. Ausländische Karten vermerken teilweise die Breite, die Tiefe und die Fliessgeschwindigkeit, alles Angaben die von militärischem Nutzen sein können.

Erreicht ein Fluss in der Karte eine Breite, die eine massstäbliche Darstellung zulässt, so wird er mit zwei seitlichen Konturen und einer Randschraffur, dem traditionellen Filage dargestellt. Diese Zeichnungsart vermittelt zwar keine weiteren Informationen, wirkt aber dekorativ und weckt den Eindruck der Fliessbewegung des Wassers.

Für den Kulturgeographen besonders interessant ist der Vergleich verschiedener Ausgaben eines Kartenblatts, wo sich in den Differenzen des Gewässernetzes direkt der enorme Wandel in unserer Kulturlandschaft seit dem letzten Jahrhundert ablesen lässt. Hunderte Kilometer Bäche sind verschwunden (in Röhren verlegt und nicht mehr erkennbar), begradigt oder eingedämmt worden. Die Interpretaiton muss jedoch mit der gebotenen Vorsicht vorgenommen werden, denn Unterschiede können nicht nur durch tatsächliche Veränderungen bedingt sein, sondern ihren Grund auch in Ungenauigkeiten der alten Aufnahme und in Unterschieden der Aufnahmeinstruktionen haben. Landeskarten zeigen aber auch neue "Wasserläufe", indem die grossen Zulaufstollen der Kraftwerke als unterbrochene Linien eingetragen werden.

Für grosse, schiffbare Flüsse sind mit dem Aufkomen der Schleppdampfer seit der Mitte des 19. Jahrhunderts besondere Stromkarten erstellt worden, welche die Tiefenverhältnisse, Riffe, Sandbänke und Strömungen verzeichnen. Solche Karten bestehen heute für alle grossen Ströme mit wichtiger Schiffahrt wie Rhein, Nil, Wolga, Jangtsekiang, Kongo, Amazonas, Missisippi u.a. Ein besonderes Problem bietet in Flüssen für die Tiefenangaben die Bezugsfläche, ist doch die Flussoberfläche eine geneigte Fläche, die zudem mit dem Wasserstand schwankt. Als Bezugsflächen werden der gleichwertige Wasserstand, d.h. ein mittlerer Wasserspiegel, der allen Hauptpegeln entlang des Flusslaufes entspricht oder, aus Sicherheitsgründen, der niedigst schiffbare Wasserstand angenommen.

2.322 Seen

Die topographischen Karten in der Mitte des 19.Jahrhunderts brachten den Seen wenig Interesse entgegen, sieht man von der sehr dekorativen Gestaltung mittels Filage ab. Mit dem Aufkommen mehrfarbiger Karten erhielten die Seen meist hellblaue Flächenfarben, die entweder direkt als Ton gedruckt oder durch feine Linien- und Punktraster erzeugt wurden. Diese Darstellungsart wurde in die Landeskarten übernommen, wobei nur für den Massstab 1:50'000 ein Raster, für alle anderen Massstäbe ein heller Vollton eingesetzt wurden.

Die topographische Gestalt des Seegrundes wird wie die Landoberfläche meist mit *Höhenkurven* dargestellt, deren Fixpunkt gleich dem der Landoberfläche ist. In Seen, die unter die Meeresoberfläche hinabreichen (z.B. Lago Maggiore, Lago di Lugano) treten Kurven auf, die mit negativen Werten (-20 m) bezeichnet sind. Die Siegfriedkarten machten den Charakter der Höhenkurven dadurch deutlich, dass sie auch in Seen in Braun gedruckt wurden.

Analog zu den Kurven werden die Koten, aus denen ja die Kurven interpoliert wurden, als *Höhenkoten* angegeben. Man erhält damit auch in Seen Angaben mit absoluten Werten, die von den Schwankungen der Seespiegelhöhen unabhängig sind. Die Spiegelhöhen können, besonders bei regulierten und bei Stauseen im Laufe eines Jahres stark schwanken. Seekoten bestimmt man mit Lotung oder Echolot von einem Messschiff aus, dessen Position vom Land her genau ermittelt wird (Vorwärtseinschnitt). Die Lottiefen werden korrigiert um die Seespiegelhöhe im Zeitpunkt der Messung.

Für die Darstellung der Seen in Karten haben sich folgende Regeln international eingebürgert:

Seespiegelkoten werden ohne Punkt in Meterbeträgen angegeben, meist in blau. Liegen sie tiefer als der Meeresspiegel, sind sie mit einem Minuszeichen versehen.
Seegrundkoten sind mit einem Ortszeichen (Punkt oder Kreuz) versehen und werden in der gleichen Farbe gedruckt wie die Höhenkoten. Liegen sie unter dem Meeresspiegel, so werden sie mit einem Minuszeichen versehen (im Gegensatz zu Meereskoten).
Lottiefen in Seen des Festlandes d.h. auf den Seespiegel bezogene Koten, werden mit einem waagrechten Strich über der Zahl gekennzeichnet (nicht zu verwechseln mit einem Minuszeichen vor der Zahl).

Die meisten Schweizer Seen wurden erstmals Ende des 19. Jahrhunderts systematisch ausgelotet. Besondere Messungen wurden für die Deltazonen der grossen Seen gemacht. Diese Lotungen, in gewissen zeitlichen Abständen wiederholt, geben Aufschluss über die Geschiebeführung der Flüsse, den Abtrag in den Einzugsgebieten, die Sedimentation und deren Veränderungen durch den Bau von Staubecken in den Oberläufen. In Stauseen wird das nutzbare Volumen durch die Sedimentation der Zuflüsse vermindert und damit wird die Speicherleistung mit der Zeit herabgesetzt. Genaue Kenntnisse der Seen sind auch nötig für die Beurteilung des Energiehaushalt, der Wasserströmungen und -umschichtungen, des Selbstreinigungsvermögens.

Die Angaben in den Siegfriedkarten sind meist ungenau, so dass Vergleiche mit der Landeskarte zur Feststellung von Veränderungen nicht statthaft sind. Mangels genügender Unterlagen wurden der Zürichsee, der Greifensee und der Pfäffikersee in den ersten Ausgaben der Landeskarte ohne Höhenkurven dargestellt und diese erst nach neuen Messungen in den späteren Ausgaben ergänzt. Von diesen neuen Messungen ausgehend kann mit einer regelmässigen Nachführung die Veränderung des Seegrundes dokumentiert werden.

2.323   Generalisierung der Flüsse und Seen

Für die Generalisierung der Flüsse und Seen sind folgende Grundsätze zu beachten:
- Lagegenauigkeit im Rahmen des jeweiligen Massstabes
- Formgenauigkeit der Linienführung im Rahmen des Massstabes
- Erfassen aller dem Massstab entsprechenden Wasserläufe
- Lebendige Linienführung der Bäche
- Vereinfachung der Linienführung entsprechend der generalisierten Geländeform
- Optisch richtiges Anschwellen der Bach- und Flusslinien (allmähliche Verbreiterung des Striches)
- gutes Zusammenspiel mit den übrigen Kartenelementen

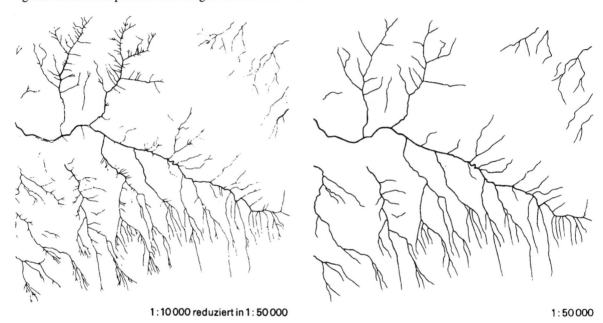

1:10000 reduziert in 1:50000   1:50000

n. SGK

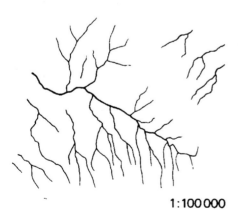

1:100000

Zu beachten ist, dass wie bei der Situation kein festes System für die Generalisierung aufgestellt werden kann. Wichtig ist, dass der Charakter der Linie auch in kleinen Massstäben dem freien Fluss oder dem starren Kanal entspricht, dass ein Gebiet mit einem sehr engmaschigen Gewässernetz (z.B. die Gräben im Emmental) auch in einem kleineren Massstab sich gleich vom einem Gebiet mit wenigen Oberflächengewässern (z.B. Jurahochflächen) unterscheidet wie im grossen Massstab. Mit der Generalisierung werden trotz naturnaher Darstellung immer die Längen der Bach- und Flussläufe verkürzt. Bereits in Massstäben unter 1:25'000 lassen sich die effektiven Längen des Flussnetzes nicht mehr zuverlässig bestimmen. Bei Seen werden die Kleinformen des Ufers zuerst unterdrückt, sodass auch hier eine Verkürzung der Uferlinie eintritt.

2.33   Gletscher und Firn

Gletscher und Firn sind zwar Formen der Landoberfläche, da sie aber aus eingefrorenem Wasser bestehen und meist in den Gewässerfarben dargestellt werden, kann man sie den Gewässern zuordnen. Die Oberflächen von Gletscher und Firn können technisch gleich aufgenommen und dargestellt werden wie die Landformen. Allerdings bieten sie besondere Schwierigkeiten. Sie unterliegen starken jahreszeitlichen Veränderungen und es ist oft kaum möglich festzustellen, wo die Grenze zwischen ständigen und temporären Schneefeldern verläuft, oder wo sich unter einer mächtigen Moränenschicht der Eisrand befindet. Die Luftbilder können deshalb nur im Herbst zum Zeitpunkt der grössten Ausaperung geflogen werden und müssen an Ort und Stelle verifiziert werden. Die Ausaperung ist jedoch nicht alle Jahre gleich, und auch Lage und Form der wichtigen Spaltensysteme ändern sich ständig. Die Gletscher- und Firnformen einer Karte dürfen vom Kartenbenützer nicht überschätzt werden. Sie müssen vorsichtig interpretiert und wenn nötig vor Begehungen rekognosziert werden durch ortskundige Bergführer.

Gerade für Geographen ist die zeitliche Entwicklung der Gletscherstände und -formen von grossem Interesse, für den Klimaforscher, den Hydrologen u.a.. Sie müssen deshalb wissen, welche Angaben in alten Karten zuverlässig sind, und wo Vorsicht bei der Interpretation geboten ist. Die Erstausgaben der Siegfriedblätter, besonders die zugehörigen Topographenoriginale sind im Grossen und Ganzen zuverlässig, wurden sie doch an Ort und Stelle aufgenommen. Man muss allerdings bedenken, dass nur wenige Punkte effektiv eingemessen wurden und der Inhalt zu einem grossen Teil recht frei interpoliert wurde. Die alten Topographen hatten aber grosse Hochgebirgserfahrung und waren geschulte Beobachter, sodass die Fehler klein sind. Bei Nachführungen wurde den Gletschern wenig Beachtung geschenkt, und die Zuverlässigkeit ist nicht so gross. Sind starke Veränderungen des Kartenbildes eingetragen, so darf angenommen werden, dass eine gründliche Prüfung voranging. Die Höhenkurven der Dufour- und frühen Siegfriedblätter auf den Gletschern wurden noch weniger genau erfasst als die Begrenzungen. Sie waren nur summarisch aufgenommen worden, praktisch ohne Messpunkte. Bei den Landeskarten ist die Zuverlässigkeit wesentlich besser. Bei Gesamtnachführungen werden auch Gletscher und Firn nachgetragen, und auf den Blättern wird der Zeitpunkt der Gletscherstände vermerkt.

Die graphische Darstellung der Gletscher erfolgt gleich wie diejenige der übrigen Landflächen, nur werden Höhenkurven und die Zeichnung für Spalten (analog zur Felszeichnung) im Blau der Gewässer gedruckt. Die unterlegte Reliefschummerung wird ohne Gelb gedruckt, die Moränen und der Schutt in der Situationsfarbe. Aus dem Zusammenspiel der Elemente entsteht eine Geländedarstellung, deren kalte blaugrauen Farben dem Gletschercharakter entsprechen und sich von den reinen Felsgebieten in Schwarz und den Zonen mit Vegetation mit braunen Kurven deutlich unterscheiden.

Das steigende Interesse an den Gletschern, sei es als Wasserspeicher, Klimaindikator oder Energiespeicher hat zu besonderen Gletscherkarten in grossen Massstäben geführt. Die Landestopographie erstellte bereits 1905 eine Karte 1:5'000 des Rhonegletschers mit Eintragung der für die Gletscherbeobachtung wichtigen Markierungen mit Steinreihen, an denen im Zeitvergleich die unterschiedlichen Bewegungsgeschwindigkeiten und -richtungen vermessen werden können. Der Grosse Aletschgletscher wurde 1957/58 im Rahmen des geophysikalischen Jahres im Massstab 1:10'000 in 5 Blättern durch die L+T vermessen und herausgegeben, das Mont Blanc-Gebiet wurde vom Institut Géographique National im gleichen Massstab kartiert. Am Aletschgletscher sollen von Zeit zu Zeit Vergleichskartierungen vorgenommen werden, um erstmals eine genaue Berechnung der Volumenveränderungen zu ermöglichen. Der deutsche und der österreichische Alpenverein haben auf dem Gebiet der Hochgebirgskartierung im Himalaya und in den Anden gearbeitet. Auf Initiative von Bradford WASHBURN, dem Direktor des Naturhistorischen Museums von Boston, wurde sein Forschungsgebiet, das Massiv des Mount Mc Kinley in Alaska (höchster Gipfel der USA mit 6190 m) kartiert, wobei die Amerikaner Vermessung und Flugaufnahmen besorgten, während WILD Heerbrugg die Auswertung mit Photogrammetrie vornahm und die Landestopographie die kartographischen Arbeiten in der Manier der Landeskarten erledigte. Das Resultat, das darf ohne falsche Bescheidenheit gesagt werden, erhielt weltweite Anerkennung. So wurde auch die neue Karte des Mount Everest im Massstab 1:50'000, welche die National Geographic Society zu ihrem 100 jährigen Jubiläum ebenfalls unter Bradford WASHBURN herausgab, ebenfalls im Kartencharakter der Landeskarte gehalten. Prof. Ernst SPIESS kartierte während der Andenexpedition des Schweizerischen Alpenclubs 1959 das Panta-Gebiet der Cordillera Vilcamba in Peru 1:25'000. Die rasch fortschreitende Erforschung der Arktis und Antarktis verlangt immer mehr die Technik der Kartierung von Eisoberflächen.

2.4   Relief der Landoberfläche

2.41   Allgemeines

Die Erfassung und *Darstellung der dritten Dimension auf der zweidimensionalen Ebene* der Papierfläche einer Karte ist besonders in gebirgigen Ländern die schwierigste und faszinierendste, aber auch dankbarste Aufgabe der Kartographie. Die schweizerischen Kartographen mussten sich von den Anfängen an (erste Schweizerkarte um 1496 durch Konrad TÜRST) mit dem Gebirge auseinandersetzen und erreichten immer wider Meisterleistungen, die anerkannt wurden (Karte des Kantons Zürich 1667 von Hans Konrad GYGER; Topographische Karte der Schweiz 1:100'000 erstellt unter der Leitung von Guillaume Henri DUFOUR, herausgegeben von 1844 bis 1964; die Schulkarte der Schweiz von Hermann KÜMMERLY 1902; die Arbeiten Eduard IMHOFs; die Landes-karten seit 1938).

Ausser den Gebäuden, die im Vergleich zu den Dimensionen der Topographie vernachlässigt werden können, sind alle anderen Elemente der Karte (Situation, Gewässer, Vegetation) linear oder flächenhaft und können ohne Schwierigkeit in der Ebene eines Kartenblattes wiedergegeben werden. Die *Landoberfläche jedoch ist dreidimensional* und muss zuerst erfasst und umgesetzt werden, damit sie auf der zweidimensionalen Karte *exakt und messbar* abgebildet werden kann. Alle Versuche mit perspektivischen Darstellungen, wie sie im 17. und 18. Jahrhundert unternommen wurden, mussten letztlich scheitern, weil sie nicht ausmessbar sind. Das Gleiche wird für viele der modischen Blockdarstellungen gelten.

2.42   Höhenkurven

Die bis heute einzige praktikable Methode, unregelmässige dreidimensionale Körper exakt und messbar in einer Karte darzustellen, sind *Horizontalschnitte*, deren Verlauf als Linien vertikal in die Kartenebene projiziert werden. So entsteht ein *Kurvenbild*. Die Flächeninhalte, welche die Linien einschliessen, können erfasst und berechnet werden, mittels einer Interpolation der Vertikalabstände können die Volumen berechnet werden. Es gelingt also, den dreidimensionalen Körper zu rekonstrieren und auch beliebige Punkte seiner Oberfläche zu bestimmen.

Wegen der unregelmässigen Form der Landoberfläche können brauchbare Resultate nur erreicht werden, wenn die Zahl der Horizontalschnitte möglichst gross ist und immer in *gleichen Vertikalabständen* erfolgt. Diese regelmässigen Abstände werden als *Aequidistanz* bezeichnet.

In der Regel werden die Kurvenbilder vertikal auf die Kartenebene abgebildet. Für spezielle Aufgaben, z.B. für die genaue Berechnung von Aushubkubaturen bei Staumauern werden die einzelnen Kurvenbilder in der Ebene verschoben dargestellt. Mit einer Horizontalverschiebung kann auch der Eindruck einer Ansicht von schräg oben, also eine Art Vogelschaukarte, erzeugt werden. Mit der Horizontalverschiebung wird die Karte aber nur noch auf einer Kartenebene mit bestimmter Höhe ausmessbar. Messungen, die mehrere Höhenkurven überschreiten, müssen die Verschiebung mit berücksichtigen, was sehr schwierig ist, wenn die Messrichtung mit der Richtung der Horizontalverschiebung nicht übereinstimmt.

Die Schnittflächen müssen nicht zwingend parallel zur Abbildungsebene liegen. Sie können in einem beliebigen Winkel bis zu 90 Grad frei gewählt werden. Liegt die Schnittflächenebene senkrecht zur Abbildungsachse, so zeigen die einzelnen Abstände der Schnittkurven allerdings nicht mehr Höhendifferenzen, sondern Horinzontal-abstände von Längsprofilen an. Der japanische Kartograph KITIRO TANAKA hat mit seiner 1932 publizierten Methode einen Winkel der Schnittfläche von 45 Grad gewählt, die Konturen jedoch rechtwinklig zur Bildebene auf diese abgebildet. Es entsteht ein grundrisstreues, ausmessbares Bild, das bei dichter Scharung der Kurven einen plastischen Eindruck erweckt, die Kurven sind allerdings nicht mehr Höhenkurven, und Höhen können nicht mehr abgelesen werden.

Allen Versuchen zum Trotz bleibt das beste ausmessbare Abbild des dreidimendionalen Körpers der Landober-fläche das Kurvenbild, erzeugt durch Schnitte gleichen Vertikalabstandes parallel zur Abbildungsfläche und rechtwiklig auf diese projiziert.

Die *richtige Wahl der Aequidistanz* ist beim Kartenentwurf von grösster Bedeutung. Müssen im flachen Terrain noch geringste Differenzen sichtbar gemacht werden, damit die Strukturen überhaupt dargestellt werden können, so setzt das beschränkte Erkennungsvermögen des Auges in steilem Gelände die Grenzen für die maximale Dichte der Kurvenscharung. In alpinem Gelände sind die grössten Hangneigungen, die noch durch Höhenkurven dargestellt werden müssen etwa bei 45 Grad oder 100 % Neigung. Noch steilere Hänge sind in der Regel Fels und erfordern andere Darstellungsmittel. Die Grenzen der Erkennbarkeit für das Auge liegen für braune Kurven (übliche Farbe für bewachsenes Terrain) bei 0.1 mm Strichdicke und der Abstand zwischen den Kurven, der noch eine deutliche Unterscheidung der Kurven, und damit das Auszählen erlaubt, liegt bei etwa 0.4 mm. In einem cm Horizontaldistanz können demnach höchstens 20 Kurven gezogen werden. Damit ergeben sich folgende graphische Grenzen in alpinem Gelände für die verschiedenen Massstäbe:

1:25'000	12.5	m
1:50'000	25	m
1:100'000	50	m

Die Aequidistanzen sollten runde Zahlen sein, summiert werden und durch Zwischenkurven in runden Zahlen unterteilt werden können (für die Darstellung von Kleinformen und flachen Partien).

Die Siegfriedkarte verwendete für die Alpenblätter eine Aequidistanz von 30 m, was zur Zeit der Aufnahme der Karte, als der vereinheitlichte Schweizer Fuss von 30 cm noch im Gebrauch war, einem Abstand von 100 Fuss entsprach und damit Abstände der Zählkurven von 1000 Fuss ergab. Für metrische Masse musste man andere Abstände wählen. Die Landeskarte 1:50'000, mit ihrem sehr dichten Inhalt, weist eine Aequidistanz von 20 m auf. In sehr steilen Hängen wird also die genannte graphische Grenze bereits überschritten, was allerdings selten stört, da die Hangneigungen von 100 % selten auftreten. Hätte man eine grössere brauchbare Aequidistanz gewählt, z.B. 40 m oder gar 50 m, so wäre der Zusammenhang des durch die Höhenkurvenschar erzeugten Geländebildes nicht mehr gewährleistet, und wichtige Kleinformen könnten überhaupt nicht mehr in einem Zusammenhang beurteilt werden.

In der Landeskarte 1:25'000 wurde in den Blättern im Mittelland und Jura der Kurvenabstand von 10 m gewählt. Im Alpenraum wurde die Aequidistanz jedoch auf 20 m vergrössert, damit nicht eine zu dichte Kurvenscharung die Leserlichkeit des Kartenbildes beeinträchtigt. In Teilen des Mittellandes mit sehr grossen lokalen Hangneigungen (z.B. im Emmental mit den Gräben und Eggen) oder des Südtessins (z.B. Malcantone) ergibt die Aequidistanz von 10 m ein Kurvenbild, das an der Grenze der Leserlichkeit liegt.

Für den Massstab 1:100'000 gibt die Tabelle einen idealen Höhenabstand der Kurven von 50 m an. Dieser Wert wird denn auch in der Landeskarte verwendet. In den Regionen mit bewegtem Relief wird ein gutes Kurvenbild erreicht, aber in den flachen Teilen des Mitttellandes verlieren die einzelnen Kurven oft den Formzusammenhang. Der Unterstützung des Kurvenbildes durch die Reliefschummerung, mit besonderer Betonung der Detailformen, die im Kurvenbild nicht mehr zur Geltung kommen, kommt im Massstab 1:100'000 besondere Bedeutung zu. Um Einzelheiten doch noch erfassen zu können wird oft mit Zwischenkurven von halber Aequidistanz gearbeitet.

Im Massstab 1:200'000 können die Kurven von 100 m Abstand die Geländeformen noch weniger genau erfassen. Sie dienen weniger zur direkten Darstellung der Geländeformen denn als Hilfsmittel um in der schattenplastischen Reliefdarstellung einzelne Höhenbestimmungen vornehmen zu können. Dies gilt in noch grösserem Mass für Karten in Massstäben ab 1:500'000 (Landeskarte mit 200 m Kurven und 1000 m Zählkurven).

In den grossen Massstäben 1:10'000 und 1:5'000 kann die Aequidistanz nicht mehr nach unserem Schema bestimmt werden, besonders dann nicht, wenn die Karte einfarbig reproduziert wird. Es ist zweckmässig, im Massstab 1:10'000 eine Aequidistanz von 10 m zu wählen, während in 1:5'000 5 m-Kurven möglich sind.

EDUARD IMHOF stellte 1957 die folgende Formel zur Bestimmung der zweckmässigen Aequidistanz auf:

$$A = n \cdot \log n \text{ Meter} \qquad A = \text{Aequidistanz}$$
$$\text{und}$$
$$\text{wobei} \qquad n = (M/100+1)^{1/2} \qquad M = \text{Massstabszahl}$$

Diese Formel gilt für Gebirgsgelände unter Annahme einer maximal darzustellenden Hangneigung von 100% oder 45 Grad. Ist das Gelände weniger geneigt, so setzt man noch einen "Geländefaktor" ein, den IMHOF auf **tg** α_{max} bestimmt, wobei α_{max} der maximal darzustellende Hangneigungswinkel ist. Für Mittelgebirge ist α = 20-30 Grad (häufig in Deutschland od. Frankreich). Die vollständige Formel lautet also:

$$A = n \cdot \log n \cdot tg \, \alpha$$

Wenden wir die Formel als Beispiel für den Massstab 1:25'000 an, so ergeben sich die gerundeten Werte

im Flachland	(max. 15 Grad)		5 m
im Hügelgebiet	(max. 30 Grad)	max	10 m
im Gebirge	(max. 45 Grad)		20 m

also für Hügelgebiet und Gebirge diejenigen, die in der Landeskarte verwendet werden. Im Flachland werden vielfach 5 m Zwischenkurven eingesetzt.

2.421   Zwischenkurven

Reichen die normalen Höhenkurven des gewählten Regelabstandes nicht aus um Einzelformen erfassen zu können, so werden Zwischenkurven, meist von halber Aequidistanz, eingetragen. Es kann z.B. vorkommen, dass eine im Gelände deutlich sichtbare Terrasse von 12 m Höhendifferenz zwischen dem Fuss und der oberen Kante mit 10 m Aequidistanz sehr deutlich zu sehen ist, dann nämlich, wenn die Böschung zwischen Meter 9 und Meter 21 liegt, während die gleiche Geländeform mit einer Lage zwischen Meter 1 und Meter 19 nur mit einer einzigen Höhenkurve nicht erfasst werden kann. In diesem Fall ist der Einsatz von *Zwischenkurven* mit halber Aequidistanz nötig, um die Form überhaupt erfassen zu können. Zwischenkurven können auch dazu dienen, die bewegten Kleinformen eines Plateaus, das keine grösseren Neigungen aufweist, darzustellen.

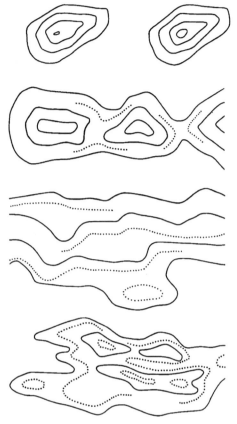

Der Einsatz von Zwischenkurven muss aber dosiert erfolgen. Werden sie fast zur Regel, so wird die dichtere Kurvenschar dem Auge ein steileres Gelände vortäuschen, als es tatsächlich vorhanden ist. Werden in kombinierten Aequidistanzsystemen Zwischenkurven mit halber, viertel oder gar achtel Aequidistanz verwendet, wie es besonders in älteren deutschen Karten üblich war, so wird wohl mehr Information über das Gelände in die Karte hineingepresst, es leidet aber die Klarheit der Darstellung, der eine ebenso grosse Bedeutung zukommt wie der Informationsdichte. Für die Kartenproben der Landeskarte wurden 1923/24 solche kombinierten Systeme verwendet, aber unter dem Einfluss von EDUARD IMHOF glücklicherweise nicht in die definitiven Legenden übernommen.

2.422   *Generalisierung der Höhenkurven*

Die Vergrösserung der Aequidistanz bei kleiner werdenden Massstäben allein genügt nicht für die Generalisierung der Höhenkurven. Es müssen auch die **noch darstellbaren Geländeformen** deutlich gemacht werden. Höhenkurven werden heute durchwegs mit Luftbildauswertung entworfen. Der Operateur folgt dabei auf einer bestimmten festen Höhe mit der Messmarke der Oberfläche des sichtbaren fiktiven Geländemodells. So wird eine Kurve nach der anderen abgetastet. Mit dieser Technik entstehen Kurvenbilder, die **sehr unruhig wirken**, ist doch während der Arbeit der Vergleich zwischen den einzelnen Kurven nicht möglich. Es ist deshalb die Aufgabe des Kartographen, bereits bei der Zeichnung im Auswertungsmassstab die Kurven so zu generalisieren, dass sie ein detailliertes, aber trotzdem klares Bild der Geländeoberfläche ergeben. *Als Faustregel gilt, dass nur Bewegungen und damit Formen dargestellt werden, die sich über mindestens zwei Höhenkurven erstrecken*. Müssen wichtige Kleinformen, die diese Bedingung nicht erfüllen, dargestellt werden, so sind sie mit Zwischenkurven von halber Aequidistanz zu verdeutlichen.

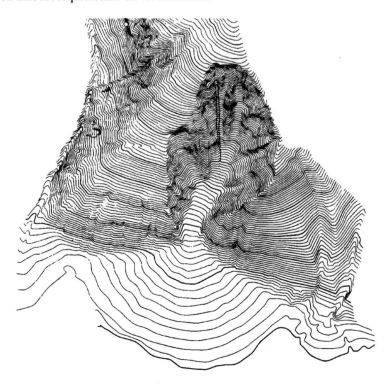

Generalisierte Kurven 1 : 25 000

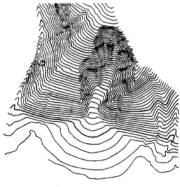

1 : 50 000 generalisiert
auf der Reduktion von 1 : 25 000

1 : 100 000 generalisiert
auf der Reduktion von 1 : 50 000

Bei der Generalisierung für kleinere Massstäbe ist es ratsam, vor der Zeichnung im Endmassstab die Formen des Geländes mittels *Gerippelinien* zu verdeutlichen und dabei Kleinformen zu unterdrücken, während charakteristische Elemente hervorgehoben werden. Als Ergänzung dient das Gewässernetz. Die Höhenkurven müssen zudem den anderen Kartenelementen und deren Platzbedarf angepasst werden.

2.43   Höhenstufen, Höhenschichten

2.431   Höhenstufen

Für physikalische Karten kleiner Massstäbe (z.B. Länder- oder Kontinentkarten in Atlanten) haben sich mit zunehmender Höhe progressiv wachsende Abstufungen eingebürgert. Als Beispiel sei die Karte Mitteleuropa des Schweizer Weltatlasses genannt:

1.		unter dem Meeresspiegel (Depressionen)	
2.	0	- 100 m über Meer	(Tiefland)
3.	100	- 200 m über Meer	(Flachland)
4.	200	- 500 m über Meer	(Hügelland)
5.	500	- 1000 m über Meer	(Mittelgebirge)
6.	1000	- 2000 m über Meer	(Gebirge)
7.	2000	- 3000 m über Meer	(Hochgebirge)
8.	über	3000 m über Meer	(Gipfellagen)

Je nach den Höhenlagen, die in einer Karte dominieren, muss die Abstufung verändert werden, sei es durch Verfeinerung der Abstufungen (vor allem wenn das Relief geringe Unterschiede aufweist), sei es durch Weglassen einzelner Stufen (wenn ihr Flächenanteil zu gering wird).

Es ist klar, dass die auf runde Höhen festgelegten Stufen die einzelnen topographischen Elemente oft willkürlich zerschneiden, wie z.B. die 100 m Stufe mitten in der Ungarischen Tiefebene. Sollen die Stufen typische Elemente hervorheben, so ist vor ihrer Festlegung eine Analyse des Geländes einer Karte durchzuführen. In umfangreichen Kartenwerken sollten aber immer gleiche, oder wenig abweichende Systeme verwendet werden, um Quervergleiche zu ermöglichen.

2.432   Höhenschichten

Es war naheliegend, die verschiedenen Höhenstufen farblich zu unterscheiden. Ueber Jahrzehnte dauerte der Streit der verschiedenen Ansichten über die richtige Farbfolge. Im Vordergrund standen folgende Prinzipien:

Kontrastierende Farbfolge: Sie versucht, die aufeinanderfolgenden Schichten mit kontrastreichen Farben zu belegen, damit die Stufen gut unterschieden werden können. Der deutsche Kartograph A. PAPEN stellte für seine Höhenschichtenkarte Zentraleuropas 1:1'000'000 1853 folgende Skala auf:

Höhe in Fuss		Höhe in Fuss	
0	brauner Ocker	2'000	Rotviolett
100	grauer Ocker	2'500	Braunrot
200	Hellblau	3'000	Braunrot
300	Hellgelb	3'500	Weiss
400	Vollgelb	4'000	Dunkelgrau
500	Hellbraun	4'500	Gelb
1'000	Hellgrau	5'000	Rotbraun
1'500	Grün		

Die Karte wurde zu einem sehr bunten Gemisch verschiedenfarbiger Flecken, die keine erkennbare Ordnung ergaben, trotz der guten Unterscheidbarkeit der einzelnen Schichten. Eine solche Abfolge, die mit möglichst grossen Kontrasten zwischen benachbarten Schichten arbeitet, kann wohl für einen Kartenentwurf in Frage kommen, bei dem es gilt, dem ausführenden Zeichner die Formen und Grenzen der einzelnen Flächen zu zeigen. Sie ist aber dem normalen Kartenbenützer nicht zuzumuten.

Man hat deshalb nach Prinzipien gesucht, die eher einer kontinuierlichen Abfolge der Farben entsprechen und für den Kartenbenützer ein ohne grosse Erklärung erfassbares Bild ergeben.

Je tiefer desto dunkler: Dunkle stumpfe Farben für das Tiefland und immer hellere, klarere und reinere Farben für die Höhen ergeben eine gute plastische Wirkung. Eine Karte der Schweiz mit diesem Prinzip schuf um 1890 der hervorragende Schweizer Kartograph RUDOLF LEUZINGER: Von gebrochenen Brauntönen über Oliv, Okker und Gelb führt die Skala von unten nach oben und ergibt einen plastisch und ruhig wirkenden Farbaufbau, der zusätzlich von einer Schummerung unterstützt wird. Ein Nachteil kann darin gesehen werden, dass die dichtesten Eintragungen der Siedlungen und der Verkehrsnetze sich im tieferen Mittelland und damit in den dunkelsten Tönen befinden, die Lesbarkeit also erschwert werden kann.

Je höher desto dunkler: Um für die Gebiete mit dichter Situation eine deutliche Lesbarkeit zu erreichen wurde versucht, die Ebenen weiss zu lassen und die flächenmässig kleineren Gebirgsräume farblich hervorzuheben. Für die Hochgebirge wählte man vorwiegend braune, rotbraune oder gar rote Töne, statt der assoziativen blauen oder violetten. Solche Karten ermöglichten für Situation und Schrift in den Ebenen die bestmögliche Lesbarkeit und ergaben in den kleinen Massstäben für die Höhenzüge eine klare Gliederung. Als Beispiel kann die Höhenschichtenkarte von Deutschland von L. RAVENSTEIN, 1:1'700'000 (1854) dienen, während die Karte der Ostalpen des gleichen Autors, aber im Massstab 1:250'000 belegt, dass das System für grössere Massstäbe gebirgiger Gegenden ungeeignet ist, da in einzelnen Blättern grosse Flächen mit verschiedenen Brauntönen bedeckt sind.

Modifizierte Spektralfarben: Um das Ende des 19.Jh. wurden die Farben mit der Verbesserung der Lithographie mehr variiert. Die tieferen Lagen wurden in Grüntönen dargestellt, eine Anspielung auf die fetten Wiesen des Tieflandes, für die Gebirge wurden braune Farben beibehalten, und als Zwischenstufe für mittlere Höhen wurde Gelb verwendet. Es bildete sich die folgende Normalskala aus, die bis zur Gegenwart in den verschiedensten Karten in Variationen Verwendung findet, heute aber durch eine neue Gewichtung, die der Vegetation den Vorzug gibt, abgelöst wird:

tiefe Lagen	kräftiges, grau gebrochenes Blaugrün
	Blaugrün
	Grün
	leichtes Gelbgrün
	Gelb
	leichtes Gelbbraun, leichter Ocker
	mittleres Braun
höchste Lagen	Rotbraun bis Rot

Die satten Farbtöne der tiefen Lagen weisen zwar die gleichen Nachteile auf, wie sie dem Prinzip "je tiefer je dunkler" vorgeworfen wurden. Bei nicht zu dunklen Farben sind Schrift und Situation jedoch deutlich genug, und die durchgehende Gestaltung der Karte mit Farbtönen lässt sie geschlossener erscheinen als bei weiss belassenen Ebenen. Die braunen Gebirge wirken nicht natürlich, und ihre Gliederung ist ungenügend.

1898 versuchte der österreichische Kartograph KARL PEUCKER eine Farbenplastik nach folgenden Regeln:
- je höher, desto heller   (Helligkeitsreihe)
- je höher, desto farbsatter   (Sättigungsreihe)
- je höher, desto wärmere Farben   (Spektralreihe)

Die daraus abgeleitete Skala hat folgende Farbtöne:

tiefe Lagen	Grau
	Graugrün
	Gelbgrün
	Grüngelb
	Gelb
	Gelborange
	Rotorange
höchste Lagen	sattes Rot

Die Skala ist recht farbenfroh, aber eine neue Aera in der Kartographie löste sie, entgegen der Erwartung des Autors und seiner Anhänger nicht aus.

Luftperspektivische Abstufungen: Bereits die bedeutenden Schweizer Kartographen des 19. Jahrhunderts versuchten ihre Erfahrung als Alpinisten oder Ballonfahrer, dass bei einem hochgelegenen Standort nahe und hohe Gebiete mit harten Kontrasten und in kräftigen Farben erscheinen, während die Tallagen durch den Dunst weicher wirken und stumpfe Farben überwiegen. Der Entwurf zur Schulkarte der Schweiz von HERMANN KÜMMERLY enthielt in freier Manier eine Farbgebung, die spätere Ueberlegungen vorwegnahm. Die Prinzipien der modernen luftperspektivischen Farbgebung entwickelte seit den zwanziger Jahren EDUARD IMHOF als Professor für Kartographie an der ETH Zürich. Die luftperspektivische Skala nimmt das Prinzip ***"je tiefer desto dunkler"*** auf, ergänzt es aber um die Komponenten des Lichtspektrums. Wie die Alpinisten bereits im 19. Jahrhundert beobachteten, erscheinen entfernt liegende Geländeteile durch die Absorption der Atmosphäre mehr blau, nahe liegende mehr gelb. Für die Karte, die einem Blick senkrecht von oben auf ein Gelände entspricht, bedeutet das, dass tiefe Geländeteile weit entfernt sind, während die Gipfellagen nahe liegen. Mit den entsprechenden Farben ergänzt heisst das Prinzip somit ***"je tiefer desto blauer, je höher, desto gelber und heller"***. Da die blaue Farbe dunkler wirkt als Gelb, wird auch der Effekt der Verdunkelung nach der Tiefe erreicht. Wird in tiefen Lagen Grau beigemischt, so werden die betreffenden Stufen eher in stumpfen, die Gipfellagen in hellen, konstrastreichen Farben erscheinen. Die Skala weist folgende Farben auf:

tiefe Lagen	grünliches Graublau
	Blaugrün
	Grün
	Gelbgrün
	Grüngelb
	Gelb
	Hellgelb
höchste Lagen	Weiss

Die Imhofsche Skala wurde mit grossem Erfolg vor allem bei Schulkarten grosser Massstäbe angewandt, wobei die Höhenstufen in sehr leichten Tönen gehalten wurden. Wichtiger als eine deutliche Abgrenzung der einzelnen (immer willkürlichen) Stufen ist der allgemeine plastische Eindruck, der zusammen mit der Schräglichtschummerung erreicht wird.

Die harten Formen und die scharfen Konturen der Reliefschummerung in der Gipfellagen des Hochgebirges treten dank der leichten oder fehlenden Höhenfarbe deutlich in Erscheinung, besonders wenn das Grau in den Kernschatten durch einen violettgrauen Ton ergänzt wird. Die Niederungen bleiben hell, denn an die Stelle der dunklen Farben treten bläuliche Töne unterlegt mit dem Ebenenton der Schummerung, was eine stumpfe, aber nicht zu dunkle Farbe ergibt, in der die Situation gut eingetragen werden kann. Die Strassen werden freigestellt, d.h. zwischen den Linien der Signatur werden Relief und Hypsometriefarben abgedeckt, sodass die Strassenfüllung weiss erscheint.

Werden Spezialkarten erstellt, deren Hauptaufgabe die Darstellung der Höhenverhältnisse ist, so kann die luftperspektivische Skala ebenfalls verwendet werden. An die Stelle der zarten, unterstützenden Hypsometriefarben treten in der gleichen Skala kräftige Farbtöne, während die Situation auf ein Minimum für die nötige Orietierung beschränkt wird. Die Höhenstufenkarte 1:800'000 im Atlas der Schweiz von EDUARD IMHOF ist ein schönes Beispiel.

Die angestrebte Harmonie der Höhenschichten gilt für Karten des allgemeinen Gebrauchs. Für spezielle Zwecke werden Höhenstufenkarten mit stark kontrastierenden Farben verwendet, die Niveaus mit besonderer Bedeutung betonen. Solche Karten werden in der Raumplanung für landwirtschaftliche oder touristische Eignungskarten, im Militär für Luftlandekarten u.ä. verwendet. Durch ihre Zweckgebundenheit sind sie aber eher den thematischen Karten zuzuordnen.

2.44   Böschungsplastik

Seit den ersten Karten, welche die Berge noch im Aufrissbild darstellten, wurde versucht, mit Schattierungen den Signaturen Körperhaftigkeit zu geben. Seit dem Ende des 18. Jahrhunderts entwickelte sich ***die moderne Kartographie, welche die Karte konsequent als Grundrissbild*** auffasste. Man traute dem allgemeinen Bildungsstand der Benützer, vor allem dem Militär, aber noch nicht zu, die neuen Höhenkurvenkarten lesen und interpretieren zu können. Man versuchte, den Karten eine grössere Anschaulichkeit zu geben. Praktisch alle amtlichen Karten wurden einfarbig im Kupferstich erstellt und reproduziert. Damit waren Halbtöne oder Raster, die Schatten zeigen konnten, kaum möglich. Punktraster mit Roulotten wurden zwar für einzelne Karten, welche die Schattenplastik späterer Karten vorwegnahmen, verwendet, aber die feinen Punkte erlaubten keine grossen Auflagen, und Korrekturen für die Nachführung waren sehr schwierig zu erstellen. Anderseits wollte man nicht mehr die wilden Schattenschraffen mit Kreuzlagen verwenden, wie sie noch im Atlas der Schweiz von MEYER und WEISS gebraucht wurden. Man suchte nach einer wissenschaftlich abgestützten Methode, die es auch erlauben sollte, die Neigungen der Hänge zu bestimmen.

Für die Eigenheiten des *Kupferstiches* waren *Schraffen* am besten geeignet. Sie konnten mit dem Strichstichel genau gesetzt werden und ertrugen bei sorgfältiger Gravur auch grössere Auflagen, und Verluste beim Umdruck für den Auflagedruck konnten in Grenzen gehalten werden. Theoretiker entwickelten Systeme, nach denen Länge, Dichte und Dicke der Schraffen je nach gewünschtem Tonwert genau vorgeschrieben wurden. Schraffen werden immer rechtwinklig zu den Höhenkurven in der Falllinie des Hanges gezeichnet. Der einzelne Schraffenstrich ist immer von Anfang bis Ende gleich stark gezeichnet, mit Ausnahme der folgenden Fälle:

- wenn sich die Hangneigung innerhalb der Länge eines Schraffenstriches effektiv ändert (in Gratlagen und am Fuss eines Berges,
- wenn innerhalb eines Schraffenbandes Kleinformen herausgearbeitet werden müssen,
- bei kleinen Strassenböschungen, Einschnitten und Terrassenrändern können *Keilschraffen als Signatur* verwendet werden um die Richtung der lokalen Gefälle zu verdeutlichen,
- in ganz kleinen Massstäben, wie sie in Atlanten vorkommen, muss man die einzelne Schraffe in der Stärke variieren, um überhaupt noch die Bergformen charakterisieren zu können,
- in thematischen Hangneigungskarten können Keilschraffen für bestimmte Hangneigungskategorien als *abstrakte Signatur* verwendet werden.

In Deutschland und Oesterreich hielt man einzig ein System mit *Böschungsschraffen* für wissenschaftlich. Man ging dabei von der Fiktion einer *senkrechten Beleuchtung* aus, bei der ebene Flächen alles, senkrechte Flächen kein Licht erhielten, also dem Prinzip *"je steiler desto dunkler"* folgten.

1799 wählte der Kartograph LEHMANN für die Karte des Königreiches Sachsen folgende Skala:

Böschungswinkel in Grad	Schraffen- stärke	Breite des Zwischenraums	Böschungswinkel in Grad	Schraffen- stärke	Breite des Zwischenraums
0	0	9	25	5	4
5	1	8	30	6	3
10	2	7	35	7	2
15	3	6	40	8	1
20	4	5	45	9	0

Dies bedeutet in der Praxis, dass ebene Flächen weiss erscheinen, während Hänge von 45 Grad schwarz gezeichnet werden müssten. In Gebieten mit Mittelgebirgen als höchsten Erhebungen ergab das System brauchbare Resultate, im Hochgebirge musste es versagen. VON MÜFFLING modifizierte 1821 die Systematik durch 13 Stufen von Weiss bis Schwarz, das aber erst bei 60 Grad Hangneigung eintrat. Die österrreichisch - ungarischen Karten legten den vollen Ton auf 80 Grad fest, aber Hänge steiler als 50 Grad wurden mit dem Wert für 50 Grad graviert.

Für den *Schweizerischen Schulatlas*, erstmals 1872 bei RANDEGGER in Winterthur erschienen, wurden die Schraffen nach *Böschungsprozenten* (also Tangenswerten) abgestuft.

Die Böschugsschraffen eignen sich gut für Mittelgebirge mit ihren gerundeten Kuppen und Rücken, während die Täler mit den Erosionsformen ebenfalls gut herausgearbeitet werden können. **Für alpine Formen eignen sich Böschungsschraffen nicht**. Steile Hänge stossen in scharfen Graten direkt aneinander, ein trennendes Weiss, das fälschlicherweise eine ebene Fläche anzeigt, muss eingeführt werden um die Hänge zu trennen. Damit entsteht der Eindruck weisser Würmer, die über die Grate kriechen (deutlich zu sehen in der alten Carte de France 1:80'000).

Böschungsschraffen werden heute nicht mehr verwendet.

2.45   Lichtrichtung

Seit jeher wurde versucht, Gegenständen in der zweidimensionalen Zeichnung auf einer Fläche durch die Schattengebung in ihrer Körperhaftigkeit darzustellen. In der griechischen und lateinischen Tradition des Schreibens von links nach rechts wird jedermann darauf achten, dass er nicht mit seiner Hand Schatten auf die Schreibfläche wirft. Der beste Lichteinfall ist demnach von links oben. Schatten werden deshalb meist rechts unten gezeichnet. Wird diese Schattengebung auf die Kartographie übertragen, so liegt bei *südorientierten Karten auf der Nordhalbkugel* das Licht richtigerweise auf den *Süd- und Osthängen* der Karte, während die Nord- und Westhänge beschattet sind. Sind die Karten, wie heute üblich, *nach Nord orientiert*, so entstehen Schattenbilder, die eher "Sonnenuntergangslandschaften" entsprechen mit *Nordwestbeleuchtung*, also die berühmte Verfälschung mit den Weinbergen des Wallis in den Schattenhängen.

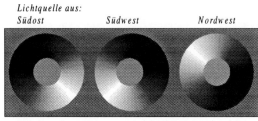

Lichtquelle aus:
Südost   Südwest   Nordwest

Wirkung der Lichtrichtung auf einen stumpfen Kegel

Die *Lichtrichtung* muss bei der schattenplastischen Darstellung zu Beginn festgelegt werden. Das sture Festhalten an einer Lichtrichtung wird aber nicht die besten Resultate liefern. So wie der gute Fotograf mit Sekundärlicht Kleinformen und Einzelheiten ausleuchtet um ein optimales Resultat erzielen zu können, muss der Kartograph *lokale Anpassungen der Lichtrichtung bei der Schummerung von Hand* vornehmen, um dem Kartenleser alle Einzelformen deutlich machen zu können. Wird das Original nach der Methode von WENSCHOW durch die Photographie eines realen Geländemodells gewonnen, so müssen sekundäre Lichtquellen eingesetzt werden. Allgemein üblich ist die Beleuchtung von *links oben*, bei nordorientierten Karten demnach von *Nordwesten*. Diese Richtung hat, wie bereits dargelegt, zu Kontroversen geführt. Argumente *gegen* die Nordwestbeleuchtung sind:

- Die Beleuchtungsrichtung ist unnatürlich. Den grössten Teil des Tages scheint die Sonne von Süd. In der Natur sind Südhänge hell, Nord- und Nordwesthänge eher dunkel (bewaldet).
- Die unnatürliche Beleuchtung erschwert den Vergleich der Karte mit dem Gelände.
- Die Schattengebung der Karte widerspricht der Vegetation, was besonders im Schulunterricht stören kann (Reben am Bieler See im "Schatten", Wälder an Nordhängen des Vallon in der "Sonne".
- Neuere Karte betonen mehr die Art der Bodenbedeckung als die Höhenlagen, womit zwischen Schattenlage und Vegetationsausssage Widersprüche entstehen. Hier sollte eine Südostbeleuchtung angenommen werden.
- Der Geologe ALBERT HEIM machte auch geltend, dass in den Schweizer Alpen infolge des tektonischen Baus, die Steilabfälle vorwiegend auf der Nordseite sind, während die Südseite schwächere Neigungen aufweist. Da aber in einer Reliefkarte die Schattenhänge steiler erscheinen, Lichthänge weniger steil, sollten in Karten der Schweiz Nordhänge als Schattenhänge erscheinen.

Bedeutende Reliefkartographen wie FRIDOLIN BECKER und EDUARD IMHOF haben auch schöne und gut lesbare Beispiele von Karten mit Südost- oder Südwestbeleuchtung geschaffen, so EDUARD IMHOF im Schweizer Weltatlas die Karten *Säntisgruppe und Appenzellerland* und *Jungfraugruppe und Aletschgletscher* oder die *Schulwandkarte des Kantons Aargau.* Trotzdem ist EDUARD IMHOF später zur Ueberzeugung gekommen, dass die Nordwestbeleuchtung nach wie vor für die meisten Karten zweckmässig ist. *Für die Nordwestbeleuchtung* sprechen:

- Der Mensch ist tatsächlich so sehr an den Lichteinfall von links und den Schatten rechts gewöhnt, dass er Formen mit Licht von rechts und Schatten links als *Negativformen* erfasst.
- Karten werden häufig in Büros verwendet, Wandkarten in Schulzimmern und hier würde der gegenläufige Lichteinfall zwischen Karte und Zimmer stärker stören als die unnatürliche Beleuchtung der Karte im Vergleich zum Gelände draussen, da im Gelände stets viel difusses Licht vorhanden ist.
- Eine Karte wird doch stärker als ein *abstraktes* denn als ein *naturalistisches* Abbild des Geländes empfunden, und das soll auch angestrebt werden.
- Für Karten der Schweiz eignet sich die Nordwestbeleuchtung besser, weil die Hauptzüge von Jura und Alpen von Südwest nach Nordost verlaufen und eine Lichtrichtung senkrecht dazu die besten Resultate ergibt.

Für Karten der Südhalbkugel ist die Nordwestbeleuchtung in jedem Fall die richtige, somit ist sie auch für Weltkarten zu empfehlen, da ja nicht am Aequator die Lichtrichtung gewechselt werden kann.

2.46   Schattenplastik

2.461   *Schattenschraffen*

Die Nachteile der Böschungsschraffen führten in der Schweiz als alpinem Land zur Vervollkommnung der Darstellung mittels *Schattenschraffen*, obwohl namhafte Persönlichkeiten (z.B. der Berner Geologe Bernhard Studer) diese Darstellungsart als "unwissenschaftlich" ablehnten. Es ist das Verdienst von General GUILLAUME HENRI DUFOUR den Schattenschraffen in der Schweiz zum Durchbruch verholfen zu haben. Er schuf mit der *"Topographischen Karte der Schweiz 1:100'000"*, die zu Recht seinen Namen trägt eine leicht verständliche, auch von Laien ohne besondere Ausbildung klar interpretierbare Karte. Die Dufourkarte wurde weltberühmt und hat die Kunst der Gebirgsdarstellung mit Schrägbeleuchtung erst richtig populär gemacht.

Für Schattenschraffen gelten gleiche Konstruktionsprinzipien wie für Böschungsschraffen, mit einer Ausnahme:

1. Die Schraffen sind in der Fallinie zu zeichnen.
2. Die Schraffen sind kurze, in Reihen angeordnete Strichstücke.
3. Die Länge der Schraffen entspricht dem äquidistanten Abstand zweier Höhenkurven.
4. Die Zahl der Schraffen je cm Horizontalerstreckung auf der Karte ist konstant.

Abweichend sind die Grundsätze für die Stärke der Schraffen. Die Hell-Dunkel-Werte sind eine Kombination von Böschung und Schatten bei schräger Beleuchtung. DUFOUR hat nur sehr allgemeine Ausführungsvorschriften aufgestellt und dem gesunden Menschenverstand und dem künstlerischen Einfühlungsvermögen seiner Topographen und Kupferstecher viel Spielraum gelassen. Die Kartenproben und die Stichvorlagen für die ersten Blätter erstellte der polnische Ingenieur ALEKSANDER STRIJENSKI, der nach den Wirren der 1830er Jahre für Dufour arbeitete. Trotz der hervorragenden plastischen Wirkung des Musterblattes (Unterwallis, heute Col du Pillon) verstummte die Kritik auch aus Fachkreisen des eigenen Landes nicht. In der Rückschau muss man anerkennen, dass DUFOUR eine Meisterleistung gelungen ist, die im 19. Jahrhundert weltweit unerreicht war.

2.462   *Schattenschummerung*

Mit dem Aufkommen des Steindruckes an Stelle des Kupferstiches für die Reproduktion von Karten ergaben sich neue Möglichkeiten zum Druck flächenhafter und modulierter Töne mit der Kreidelithographie. In der Schweiz wurden die neu herausgegebenen Gebirgsblätter des Siegfriedatlasses in Spezialausgaben, gefördert durch den SAC erstmals mit *Reliefschummerung* gedruckt.

EDUARD IMHOF definiert in GELÄNDEDARSTELLUNG, S.183:
"Als *Schummer oder Schummerung* bezeichnet man eine in der Regel monochrome, nach irgendeinem Prinzip helldunkel variierte, der Geländedarstellung in Karten dienende Flächentönung (allgemein ist Schummer gleichbedeutend mit Dämmerung)."

Die Schummerung kann als *Böschungsschummer* oder als *Schatten- oder Schräglichtschummer* angelegt werden. Im Gegensatz zur Schraffendarstellung stören die flächigen Töne die linearen Elemente der Karte viel weniger. Der Böschungsschummer, dessen Grauwerte sich nach den jeweiligen Hangneigungen richten, hat praktisch keine Bedeutung erlangt. EDUARD IMHOF hat mit seinen künstlerisch hochstehenden praktischen Abeiten und seinen theoretischen Schriften die *Reliefschummerung* zu heute allgemein gültigen Grundsätzen entwickelt und zur vollen Entfaltung gebracht.

Bei den Schattenschraffen der Dufourkarte wurden die Ebenen weiss belassen, ohne Ton, da ein solcher mit Schraffen kaum erreichbar gewesen wäre. Wird jedoch die Idee der Schrägbeleuchtung konsequent zu Ende gedacht, so muss das volle Licht mit den hellsten Werten auf der der Lichtquelle senkrecht zugeneigten Flächen liegen, die Schattenhänge die dunkelsten Werte aufweisen, während die *Ebene einen Mittelwert bekommt*, da die Lichtstrahlen der angenommenen Lichtquelle schräg auf ihr auftreffen. IMHOF musste lange kämpfen, bis die Vorteile des *Ebenentons* erkannt wurden. Man befürchtete die Beeinträchtigung der Situation und der Schrift. Viele ausländische Kartenwerke, die nach langem Zögern die Reliefschummerung übernommen haben, verzichten noch heute auf den Ebenenton. Die Schweizerischen Landeskarten haben von Anfang an einen leichten, sehr transparenten Grauton für die Ebene, mit freigestelltem Strassennetz, der die Reliefwirkung der Karten, trotz leichten Relieftönen zu steigern vermag. Verzichtet man auf den Ebenenton, so werden die Neigungen der dunklen Schattenhänge vom Auge überschätzt, während die besonnten Hänge zu flach eingestuft werden, da sie sich von der Ebene nicht unterscheiden. Um diese optischen Fehler zu vermeiden und das Relief zu verstärken, werden mit Hilfe eines Negativs der Reliefplatte, bei der die Ebenen allerdings ausgespart sind, die besonnten Hänge in einem sehr leichten Gelbton gedruckt.

Die Reliefwirkung kann noch gesteigert werden, wenn man für die verschiedenen Ebenen das Prinzip der *Verdunklung nach der Tiefe* anwendet. Zur Erstellung von Schummerungen empfiehlt EDUARD IMHOF in Geländedarstellung S.193 folgendes Vorgehen, das hier gekürzt wiedergegeben ist:

1. Man gliedert das Gelände durch feine Gerippe und Kantenlinien in Flächen auf.
2. Man legt die Hauptlinienrichtung des Geländes fest und vermeidet eine Lichtrichtung, die dieser parallel läuft.
3. Man deckt konsequent alle ebenen Flächen mit einem Mittelton.
4. Man schummert alle lichtabgewandten Flächen kräftiger als der Mittelton ist.
5. Man zieht die Töne der Schattenseiten allmählich heller werdend um die Bergflanken und die Bergkuppen nach der Lichtseite herum.
6. Flächenumbiegungen, die infolge des Einfallswinkels des Lichts nicht zur Geltung kommen, werden unter Annahme etwas abgedrehten Lichts speziell behandelt.
7. Man setzt die Schattentöne nicht gleich in voller Stärke, um auch in Schattenhängen noch modulieren zu können.
8. Man arbeitet die Uebergänge charakteristisch heraus: Scharfe Grate und Kanten mit harten Kontrasten, gerundete Formen mit weichen Uebergängen.

Neben der heute dominierenden Schattenplastik mit Schummerung wurden noch andere Methoden vorgeschlagen, ohne dass sie grössere Bedeutung erlangen konnten:

Horizontalschraffen: Der Verdunkelngseffekt der Böschungs- oder Schattenschraffen kann auch durch horizontale Schraffen erreicht werden. Die *norwegische Fyleskart* 1:200'000 wurde nach dieser Methode erstellt. Karten mit sehr engen, "gekämmten" Kurven können ähnliche Bilder geben, die einer Böschungsplastik nahe kommen. Horizontalschraffen sind geeignet für *Skizzen* im Gelände, wo sie in freier Manier gesetzt, die Formen sichtbar machen können.

Schattenplastische Strichverstärkung von Höhenkurven: Damit kann auf einfache Weise Höhenkurvenkarten eine stärkere plastische Wirkung gegeben werden. Als Nachteil entstehen unnatürliche Stufenbilder.

Punktmethode: Der deutsche Kartograph MAX ECKERT wollte die Schraffen durch ein System von Punkten unterschiedlichen Durchmessers in einem Raster ersetzen, wobei die Punktgrösse durch die Böschungswinkel des Geländes bestimmt war. Im Grunde genommen handelt es sich um einen von Hand erstellten Raster, der photographisch aus einer Halbtonvorlage viel leichter zu reproduzieren ist.

Computerreliefs: Dank den Fortschritten in der Erfassung und Speicherung der Geländeelemente mit EDV können Neigung und Exposition kleiner Geländeteile berechnet und entsprechend einem Programm gedruckt werden. KURT BRASSEL in Zürich hat hier Pionierarbeit geleistet. Die Computerreliefs können allerdings nicht werten innerhalb eines Gebietes und nur beschränkt (über eine allgemeine Vergrösserung der Einheitsflächen) generalisieren, was den Anforderungen an eine moderne Karte noch nicht zu genügen vermag. Einzelheiten siehe unter II TOPOGRAPHISCHE MODELLE.

2.47   Felsdarstellung

Höhenkurven eignen sich schlecht für die Geländedarstellung in Felsgebieten, da die Kurven zu dicht und durch die Feingliederung unruhig und wirr werden. Kommen gar überhängende Felsen vor, so können nur noch die obersten Kurven gezeigt werden, die tieferen verschwinden und ein Auszählen der Kurven zur Höhenbestimmung ist nicht mehr möglich. Der Massstab 1:10'000 ist der kleinste, in dem steile Felsgebiete noch leserlich mit Höhenkurven dargestellt werden können, obwohl der ungeschulte Kartenleser sich kaum ein anschauliches Bild mehr machen kann. Bei den Kartenaufnahmen im 19. Jahrhundert war es zudem wegen der Unzugänglichkeit der Felsgebiete gar nicht möglich mit dem Messtisch Höhenkurven zu bestimmen. Man entwickelte deshalb in den Alpenländern Schweiz und Oesterreich spezielle Schraffendarstellungen für Fels. Erst mit der Einführung der Photogrammetrie konnten auch im unzugänglichen Fels Höhen und Kurven bestimmt genau werden.

Die *Felsschraffur* weicht von den übrigen Geländeschraffuren ab:

- Felsschraffur wird nicht aufgrund von Kurven erstellt, sondern versucht die natürliche Gliederung des Felses in Platten, Bänder, Rippen, Grate usw. mit Gerippelinien und Schraffenreihen in den Flächen zu erfassen.
- Der Kartograph muss deshalb vor dem Zeichnen das Gebiet sorgfältig *analysieren*. Von ihm wird ein grosses Einfühlungsvermögen in die tektonischen Strukturen und die morphologische Formung des Felsens verlangt. Die grossen Felszeichner unter den Topographen des 19. Jahrhunderts waren vom Geologen ALBERT HEIM entweder geschult oder beeinflusst worden.
- Vor dem Zeichnen mit Schraffen muss eine *Gerippplinienzeichnung* erstellt werden. Sie enthält die Felsränder, die wichtigen Kanten im Fels, Risse, Couloirs, Wandkantenstufen, Plattenränder, geologische Schichtfugen u.ä. Sie versucht den Verlauf der tektonischen Formen, z.B. Faltungen, Verwerfungen in ihrem chrakteristischen Verlauf zu erfassen. In kleineren Massstäben (ab 1:200'000) wird der Fels nur noch in der Gerippplinienzeichnung dargestellt.
- Die *Schraffur* erfolgt in der Regel in der Fallinie, kann aber auch horizontal sein, um Differenzen besser herausarbeiten zu können. Kompakte Felsen schraffiert man in der Fallinie, schiefrigen Fels und schmale Bänder in der Horizontalen, bzw. in der Richtung der dominanten Strukturen. Ansteigende breitere Bänder werden in der Richtung der Klüfte schraffiert, bei Falten kann die Schraffur rechtwinklig zur Schichtfuge erfolgen statt in der Fallinie. Allgemein erlaubt die Felszeichnung viel mehr Freiheiten für den Kartographen als etwa die Böschungsschraffur. Sie erfordert aber auch grosse Kenntnisse über die Felsstrukturen und die charakteristischen Formen, z.B. Karrenfelder, die eine exakte Zeichnung der Risse erfordern, u.ä.
- In der fertigen Felszeichnung treten die Gerippelinien als Konturen kaum mehr in Erscheinung. Die Schraffenflächen wirken so schärfer und härter, wie es dem Fels entspricht. Unter den Topographen des Siegfriedatlasses gab es deutlich zwei Stilgruppen: Die älteren zeichneten in markanten Konturen näher an der Gerippplinienzeichnung, die jüngeren, vor allem der Meister der Felszeichnung XAVER IMFELD, liessen ohne Konturen Schraffenflächen aneinanderstossen. Heute werden in den Landeskarten eher flächige Schraffuren ohne harte Konturen verwendet, aber auch hier ohne Schematismus.

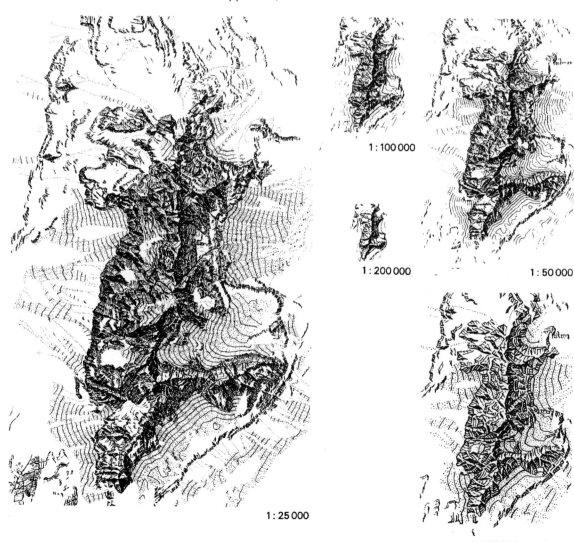

1 : 100 000

1 : 200 000

1 : 50 000

1 : 25 000

1 : 100 000 vergrössert
auf 1 : 50 000

- Felsschraffur kann wie das übrige Gelände in Böschungsschraffur oder in Schattenplastik erstellt werden. In der Schweiz hat sich die **Schattenplastik** durchgesetzt. Nur so können die scharfen Grate, Rippen und Felskanten deutlich und hart herausgearbeitet werden. Der Verdunkelungseffekt für die Schattenpartien wird durch grössere Strichstärke erreicht. Der Strich darf aber keinesfalls zu glatt sein. Er muss ein lebendiges Bild der feingliedrigen Felsstruktur widerspiegeln.

- Auch in der Felsschraffur kann man die Effekte der Luftperspektive zur Geltung bringen, indem man die gössten und härtesten Kontraste in höheren Lagen anwendet und in tieferen Lagen mit geringen Differenzierungen arbeitet.

Mit dem Aufkommen der Photogrammetrie um 1920, zuerst der terrestrischen, aber schon bald auch der Luftphotogrammetrie, wurde es möglich, erstmals auch in Felsgebieten genaue Kurven zu zeichnen. Das Problem der richtigen Felsdarstellung wurde damit wieder aktuell bei der Diskussion um die Gestaltung der neuen Landeskarten, besonders des Massstabes 1:25'000, der neu auch im Alpenraum erstellt werden sollte. Kurvenbilder sind aber in sehr steilen Partien schwer lesbar, da entweder die Kurven auseinander gezogen werden müssen, und dabei an Genauigkeit einbüssen, oder bei Ueberhängen untertauchen, d.h. sie müssen unterbrochen werden und können kaum mehr ausgezählt werden. Verschiedene Versuche der Landestopographie wurden unternommen. Besonders interessant ist die Karte des **Glärnisch** von WALTER BLUMER 1:25'000, die im Fels Kurven von 20 m Aequidistanz aufwies und sehr sparsam die Felsstruktur mit Gerippestrichen andeutete. Die Karte erschien 1937 bei Kümmerly & Frey. Eine weitere Möglichkeit besteht darin, die Gerippelinien zu zeichnen und die Flächen statt mit Schraffen mit Rastertönen anzulegen. Da für den Bergsteiger die vertikale Projektion der Karte nicht genügt, da man für einen Aufstieg einen Aufriss der Wand benötigt, kann man sich auch auf den Standpunkt stellen, eine aufwendige Felszeichnung erübrige sich, es genüge, wenn aus der Karte ersichtlich sei, wo sich felsige Gebiete befinden. Es stimmt, die Felszeichnung der Landeskarten ist zeitlich sehr aufwendig und stellt an den Kartographen höchste Ansprüche. Aber es gilt zu bedenken, dass die Erstellung einer Felsgravur eine einmalige Arbeit ist, die über Jahrzehnte ihre Gültigkeit behält. Die Felszeichnung sollte deshalb im gleichen Rahmen an Sorgfalt und Genauigkeit erfolgen wie der übrige Karteninhalt, damit ein geschlossenes Bild des Ganzen erreicht wird.

In der Landeskarte 1:25'000 wurden die 100 m Höhenkurven auch in Felsgebieten durchgezogen, zur besseren Darstellung der Höhenverhältnisse in Gipfellagen. Versuche, die Felszeichnung in anderen Farben als derjenigen der Situation darzustellen, sind fehlgeschlagen, erlaubt doch gerade die dunkle Sepia die benötigten harten Kontraste.

Für Karten grosser Staaten ist die schweizerische Felszeichnung zu aufwendig. Der deutsche und der österreichische Alpenverein haben auf dem Gebiet der Hochgebirgskartierung im Himalaja und in den Anden gearbeitet. Auf Initiative von BRADFORD WASHBURN, dem Direktor des Naturhistorischen Museums von Boston, wurde sein Forschungsgebiet, das **Massiv des Mount McKinley** in Alaska (höchster Gipfel der USA mit 6190 m) kartiert, wobei die Amerikaner Vermessungen und Flugaufnahmen besorgten, während WILD Herrbrugg (heute Leica) die Auswertung und das BUNDESAMT FÜR LANDESTOPOGRAPHIE die kartographischen Arbeiten in der Manier der Landeskarte vornahmen. Das Resultat erhielt weltweite Anerkennung. So wurde auch die Karte des Mount Everest 1:50'000, welche die NATIONAL GEOGRAPHIC SOCIETY zu ihrem 100 jährigen Jubiläum ebenfalls unter BRADFORD WASHBURN herausgab, ebenfalls im Kartencharakter der Landeskarte gehalten. ERNST SPIESS kartierte während der Andenexpedition des SAC das **Panta-Gebiet der Cordillera Vilcamba** in Peru 1:25'000. Die rasch fortschreitende Erforschung von Arktis und Antarktis verlangt immer mehr die Technik der Krtierung von Eis- und Felsoberflächen.

2.471   Generalisierung der Felszeichnung

Bei der Generalisierung der Felszeichnung werden, wie bei anderen Kartenelementen, zuerst die Kleinformen weggelassen und die wichtigen Elemente, wie Hauptgrate, grosse Plattenkomplexe u.ä., hervorgehoben. Die kleineren Einzelformen verlangen ab dem Massstab 1:200'000 den Uebergang zur reinen Gerippelinienzeichnung. Die plastische Form muss zunehmend durch die Schummerung unterstützt werden. Man verwendet deshalb oft in Karten kleinerer Massstäbe zusätzliche dunkle Grau- oder Grauviolettöne zur Verstärkung des Reliefs und zur Hervorhebung der Gipfelpartien.

2.48   Mehrfarbiges Geländerelief

Die mehrfarbige Reliefbearbeitung ist die vollkommenste Art, in einer zweidimensionalen Karte den Eindruck wirklichkeitsnaher, dreidimensionaler Geländemodellierung zu erzeugen. Die Entwicklung der Lithographie erlaubte seit etwa 1880 den Druck von Karten in vielen Farben, die durch ihre Transparenz weitere Töne ergeben konnten.

Hochbegabte Kartographen und Künstler wie FRIDOLIN BECKER, XAVER IMFELD, HERMANN KÜMMERLY und RUDOLF LEUZINGER schufen Karten, die unter der Bezeichnung *Schweizermanier* Weltgeltung erreichten. In freier Malerei entwarfen sie vielfarbige Reliefs, meist als *Aquarelle*, die sie anschliessend selbst oder durch Lithographen auf Stein übertragen liessen, was beim damaligen Stand der Drucktechnik ein sehr schwieriges Unterfangen war. Die Drucke erreichten den auch nie ganz die Qualität der Originale, die noch heute unsere Bewunderung verdienen. Die Schönheit der Karten machte sie ungemein populär, nur die Stubengelehrten "Kartosophen" (wie sie EDUARD IMHOF titulierte) erhoben den Vorwurf der "Unwissenschaftlichkeit".

Seit den 1920er Jahren hat EDUARD IMHOF die mehrfarbige Reliefkarte durch ein halbes Jahrhundert praktischer Erfahrung an Schulkarten, Wandkarten und Atlanten und durch eine auf der wissenschaftlichen Farbenlehre aufgebaute Theorie zur Vervollkommnung geführt und in feste Regeln gegossen. Karten in den Massstäben zwischen 1:25'000 (Schulwandkarten mittlerer Kantone) und 1:200'000 (Schulwandkarte Schweiz) eignen sich für mehrfarbige Reliefdarstellungen besonders gut. Die farbig modellierte Reliefkarte ist nicht eine besondere Art der Geländedarstellung, sondern eine Kombination von vier verschiedenen Darstellungsmitteln:

- Höhenkurven
- Felsschraffur oder Geripplinienzeichnung, an Lichthängen sehr leicht.
- Schräglichtschummerung, konsequent mit Ebenenton.
- Farbplastische Töne mit luftperspektivischen Effekten

Solche Karten werden nicht mehr nach einer farbigen Vorlage mit Gefühl in einzelne Farbtöne zerlegt wie im 19. Jahrhundert, sondern photomechanisch aus ihren einzelnen Elementen aufgebaut. Erst im Zusammendruck erscheint das vollständige Bild. Für die verschiedenen Farben werden mit Masken hypsometrische Stufen erstellt, die mit verschieden harten Auszügen oder Negativen aus dem einfarbig erstellten Reliefton zusammenkopiert werden. Solche Karten werden mit 9 bis 12 Druckfarben gedruckt:

1. Kräftiges stumpfes *Braun (Sepia)* für die Situation (Häuser, Strassen), die Felszeichnung und Höhenkurven im Geröll.
2. Kräftiges *Blau* für das Flussnetz, Seekonturen und Höhenkurven auf Gletscher und Firn.
3. *Rotbraun* für Höhenkurven im Vegetationsgebiet.
4. Mittelstarkes *Blaugrau* für den Schattenton mit ausgesparten Seen und Strassen.
5. Mittelstarkes *Grauviolett* für zusätzliche Schattentöne.
6. *Hellblau* für die hypsometrische Abstufung (je tiefer desto blauer) und zur Unterstützung der Schatten, sowie als Flächenton für die Seen.
7. *Gelb* für Boden- und Lichttöne (je höher desto gelber), exklusive Seeflächen.
8. Sehr helles *Rosa* für Fels, eventuell verstärkend auf Schattenseiten.
9. *Schwarz* für die Beschriftung.
bisweilen werden noch eingesetzt:
10. *Violett* als weiterer Ton für tiefste Schatten.
11. *Grün* für Waldkonturen und gerasterte Waldflächen
12. *Rot* für Eisenbahnen, in gerasterten Bändern zur Verdeutlichung von Grenzen, eventuell für die Darstellung von Haussignaturen.

Diese Kartenherstellung ist sehr aufwendig und arbeitsintensiv. Sie kommt für Karten, die häufig nachgeführt werden müssen, nicht in Frage. Die neue Scannertechnik für Farbauszüge erlaubt es heute, von farbig erstellten Originalen direkt vierfarbige Karten zu drucken. Einzig die Schrift und die linearen Elemente sollten noch graviert werden, um einen besseren Strich zu ermöglichen. Die hohen Kosten haben dazu geführt, dass Schulkarten als Handkarten in kleinerem Massstab erstellt werden und für die Wandkarte eine direkte photographische Vergrösserung verwendet wird.

EDUARD IMHOF hat die schweizerische Relieftechnik auch in kleinen Massstäben angewandt, indem er für den *Schweizerischen Mittelschulatlas* (ab 1962, heute *Schweizer Weltatlas*, Orell Füssli, Zürich) an Stelle der traditionellen Höhenstufen (mit braunen Bergen und Schattenschraffen) neue farbige Reliefdarstellungen geschaffen hat. In diesen kleinen Massstäben kommen Höhenkurven und Felszeichnung nicht mehr in Frage, also muss die

Reliefschummerung sehr klar und prägnant sein. Es braucht grosse geomorphologische Kenntnisse und viel Vorstellungsvermögen, um die Vielfalt der Oberflächenformen in so kleinen Massstäben derart zu generalisieren, dass das Wesentliche in Erscheinung tritt. Mehrere Bergketten müssen zuweilen in eine einzige zusammengefasst werden, und dabei dürfen der Gesamthabitus und tektonische Besonderheiten wie Gräben, Tafelländer u.ä. nicht verloren gehen. Auch kleine, aber wichtige Formen, wie etwa die Schichtstufen des Pariser Beckens dürfen aus Gründen des Unterrichts und der Bedeutung die sie für die Kulturlandschaft und den Verkehr haben, nicht verloren gehen, obwohl sie in Höhenkurven in diesem Massstab längst nicht mehr erfasst werden können. Nur ein Kartograph, der zugleich ein weitgereister Geograph, Geomorphologe, Alpinist und Landschaftsmaler war, konnte eine solche Leistung erbringen. Der Schweizerische Mittelschulatlas hat in der Zwischenzeit viele Nachahmer gefunden, was seine Bedeutung nur unterstreicht.

2.49   Einfache Darstellungsarten

In der Geographie müssen häufig *Geländeskizzen* erstellt werden, sei es als Beilage zu wissenschaftlichen Arbeiten, sei es im Felde in Gebieten, von denen noch keine oder keine verfügbaren topographischen Karten existieren. Leider kommt die Kunst des Erstellens von Geländeskizzen immer mehr in Abgang, weil es immer mehr Geographen gibt, die nicht zeichnen können, und weil man das in Mittelschulen nicht mehr lernt.

Dieser Abschnitt will zum vermehrten Geländezeichnen ermuntern, auch nur aus Freude und übungshalber, auch wenn man glaubt, mit der Photographie und GPS sei das Zeichnen überflüssig geworden. *Eine* Funktion des Zeichnens kann die Photographie - auch die Luftphotographie - nie ersetzen: *Das Zeichnen zwingt, jede Einzelheit des Geländes genau und systematisch anzuschauen*. Die Zeichnung zwingt bereits im Gelände zur *Interpretation* und erzwingt die Rückfrage an das Gelände, wenn etwas nicht klar ist, nicht erst dann, wenn man wieder zu Hause ist. Geländeskizzen können in Verbindung mit einfachen Vermessungsmethoden wie Sitometer, Bussolenzug, Messtisch, Kleintheodolit, recht exakt hergestellt werden.

Besondere Schwierigkeiten hat man erfahrungsgemäss mit der Darstellung der *Geländeformen*. Aus der Zeit der Kartogrphie vor über hundert Jahren geistern, auch in den Schulen, immer noch gewisse Darstellungen herum, die unzweckmässig sind, weil sie zu arbeitsaufwendig sind, dazu zu wenig präzis, das Kartenbild unnötig füllen und ausserdem unruhig bis unordentlich wirken. Dazu zählen die aus der Schraffentechnik abgeleitete *"Tannenbaummanier"* und die "Raupenmanier". Bei der "Tannenbaummanier" zieht man einen Grat und reiht beidseits gegen den Zeichner schräg gestellte Schraffen an. Bei der "Raupenmanier" bleibt der Grat weiss, und es werden mehr oder weniger ordentliche Schraffen in der Fallinie aneinandergereiht. Das ist im Grunde ganz willkürlich, denn der Grat ist nicht genau lokalisiert und die Schraffen nehmen nur eine willkürlich schmale Zone der Bergflanken ein. Die Täler bleiben viel zu breit.

Wenn man schon die Talflanken nicht richtig ausmodellieren will, so lässt man sie besser weg. Die Schraffen, die man zeichnet, haben überhaupt keine Aussagekraft. Sie sagen weder aus, wo der Grat ist, noch wo die Bergflanke, noch wie diese modelliert ist. Viel einfachere und exaktere, dazu schöne und klare Skizzen erreicht man, wenn man sich auf die *Gerippezeichnung der Grate* beschränkt. Dabei müssen die Tallinien durch die Flüsse, die schmal und differenziert zu zeichnen sind und sich von den Gratlinien, die kräftig und mit kantigen Richtungsänderungen erscheinen sollen, deutlich unterscheiden. Das Bild wird noch klarer, wenn man Gipfel durch kleine Dreiecke hervorhebt und mit Höhen anschreibt und ausserdem die Strichdicke nach Höhe variiert: Je höher desto kräftiger. Abfallende Grate kann man auslaufen lassen. Eine weitere Bereicherung kann darin bestehen, dass die Grenzen von Gletschern und Firnfeldern durch feine gerissene oder punktierte Linien angegeben werden. Wenn man dazu noch die Namen in klarer Schrift sauber und vorwiegend horizontal schreibt oder eventuell im Satz montiert, so können mit einfachsten Mitteln ganz hervorragend klare und aussagekräftige Geländebilder entstehen. Solche Zeichnungen eignen sich besonders für die Schule, um die Schüler sich die Gliederung eines Gebirgskomplexes einprägen zu lassen. Man lege Wert auf saubere und exakte Arbeit und verhindere, dass die Schüler die Skizzen mit unsorgfältiger Kursivschrift in allen Richtungen verderben! Die Schrift soll überlegt und aufgrund von Hilfslinien plaziert werden.

Legt man besonderen Wert auf die Täler, z.B. bei Verkehrs- oder Siedlungsskizzen, in denen Strassen und Bahnlinien eingezeichnet werden müssen, kehrt man die Strichdicken am besten um: Der Effekt einer solchen Gerippezeichnung besteht aus dem Kontrast von Höhen- und Tallinien. Wenn die Tallinien durch Flüsse und Verkehrswege kräftig und sogar kumuliert werden, müssen die Höhenlnien sehr fein sein, am besten punktiert. Auch so entstehen klare Bilder.

Gerippelinienskizzen erreichen den optimalen Effekt in Massstäben von 1:100'000 bis 1'000'000. In grösseren Massstäben wirken solche Zeichnungen leer und verlieren den Zusammenhalt. In kleineren Massstäben müssen die Gerippelinien so stark generalisiert werden, dass sie z.T. nicht mehr charakteristisch sind.

2.5   Vegetation

Schweizerische Kartographen, geprägt von der Dominanz der Geländeformen, neigen dazu, der Darstellung der Bodenbedeckung in einer topographischen Karte wenig Beachtung zu schenken. Anders in vielen Kartenwerken der Länder, in denen ebenes Terrain vorherrscht und die Vegetation oft die besten - wenn nicht einzigen - Anhaltspunkte zur Orientierung im Gelände bietet.

2.51   Vegetation in grossen Massstäben

Grosse Massstäbe, die bereits in den Bereich der Grundbuchpläne fallen (1:2'000 und grösser) böten eigentlich am meisten Platz für detaillierte Aussagen zur Bodenbedeckung, aber die Probleme der Nachführung haben dazu geführt, dass die Gartenanlagen und Einzelbäume, die in alten Grundbuchplänen noch enthalten waren, verschwunden sind. Einzig Waldsäume und Heckenzüge werden noch durch spezielle Konturen angegeben.

Für die amtliche Vermessung sind grosse Veränderungen im Gange. Die elektronische Aufnahme, die heute die Messwerte direkt registriert und eine Auswertung im Computer erlaubt, wird auch für die Speicherung, Verarbeitung und Datenausgabe d.h. die Zeichnung von Karten über den Plotter, verwendet. Dabei werden neben den klassischen Angaben der Parzellengrenzen und -nummern, der Hausgrundrisse und -nummern auch weitere Informationsebenen eingeführt, mit Daten der **Bodennutzung (Bauzonen u.ä., Vegetation)**, **der technischen Werke (Leitungen aller Art)** und **topographischen Angaben**. Die Einführung für die ganze Schweiz wird allerdings längere Zeit dauern, nachdem seit der Einführung des Zivilgesetzbuches und den zugehörigen Instruktionen von 1919 es noch nicht gelungen ist, die Grundbuchpläne fertig zu erstellen.

2.52   Vegetation in mittleren Massstäben

In den Massstäben 1:25'000 bis etwa 1:200'000 wird der Darstellung der Vegetation von Land zu Land eine recht unterschiedliche Bedeutung beigemessen. In einem gebirgigen Land, wie der Schweiz, wo die Reliefformen dominieren, wird meist nur der **Wald** in einer flächenhaften Signatur oder als eigene Farbe dargestellt. Eine weitere Unterscheidung dient nur Spezialformen (z.B. die offenen Wälder der Wytweiden im Jura, die Kastanienwälder im Tessin), oder es werden Hecken, Baumgruppen und Rebberge mit besonderen Zeichen erfasst. In der schweizerischen Landeskarte 1:25'000 werden zudem noch die Obstbaumgärten und die Baumschulen dargestellt. Als Vegetationsangabe kann auch die Signatur für Sumpf und Moore betrachtet werden, obwohl sie im Blau des Gewässertons gedruckt wird.

Ausländische Karten stellen die Vegetation wesentlich detaillierter dar, so geben deutsche Karten auch Gartenareale und Parks an, und sie unterscheiden mittels Signaturen in den Waldflächen Nadel- und Laubwälder. Noch weiter gehen die topographischen Karten im Gebiet des ehemaligen Warschauer Paktes. Sie geben neben der Waldart (mit Signaturen) in Zahlenkombinationen auch die durchschnittliche Stammhöhe, den mittleren Stammdurchmesser und den mittleren Abstand der Stämme an, dies vor allem als Information von militärischem Wert. Häufig wird auch in topographischen Karten unterschieden zwischen **Acker- und Wiesland**, meist so, dass Akkerland ohne spezielle Signatur belassen wird, und das Wiesland mit einem sehr leichten Farbton oder kleinen Signaturen gekennzeichnet wird. Spezielle Ackerkulturen wie Reis oder Olivenhaine verlangen eigene Signaturen. In holländischen Karten werden die Glashäuser für die Gemüse und Blumenproduktion, die ebenfalls zur Vegetation gerechnet werden können, mit eigenen Zeichen dargestellt. Amerikanische Karten, die sich ja über die verschiedensten Klimazonen vom ariden Innern bis zu den Everglades in Florida erstrecken, weisen dementsprechend zahlreiche Zeichen auf.

Die Gründe pro und kontra Unterscheidung von Laub- und Nadelwald sollen hier kurz angeführt werden, um zu zeigen, dass über Karteninhalte nicht von den Kartenautoren allein, sondern in erster Linie von den Bedürfnissen der künftigen Benützer her entschieden wird, wobei die technischen Belange ebenso zu berücksichtigen sind:

- Die topographische Aufnahme der Wälder getrennt nach Holzarten ist zu aufwendig. Die Nachführung muss auch im Waldinnern erfolgen und kann nicht auf die Waldränder beschränkt bleiben.
- Die Luftaufnahme, im besonderen die Farbaufnahmen haben diese Einwände entkräftet. Die Holzarten eines Waldes verändern sich nur sehr langsam.

- In Ländern mit Kahlschlagwirtschaft mögen Detailangaben wichtig sein, da grössere Waldstücke mit artreinen Beständen und gleichem Alter den gleichen Charakter aufweisen.

- Die Plenterwirtschaft im schweizerischen Mittelland mit den Mischwaldbeständen erlaubt eine Unterscheidung der Bestände in mittleren Massstäben bereits nicht mehr.

- Militärische Bedürfnisse verlangen aber eine Unterscheidung nach Baumarten, da die Möglichkeiten der Deckung sehr unterschiedlich sind, sei es zu verschiedenen Jahreszeiten oder je nach Baumarten, z.B. Legföhrenwälder in den Alpen.

- Anderseits verfügt die Armee heute über gute Aufklärungsmittel, auch aus der Luft, die der Truppenführung jederzeit zusätzliche aktuelle Informationen zu den Karten liefern kann.

- Die Vorherrschaft des Geländes, der Felszeichnung und Gletscherdarstellung ist eine Folge des überwiegenden Interesses der Geographie des 19. Jahrhunderts an Geomorphologie und Glaziologie und der Entdeckung der Hochalpen. Heute stehen eher die Probleme der Umwelt und damit Klima, Gewässer und Vegetation, sowie die kulturgeographischen Fragen im Vordergrund. Deshalb sollten auch die topographischen Karten sich vermehrt solcher Aussagen annehmen.

- Der Wald und die übrige Vegetation können nicht beliebig differenziert werden, da die Unterscheidung nur mit *Signaturen* möglich ist und das Kartenbild nicht zu sehr belastet werden darf. Signaturen sind zudem vielfach aus Ansichten abgeleitet (z.B. die "Bäumchen" der deutschen Karten und damit im Grundrissbild der Karte ein fremdes Element. Werden Signaturen in der Situationsfarbe gedruckt, so sind sie zwar deutlich lesbar, stören aber den übrigen Inhalt, werden sie farbig gedruckt, so sind sie in Schattentönen schlecht lesbar.

2.53   Generalisierung der Vegetation

Der Kartenbenützer hat die Generalisierung der Vegetation in einer Karte vor allem bei der Beurteilung von Walddarstellungen zu beachten.

Generalisiert wird in erster Linie damit, dass ganze Kategorien von Aussagen in kleineren Massstäben weggelassen werden. So verschwinden bereits in den Landeskarten 1:50'000 die Obstbäume, ab 1:100'000 wird nur noch der Wald dargestellt, also keine Rebflächen und keine Büsche, etc. mehr.

Der Wald selbst muss aber ebenfalls generalisiert werden durch die Vereinfachung der Konturen, das Weglassen zu kleiner Waldstücke, das Vereinigen von Kleinflächen, wie Lichtungen und den Verzicht auf die Darstellung von Sonderformen, wie z.B. offener Wald. Schmale, aber für die Orientierung wichtige Waldsäume, müssen verbreitert werden, damit sie im Endmassstab noch lesbar sind.

Die Geographin, die Landschaftsfragen bearbeitet, tut deshalb gut daran, sich gründlich zu überlegen, wie weit die dargestellten Waldränder als Landschaftselement der Wirklichkeit noch entsprechen, wenn er sie z.B. für ein Landschaftsinventar benützt.

2.54   Vegetation in kleinen Massstäben

Seit einigen Jahren beobachtet man einen Wandel der Ansichten über die Darstellung der Vegetation in kleinen Massstäben: War es bis zur Mitte der sechziger Jahre noch üblich, in Massstäben 1:200'000 und kleiner auf Vegetationsangaben zu verzichten, so enthalten moderne Karten zunehmend mehr Informationen zur Vegetation. Je nach angesprochenem Benützerkreis kann dies verschiedene Gründe haben:

- Strassenkarten enthalten zunehmend neben einer Schummerung auch die Waldflächen, da Waldgebiete immer mehr als Ausflugsziele gewählt werden.

- Länder-, Kontinent- und Weltkarten geben die Vegetation bestimmter Zonen an, weil der Kartenleser meist ein touristisches Interesse hat und sich deshalb mehr dafür interessiert, ob er Wüste oder Urwald zu erwarten hat, als für die Höhenlage über dem Meeresspiegel.

- Aus den Angaben zur Vegetation lassen sich auch Rückschlüsse über die klimatischen Verhältnisse ziehen, so wird eine Signatur für tropischen Regenwald wohl immer mit feuchtheissem Klima, eine Signatur für die nördliche Tundra mit kalten Wintern gleichgesetzt werden.

- In Schulatlanten werden die physischen Länderkarten entweder mit Informationen über die Vegetation ergänzt, oder aber durch neuartige Karten ersetzt, die keine Hypsometrie mehr enthalten und die Schummerung mit Klima- oder Vegetationszonen ergänzen, und damit dem zunehmenden Interesse der Schule an Umweltfragen Rechnung tragen.

Eine erste Arbeit in dieser Richtung war der Atlas von *De la Rue* in London, der zum Firmenjubiläum der bedeutenden Banknoten- und Wertschriftendruckerei von CHARLES ROSNER in Auftrag gegeben und um 1960 bei Kümmerly & Frey erstellt wurde. GEORGES GROSJEAN fertigte dazu aufgrund umfangreicher Versuche Skalen für Länder- und Kontinentskarten an, deren Farben assoziativ zu den verschiedenen Klimata in Beziehung standen. Für die politischen Karten wurde erstmals ein Farbmosaik entworfen, das nicht mehr auf eine möglichst grosse Trennung der einzelnen Staatenfarben achtete, sondern ebenfalls nach Klimazonen vorherrschende Farbtöne verwendete. Um die im Spektrum nahe beieinanderliegenden und meist gebrochenen Farben besser zur Geltung zu bringen, wurden die Meere nicht mehr im allgemein üblichen Hellblau gedruckt, sondern es wurde auf einen Vorschlag des Graphikers HANS HARTMANN ein dunkles stumpfes Blaugrau verwendet. Der Atlas wurde später erweitert, mit einem ausführlichen Kommentar von GEORGES GROSJEAN und MAX SCHÜRER (astronomischer Teil) versehen und kam als *K+F Atlas* in den Handel (1970).

In diesem Kartenwerk wurden die einzelnen Farbtöne noch mit traditioneller Masken- und Rastertechnik erstellt, aufgrund eines Farbatlasses, der alle möglichen Farbkombinationen der drei Druckfarben Rot, Gelb und Grün, die für die Vegetationstöne zur Verfügung standen, wurden die einzelnen Klimazonen bestimmt:

- Arktische und Hochgebirgsklimate: Grau-Weisston
- Kühlgemässigte Klimate: Gelb
- Subtropische Klimate: Hellorange
- Aride Klimate: Dunkelorange
- Feuchte Klimate: Helles Weinrot

Zur Begründung der Farbskala wurden sowohl vegetations-, als auch klimabedingte Gründe angeführt. So war das Gelb der kühlgemässigten Zone von den reifen Getreidefeldern, das Rot der feuchten Klimate von den Lateritböden und Roterden abgeleitet. Die Beschränkung der Farbskala und die Forderung nach einer einheitlichen Darstellung über sämtliche Klimazonen hinweg für die ganze Erde bedeutete eine enorme Herausforderung, aber auch eine Einschränkung der Möglichkeiten, die später aufgegeben wurde, um regionale Besonderheiten besser zeigen zu können, wie etwa in der Karte der Schweiz im K+F Atlas.

Mit der Einführung der Farbscanner (Aufrasterung der farbigen Vorlage in die Grundfarben Rot (Magenta), Cyan (Blau), Gelb und Schwarz mit der automatischen Korrektur der Farbwerte) in der Reprotechnik können wieder farbige Kartenoriginale direkt aufgerastert und damit mit vertretbaren Kosten gedruckt werden. So entstand die *Weltkarte 1:36 Mio "Natur-Mensch-Wirtschaft"* von KÜMMERLY + FREY aus einem farbigen Original, das GEORGES GROSJEAN mit Farbstiften und Aquarellfarben gemalt hatte. Der Farbaufbau der Vegetationsstufen war dabei eine Weiterentwicklung der Skala aus dem K+F Atlas. Für Einzelsignaturen wurden die Zeichen montiert und kopiert, ebenso die Schrift. Der Meereston, in diesem Fall im Schelfbereich heller gehalten, wurde mit Masken erstellt. Eine Schwierigkeit gilt es beim Erstellen solcher naturnaher Karten zu beachten: Die Geschlossenheit und Harmonie des Bildes darf nicht durch eine zu bunte Palette und durch zu viele verschiedene Signaturen gestört werden, soll noch eine lesbare Karte das Ziel der Bemühungen sein.

2.55   Naturgetreue Abbilder der Erdoberfläche in mittleren und grossen Massstäben

Seit der Zeit der Landtafelmaler im 17.Jahrhundert, deren hervorrangender Vertreter in der Schweiz HANS KONRAD GYGER (Karte des Kantons Zürich 1667) war, faszinierte die Aufgabe, ein naturgetreues Abbild einer Landschaft zu erstellen die künstlerisch begabten Kartenautoren immer wieder.

EDUARD IMHOF hat in neuerer Zeit mit seiner Karte des *Walenseegebietes 1:10'000*, erstellt 1938, auch in dieser Sparte zwischen Kartogrphie und Landschaftsmalerei ein Beispiel gegeben. Es ist mehr ein Gemälde denn eine Karte, in Gouache-Farben gemalt, 200 cm hoch und 480 cm lang (als Leihgabe im Alpinen Museum in Bern) bewusst nur in Flächenfarben ohne Linien gehalten, da ein Naturbild auch keine Linien kennt. IMHOF beschreibt sein Kartengemälde:

"Der Spiegel des Sees und die anschliessenden Talebenen mit ihrem Mosaik der Fluren und Dörfer sind an schönen Sommertagen übergossen von silbernem Lichte. Ueber den Tiefen aber ragen unerhört schroff die sonnighellen schattendurchfurchten Wände der Churfirsten und der Alvierkette. Es galt, im Bilde diesen grossartigen Gegensatz nach Möglichkeit zum Ausdruck zu bringen. Im Einzelnen zeigt sich überall das Zusammenspiel von Oberflächenfarben, Vegetationsfarben, von Lichtern und Schatten, von Reflexen und luftperspektivischen Verschleierungen. Je nach Lage und Bodenunterton oder Bodenbedeckung sind die Schattentöne indischrot, braun, grau, blau oder tiefgrün. Auch Kontrasteffekte spielen mit. Selbstschatten sind oft durch Reflexlichter aufgehellt und farbig variiert, Schlagschatten aber kräftig aufgesetzt..." (Imhof, Geländedarstellung S.375).

3   MASSSTÄBE, KARTENWERKE

3.1   Allgemeines

Der Massstab einer Karte ist die Verhältniszahl zwischen den Längen einer Geraden in der Wirklichkeit zur Länge derselben Geraden auf der Karte. Der *Nenner* gibt somit die *Verkleinerung* an. Je grösser seine Zahl, desto kleiner der Massstab. Der Kartenmassstab gilt genau genommen nicht für das ganze Kartenbild, sondern nur für genau definierte Linien. Alle anderen Linien weisen abweichende Abbildungsmassstäbe auf. In Karten grosser Massstäbe für kleine Gebiete (z.B. die Schweiz im Massstab 1:25'000) sind die Differenzen aber dermassen gering, dass sie im täglichen Gebrauch vernachlässigt werden können. Bei bestimmten Kartennetzentwürfen treten jedoch Verzerrungen auf, die es nötig, machen für verschiedene geographische Breiten die unterschiedlichen Massstäbe anzugeben (z.B. für Karten in Mercatorprojektion).

3.2   Massstabsreihen

Einen idealen Massstab zur Abbildung der Erdoberfläche gibt es nicht. Die darzustellenden Formen und Zusammenhänge können vom Grossen bis ins Kleinste variieren. Jedes Teilgebiet kann durch ein unterschiedliches Zusammenspiel geprägt sein, so dass nicht für alle Länder die gleichen Massstäbe geeignet sind. Karteninhalt und Massstab müssen in einem günstigen Verhältnis zueinander stehen. Die Kosten der Kartenherstellung sind hoch. Sie müssen deshalb auch in einem tragbaren Verhältnis zur Kartenaussage stehen. Anderseits sind die Anforderungen und Voraussetzungen der Benützer sehr verschieden, der eine braucht möglichst viele Detailangaben, der andere benötigt nur eine Übersicht über ein grosses Gebiet. Das Blattformat einer Karte wird bestimmt von den technischen Möglichkeiten der Druckmaschine, aber auch der Benützer muss ein noch handliches Blatt erhalten. Kann ein Gebiet nicht mehr auf einem Blatt handlicher Grösse dargestellt abgebildet werden, so sollte es in mehrere Teilblätter zerlegt werden. Teilblätter wiederum sollten sich zusammensetzen lassen. In die Vielfalt der möglichen Massstäbe muss also Ordnung gebracht werden.

Die offiziellen Karten der Staaten werden deshalb immer in bestimmten *Massstabsreihen* hergestellt. Für bestimmte Zwecke werden dann über Vergrösserung und Verkleinerung Zwischenmassstäbe erstellt. Die Grundmassstäbe einer Reihe sollten sich mittels photographischer Vergrösserung und Verkleinerung berühren können, z.T. überlagern. So ist es möglich eine schweizerische Landeskarte 1:25'000 auf die Hälfte zu reduzieren und noch ein gerade lesbares Bild 1:50'000 zu erhalten. Für den allgemeinen Gebrauch muss aber die reduzierte Karte generalisiert und neu erstellt werden.

Im Vergleich zwischen den Massstabsreihen verschiedener Staaten ist zu beachten, dass ein bestimmter Massstab noch keine eindeutigen Schlüsse auf die Dichte des Inhalts zulässt. Einzig die Grenzen der Wahrnehmung können nicht umgangen werden. Für den Inhaltsreichtum eines Massstabes, oder anders ausgedrückt für den Grad der Generalisierung, sind neben den verschiedenen *nationalen Traditionen* vor allem die *Verwendungszwecke* massgebend.

Reine Militärkarten enthalten Details, die für die taktische Gefechtsführung im Felde und für die Bewegung schwerer Mittel (Panzer, Artillerie) nötig sind, während topographische Karten, die dem allgemeinen Gebrauch offen stehen, viel mehr Gewicht auf ein ausgewogenes, auch dem Laien verständliches Bild legen.

In den meisten Ländern hat sich, oft nach langer Diskussion die Massstabsreihe durchgesetzt:

1:5'000	für Grundkarten (Aufnahmekarten); in der Schweiz wird dieser Massstab als
1:10'000	Übersichtsplan der Grundbuchvermessung bezeichnet.
1:25'000	
1:50'000	für die eigentlichen topographischen Karten, militärische und zivile
1:100'000	
1:200'000	
1:500'000	für die Übersichtskarten
1:1'000'000	

In den angelsächsischen Ländern werden in älteren Karten noch ungerade Massstäbe verwendet, die sich aus dem Verhältnis zwischen Meile (als wirkliche Distanz) und Zoll (Inches als Kartenmass) ergeben, z.B. 1/4 Inch-Map heisst 1/4 Inch auf der Karte entspricht einer englischen Landmeile in der Natur, was einem Verkleinerungsverhältnis von 1:253'440 gleich ist. In Grossbritannien ist man seit dem 2. Weltkrieg trotz des weiteren Gebrauchs der englischen Masse zu metrischen Massstäben übergegangen. In den USA hat man die Massstäbe gerundet, aber nicht ganz angepasst (z.B. 1:24'000).

3.3   Massstäbe schweizerischer Grundbuchpläne

3.31   Grundbuchpläne grösser als 1:5'000

Die offiziellen Planwerke der *amtlichen Vermessung* in der Schweiz (*Grundbuchvermessung*) bestehen aus den Grundbuchplänen (= Katasterplänen) und den Übersichtsplänen. Der *Grundbuchplan* dient als Grundlage für die Erstellung und Nachführung des Grundbuches, des amtlichen Verzeichnisses der Eigentumsverhältnisse an Grundstücken. Seine Rechtsgrundlage ist das *Schweizerische Zivilgesetzbuch von 1912*, zusammen mit einer Reihe von Ausführungserlassen und weiteren Vorschriften (Instruktionen). Er enthält die Eigentumsgrenzen, die Gebäude, die Waldgrenzen und als Nomenklatur die Flurnamen, eventuell Strassennamen, die Parzellen- und Hausnummern, die Vermessungs- und Grenzpunkte. Der Massstab richtet sich nach der Intensität der Bodennutzung:

1:250	in dicht bebauten Städten
1:500	für städtische Quartiere
1:1'000 und 1:2'000	in ländlichen Gebieten
1:5'000 und 1:10'000	genügen im Berggebiet.

Die traditionellen Grundbuchpläne enthalten keine Geländedarstellung. Die technischen Arbeiten einer *Grundbuchneuvermessung* liefen bei der manuellen Aufnahme wie folgt ab:

- Die Eigentumsgrenzen werden aufgrund alter Pläne, Register oder schriftlicher Grundbucheintragungen definiert, und eine Begehung in Anwesenheit der Eigentümer wird durchgeführt.
- Die festgelegten Grenzen werden mit Pflöcken und anderen Hilfsmitteln sichtbar gemacht.
- Die Verpflockung wird öffentlich aufgelegt. Alle Interessierten können prüfen, ob der Grenzverlauf korrekt verpflockt ist. Sie können Einsprache erheben.
- Mit verschiedenen zugelassenen Grenzzeichen wird die Grenze definitiv markiert, vermarkt. Man verwendet dazu Marksteine, Messingbolzen und Grenzzeichen aus Kunststoff, dort wo sich der Transport schwerer Steine nicht lohnt (Alpgebiete).
- Mit Hilfe der Triangulationspunkte bestimmt der Geometer ein Netz von Basispunkten, von dem aus die Detailaufnahme durchgeführt wird. Die Datenverarbeitung ist heute schon weitgehend automatisiert, die Berechnung erfolgt auf dem Computer, nach den Bestimmungen der *"Sammlung der Erlasse und Vorschriften über die Grundbuchvermessung"*.
- Anhand der Koordinaten der Parzellengrenzpunkte werden die Flächen berechnet und ausgeglichen.
- Die berechneten Punkte werden mit Hilfe von *Koordinatographen* von Hand oder automatisch in den Plan übertragen. Die Pläne werden von Hand oder auf automatischen Koordinatographen gezeichnet.
- Das kantonale Vermessungsamt überprüft die Arbeit auf Vollständigkeit, Richtigkeit und Einhaltung der technischen Vorschriften (*Verifikation*).
- Das Vermessungswerk wird öffentlich aufgelegt.
- Nach der Anerkennung durch Kanton und Bund erhält das neue Vermessungswerk Rechtskraft.

Der Prozess der Rechtssicherung hat sich mit den neuen Methoden nur wenig verändert, der technische Ablauf hat aber grundlegende Veränderungen erfahren:
- Die Standpunkte der Tachymetrieteodolithen werden mit GPS bestimmt, die Daten aller aufgenommenen Punkte automatisch registriert.
- Ergänzende Informationen werden digitalisiert oder direkt digital eingegeben.
- Die Berechnungen erfolgen vollständig im Computer, die *fertigen Daten bilden das rechtsverbindliche Original.*
- Verifiziert durch die Aufsichtsbehörde werden die Datensätze.
- Die Ausgabe erfolgt über Plotter oder Printer. Massstäbe, Ausschnitte und Datenauswahl können frei gewählt werden.

In der über 100 jährigen Geschichte der amtlichen Vermessung mussten die bestehenden Werke immer wieder dem technologischen Fortschritt angepasst werden. In der Regel wurden anerkannte Werke nicht von Grund auf neu erstellt, sondern über das Erneuerungsverfahren angepasst. So werden Pläne, welche die Genauigkeitsanforderungen erfüllen, digitalisiert, d.h. über einen präzisen Scanner eingelesen, korrigiert, in Vektorfiles umgesetzt und gespeichert. Die schweizerischen Vermessungswerke sind heute auf folgendem Stand (Flächenanteile):

- 6.4 %   *AV 93*   Vollnumerische Vermessung, LIS konsistenter Datensatz gemäss Verordnung über die amtliche Vermessung und Technische Verordnung über die amtliche Vermessung ab 1993
- 6.2 %   *VN*   Vollnumerischer CAD Datensatz (1985 - ca 1994)
- 3.9 %   *PN*   Provisorische Numerisierung, Digitalisierung alter Pläne
- 17.5 %   *TN*   Teilnumerische Werke (Fix- und Grenzpunkte numerisch, 1970 - 1993)
- 23.0 %   *HG*   Halbgraphische Werke (Fixpunktkoordinaten bekannt, 1910 - 1970)
- 7.2 %   *GR*   Graphische Werke (ohne numerisch bekannte Fixpunkte, bis 1930)
- 13.1 %   *provisorische Vermessung*
- 18.9 %   *nicht vermessen,* vorwiegend alpine Flächen
- 4.0 %   *Gletscher, Seen*

3.32   Grundbuchpläne kleiner als 1:5'000

Der *Übersichtsplan 1:5'000* und *1:10'000* enthält in der Regel die Situation (Bebauung und Verkehrsnetz) das Gewässernetz, die Geländedarstellung mit Höhenkurven (Aequidistanz 10 m), die Bodenbedeckung (nur Wald, Rebberge, Hecken und Einzelbäume ausserhalb des Baugebietes, Parkanlagen, nicht aber Gartenbepflanzungen im Baugebiet), die Vermessungsfixpunkte und die Hoheitsgrenzen, teilweise oder als Aufleger auch die Parzellengrenzen und -nummern. Er dient als Übersicht über die Gemeindegebiete, ferner der Technik (Leitungspläne, Bauprojekte u.ä.), der Verwaltung, der Wirtschaft, der Raumplanung und der Wissenschaft. Der Übersichtsplan erfüllt hohe Anforderungen an die Genauigkeit.

Die Pläne sollten ursprünglich basierend auf den Grundbuchplänen mit dem Messtisch ergänzt werden. Die schleppende Erstellung der Grundbuchpläne und die Verbesserung der Photogrammetrie erlaubten später und besonders in weniger intensiv genutzten Gebieten den Einsatz von Luftbildern, bei gleicher Genauigkeit. Bis zum Massstab 1:10'000 können Strassen mit über 7 m Breite noch grundrissgetreu dargestellt werden. Schmalere Strassen, die als Doppellinie gezeichnet werden sollen, sind bereits nicht mehr massstäbliche Signaturen. Häuser werden im Vollton schwarz dargestellt. Um Eintragungen besser vornehmen zu können, wurde eine transparentere Darstellung und mehr Detailangaben gewünscht. Einzelne Kantone und Gemeinden sind deshalb dazu übergegangen, die Planoriginale in 1:2'500 zu erstellen, die Häuser zu rastern und Parzellen- und Hausnummern einzutragen. Nach der Reduktion auf 1:5'000 kann so ein sehr detailliertes Bild erzielt werden, das gut Eintragungen erlaubt. Andere Kantone (z.B. Bern) haben die Originale 1:10'000 auf 1:5'000 vergrössert und mit Auflegern der Parzellengrenzen und -nummern versehen. Die Situation wurde dabei leicht aufgerastert, um die feinen Grenzen im Vollton gut sichtbar zu machen.

Der Übersichtsplan wurde zuerst als einfarbiges Original im Endmassstab auf masshaltigen Zeichenkarton oder auf Transparentfolien gezeichnet oder auf Folie graviert. Heute wird das gezeichnete oder gravierte Original durch die Übernahme der digitalen Daten in die gescannten Blätter nachgeführt. Da diese Daten nicht generalisiert werden, ist zu befürchten, dass das fertige Kartenbild an kartographischer Aussagekraft verlieren wird. Die Übersichtspläne wurde zuerst gemeindeweise erstellt. Heute entsprechen sie meist einem Viertel (1:10'000) oder einem Sechzehntel (1:5'000) eines Landeskartenblattes und übernehmen auch deren Numerierung, z.B. 1147.3 für das Südwestblatt 1:10'000 im Blatt 1147 Burgdorf der LK 1:25'000. Kommerzielle Stadt- und Ortspläne werden vielfach auf der Grundlage der Übersichtspläne erstellt.

Alle digitalisierten Pläne können heute über die Grundbuchgeometer (1:1'000, 1:2'000) als Pixel- oder Vektordateien oder über die Vermessungsämter (1:5'000 und 1:10'000) als Pixeldateien bezogen werden

3.33   VAV und TVAV (1993)

Der Durchbruch der neuen elektronischen Geräte und Techniken hat dazu geführt, dass die Grundbuchvermessung in Schritten angepasst wurde. Seit 1993 werden vollnumerische Datensätze inklusive der Topologie erstellt, gemäss der *Verordnung über die amtliche Vermessung* und *der Technischen Verordnung über die amtliche Vermessung*.

Die ganzen Datensätze werden elektronisch in verschiedenen Ebenen abgespeichert, z.B.:

Ebene 1   *Netz und Fixpunkte*
Ebene 2   *Bodenbedeckung:* Gebäudeflächen, Strassen, Bahnareal, offene Flur, Wald, Gewässer und vegetationslose Flächen. Innerhalb dieser Kategorien wird eine weitere Feingliederung vorgenommen.
Ebene 3   *Einzelobjekte und Linienelemente:* Einzelne Bauwerke (z.B. Mauern, Brunnen, Kamin) und Linien wie Trottoire, Verkehrsinseln und punktförmige Elemente (z.B. geschützter Einzelbaum).
Ebene 4   *Nomenklatur:* Lokalnamen
Ebene 5   *Grundeigentum:* Parzellengrenzen und -nummern, Flächen, Eigentümer
Ebene 6   *Dienstbarkeiten:* Selbständige und dauernde Rechte und Stockwerkeigentum sind Teile des Grundbuches. Sie werden geometrisch dargestellt.
Ebene 7   *Oeffentlich-rechtliche Eigentumsbeschränkungen:* Nutzungszonen, Baulinien, Schutzzonen, Beitragszonen u.ä.
Ebene 8   *Unterirdische Leitungen:* Werkleitungen aller Art (Elektrizität, Gas, Wasser und Abwasser, Telefon, Oel, eingedohlte Gewässer
Ebene 9   *Höhen:* kotierte Höhenpunkte und Geländekanten für digitale Geländemodelle
Ebene 10   *Bodennutzung:* Informationen über die effektive Bodennutzung (Siedlung, Verkehr, Landwirtschaft, Wald) mit feineren Angaben für die Raumplanung
Ebene 11   *Administrative Einteilung:* verschiedenste administrative Einteilungen können mit ihren Grenzen und Namen erfasst werden.

Das ganze System wird damit über die Vermessung hinaus zu einem eigentlichen *Land-Informations- System (LIS).* Da sämtliche Ebenen beliebig miteinander verknüpft werden können und die ganzen Daten elektronisch gespeichert verfügbar sind, ergeben sich bisher ungeahnte Möglichkeiten des Einsatzes, aber auch Probleme der Nachführung und des Datenschutzes.

Es darf nicht vergessen werden, dass die Probleme der Langzeitspeicherung elektronischer Daten (50 - 100 Jahre sind erforderlich) noch nicht gelöst sind. Für Geographen am bedenklichsten ist der Umstand, dass Mutationen den Originaldatensatz verändern können, d.h. frühere Zustände können u.U. nicht mehr rekonstruiert werden. Damit würde der Grundbuchplan als wichtiges Element der Siedlungsforschung ausfallen!

3.4   Masstäbe schweizerischer topographischer Karten

3.41   1:25'000

Die Landeskarte 1:25'000 ist heute der grösste Massstab, der vom *Bundesamt für Landestopographie (L+T)* lückenlos für das ganze schweizerische Territorium aufgenommen, bearbeitet und herausgegeben wird.

Der Massstab 1:25'000 wurde erstmals im 19. Jh. gewählt, um die Gebiete des Mittellandes und des Juras topographisch aufzunehmen als Grundlage für die Erstellung der Dufourkarte 1:100'000. Die grosse Dichte der Kartenelemente, die aufzunehmen waren (Siedlungen, Verkehrsnetz, Höhenkurven mit 10 m Aequidistanz hätten eine Feldaufnahme in einem kleineren Massstab zu diffizil werden lassen (Für das Alpengebiet, mit geringeren Genauigkeitsanforderungen, begnügte man sich mit 1:50'000.). Die ersten Aufnahmeblätter waren aber nicht zur Veröffentlichung bestimmt. Als ihre Herausgabe als *topographischer Atlas der Schweiz* (unter der Leitung von Oberst HERMANN SIEGFRIED, deshalb *Siegfriedkarte*) beschlossen wurde, mussten die Blätter alle ergänzt und überarbeitet werden (näheres dazu im Skript U 8 Georges GROSJEAN, GESCHICHTE DER KARTOGRAPHIE, Bern 1996).

Die Aufteilung des Landes in zwei verschiedene, nur Teile des Territoriums umfassende Massstäbe hatte schon früh zu Kritik Anlass gegeben. Eine vollständige Karte 1:25'000 wurde als zu teuer und unhandlich erachtet, eine Beschränkung auf den Massstab 1:50'000 als ungenügend für die dicht besiedelten Gebiete. Bei der Diskussion um die Erstellung einer neuen Landeskarte führten deshalb die Exponenten der verschiedenen Ansichten jahrelange heftige Diskussionen um den richtigen Massstab und erwogen den Kompromiss einer Karte *1:33'333 (3 cm-Karte).* Man hoffte in den Zwanziger Jahren, mit diesem Massstab die Eigenschaften von 1:25'000 und 1:50'000 vereinigen zu können und mit der Einsparung einer Kartenserie erhebliche finanzielle Lasten vermeiden zu können. Der Zwischenmassstab konnte sich aber nicht durchsetzen. *1:33'333* erwies sich als zu ungerade im täglichen Gebrauch. Die Massstabsreihe wies zudem zwischen 1:10'000 und 1:100'000 mit nur einem Zwischenmassstab zu grosse "Löcher" auf, die nicht mit photographischer Reduktion oder Vergrösserung überbrückt werden konnten.

Die Erstellung des Uebersichtsplans 1:10'000, der als Aufnahmekarte und Grundlage für die topographischen Folgemassstäbe vorgesehen war, kam nur sehr zögernd voran, und die zeitgerechte Nachführung mit den Mutationsplänen aus der Grundbuchvermessung war nicht zeitgerecht zu bewerkstelligen. Die Aufgabe, alle Blätter 1:10'000 nachgeführt und gedruckt vorrätig zu halten, liess sich nicht einmal für ein kleines Land wie die Schweiz bewältigen. Es lag darum nahe, den grössten gebräuchlichen topographischen Massstab 1:25'000 als Aufnahmemassstab zu bearbeiten. Die Diskussion um die Massstabsreihe der neuen Landeskarten schloss deshalb mit dem heute als richtig anerkannten Entscheid, das ganze Land in 1:25'000 und 1:50'000 herauszugeben.

Die Landeskarte 1:25'000 ist heute der *grösste Aufnahmemassstab*, der von der L+T direkt und vollständig bearbeitet wird. Die Schweiz wird heute in einem *Turnus von sechs Jahren* abschnittsweise mit Luftbildern aufgenommen und im Massstab 1:25'000 ausgewertet. Die *Jahrzahl auf dem Kartenblatt bezieht sich immer auf den Zeitpunkt der Nachführung, also das Jahr der Luftaufnahme.* Bis ein Blatt fertig nachgeführt ist, können zwei bis drei Jahre verstreichen.

Die Karte 1:25'000 wird bis heute vom Luftbild im Stereoautographen direkt digital verarbeitet. Die eigentliche Karte wird anschliessend *interaktiv am Bildschirm weiter verarbeitet* und *in acht Farben* gedruckt:
- *Sepia*: Situation, Fels, Höhenkurven im Gelände ohne Vegetation, Schrift, Rand
- *Dunkelblau*: Gewässer, Gletscherkurven, Seekonturen, Hochspannungsleitungen, Gewässer- und Gletschernamen
- *Braun*: Höhenkurven im Gelände mit Vegetation, Skilifte, Signaturen für Geländekleinformen
- *Dunkelgrün*: Waldkonturen, Einzelbäume, Hecken
- *Grau*: Reliefschattenton
- *Gelb*: Relieflichtton
- *Hellblau*: Gewässerflächen
- *Hellgrün*: Waldflächen

Die Karte 1:25'000 liegt seit 1980 vollständig vor, in 249 Blättern mit Ausdehnungen von 17.5 km in der Länge (West - Ost) und 12 km in der Breite (Nord - Süd).

Die heutige Karte 1:25'000 der Schweiz schöpft die Möglichkeiten des Massstabes nicht voll aus. Man hat zugunsten eines klaren Bildes den Inhalt gestrafft. Im Gegensatz zu deutschen oder osteuropäischen Karten, die viel mehr auf militärische Bedürfnisse ausgelegt sind, wurde in der Landeskarte 1:25'000 Raum gelassen für Eintragungen durch den Benützer.

Die Karte 1:25'000 weist zu 1:50'000 ein lineares Verhältnis von 2:1 und ein Flächenverhältnis von 4:1 auf, zum Massstab 1:10'000 ergibt sich ein etwas grösserer Sprung von 1:2.5 linear und 1:6.25 in der Fläche. Der Massstab 1:25'000 ist der kleinste Massstab, indem sich Gebäude und andere Einzelheiten lagerichtig eintragen lassen, von gewissen Ausnahmen abgesehen. Charakteristische Grundrissformen grösserer Bauten lassen sich noch grundrissgetreu abbilden. Gegenüber 1:50'000 lassen sich vor allem mehr Detailformen, wie Einzelbäume Hecken, Obstgärten, Kleinbauten (Speicher, Ofenhäuser, Bienen- und Hühnerhäuser), Feld- und Fusswege, Wegspuren, Parkanlagen usw. darstellen, und es können vermehrt Flur- und Objektnamen eingetragen werden. Für die Erfassung der Geländeformen ist wichtig, dass neben der normalen Aequidistanz von 10 m im Mittelland Zwischenkurven von 5 m, eventuell 2.5 m und Kleinformen wie Böschungen, Einschnitte, Schlipfe und Gruben als Signaturen berücksichtigt werden können.

Allerdings kann die Aequidistanz von 10 m in den Voralpen und Alpen nicht mehr eingehalten werden, weil zu dichte Kurvenscharen entstehen, die das allgemeine Kartenbild stören würden. Für diese Gebiete musste der Kurvenabstand deshalb auf 20 m erhöht werden (analog 1:50'000). Dank der grossen Fläche ist die Lesbarkeit in 1:25'000 sehr gut. In den Felsgebieten konnte man in 1:25'000 die 100 m Zählkurven durchgehend und meist gut lesbar eintragen, was in kleineren Massstäben nicht mehr möglich ist.

Die Karte 1:25'000 eignet sich dank ihrer relativ geringen Inhaltsdichte sehr gut als *einfarbige Basiskarte* für anspruchvolle thematische Karten (Planungskarten, geologische und geohydrologische, pedologische und morphologische Karten, funktionelle Karten von Stadtgebieten, Uebersichtskarten für archäologische Objekte, Orts-, Denkmal- und Naturschutzobjekte u.v.m.). In Staaten mit grossflächigem landwirtschaftlichem Anbau können auch die Anbauparzellen erfasst und detaillierte Landnutzungskarten erstellt werden. In der Schweiz und allen Gebieten, in denen noch kleinflächiger traditioneller Anbau vorherrscht (z.B. Streifenfluren in Polen und Spezialkulturen in Italien) reichen die Darstellungsmöglichkeiten des Massstabes 1:25'000 allerdings nicht mehr aus.

Die Karte 1:25'000 ist auch ein guter Massstab für die generelle Projektierung von Strassen, Eisenbahnlinien und andere Verkehrsanlagen. Sie dient als Basiskarte für regionale Uebersichten in der Raumplanung (Perimeter von Baugebieten, Kanalisationen, Hauptstränge der Versorgung und Entsorgung (Wasserleitungen, Sammelkanäle, Elektrizitätsleitungen).

Während im Flachland die Karte 1:25'000 durch die gewählte Legende ausgewogen, ja manchmal fast unterfordert ist, kann im Gebirge mit seinem sehr feinen Relief und den vielen topographischen Einzelheiten (Fels- und Gletscherpartien, Geröllhalden, Einzelblöcke, Buschwerk, Bäche und Seelein, komplizierte Waldränder oder fliessenden Uebergängen, usw.) die Dichte des Karteninhaltes bis zur äusserst genauen Erfassung des Geländes gesteigert werden. Als wissenschaftliche Grundlage kommt sie im Gebirge wesentlich besser zur Geltung als im Mittelland mit den übervertretenen menschlichen Einflüssen der Siedlung und der Verkehrswege.

3.42   1:50'000

Die Landeskarte 1:50'000 war *die* Basiskarte der neuen Landesaufnahme. Um möglichst rasch für das ganze Territorium über eine moderne genaue Karte verfügen zu können, war der Massstab 1:50'000 besser geeignet als 1:25'000 mit der sehr grossen Anzahl von Blättern und dem entsprechend hohen Aufwand in der Reproduktion. Die Karte 1:50'000 hatte von Anfang an höchsten Ansprüchen an Genauigkeit und Qualität zu genügen. Die Beschränkungen in den Details, die der Massstab bereits erfordert, waren Ansporn zu höchsten Leistungen in der Generalisierung und in der Felsdarstellung. Für die Armee ist diese Karte die Einheitskarte. Sie dient als Marschkarte, für taktische Dispositionen und muss den Anforderungen einer Schiesskarte der Artillerie genügen. Sie muss aber auch unter militärischen Bedingungen, nachts bei schlechtem Licht im Strahl einer Taschenlampe oder einer Blaulichtverdunkelung, bei Nässe und Sturm noch lesbar sein. Um diese widersprüchlichen Forderungen auf *einer* Karte erfüllen zu können, wurde das Gewicht auf eine für die Möglichkeiten des Massstabes *detailreiche Situation und Geländedarstellung* gelegt, während die Nomenklatur und Einzelheiten der Bodenbedeckung nur zurückhaltend eingetragen wurden.

Die Situation zeigt in der Regel alle verbindenden Wege und Strassen, während reine Flurerschliessungen oder Quartierstrassen nur sehr selektiv dargestellt werden. Die Bebauung kann in 1:50'000 in geschlossenen Ortschaften nicht mehr vollständig dargestellt werden. Klein- und Nebenbauten fehlen, die Zahl der Hauptgebäude muss z.T. reduziert werden, damit das Verhältnis zwischen überbauter und offener Fläche (als Schwarz-Weiss Verhältnis in Erscheinung tretend) einigermassen gewahrt bleibt. Hingegen soll der Bebauungscharakter von Siedlungen ersichtlich bleiben, in dem man in der Feinheit der Haussignaturen bis an die Grenze des Möglichen geht. Man vergleiche dazu die Darstellung von Dörfern im Mittelland mit derjenigen im Tessin oder Wallis.

Die Schrift der Karte 1:50'000 ist kleiner und feiner gehalten als in 1:25'000. Auf Flurnamen (Feldbezeichnungen, kleine Wälder, teilweise Einzelhöfe) wird verzichtet, während Ortschaften und Hofgruppen benannt werden. Baumgärten und Einzelbäume werden nicht mehr dargestellt, und auch bei Hecken und Feldgehölzen beschränkt man sich auf diejenigen, die für die Orientierung des Benützers im Gelände wichtig sind.

Die Geländedarstellung mit Kurven von 20 m Aequidistanz (in den alten Siegfriedkarten 30 m) geht für schweizerische Gebirgsverhältnisse bis an die Grenze des Möglichen. Im Gebirge entstehen an Steilhängen Kurvenscharen, die eine weitere Reduktion der Karte nicht mehr erlauben. Die dichte Kurvenscharung gibt dem Kartenbenützer aber gerade die im Gebirge wichtige Orientierungshilfe, nämlich die deutlichen Geländeformen, Runsen und Grate zu erkennen und identifizieren. Die Karte 1:50'000 ist deshalb im zivilen Gebrauch die ideale Wander- und Alpinistenkarte. Die gängigen Routen sind heute im Gelände markiert. Sofern man sich an die Wege hält, kann man die Karte 1:50'000 auch im Nebel oder bei Dunkelheit als Marschkarte benutzen. Zum Auffinden unmarkierter Einstiege oder von Wegen und Routen im Fels, können weder die Karten 1:50'000, noch diejenige 1:25'000 alle Ansprüche erfüllen, weil die Grundrissdarstellung der Karte nicht mehr genügen *kann*. Man ist auf Hilfsmittel angewiesen, die in der Form von Ansichten und Krokis besonderes Gewicht auf wichtige Einzelformen legen, die von einer bestimmten Position aus gesehen, ins Auge springen. Der Kartograph kann solche Einzelheiten im generalisierten Grundrissbild nicht mehr darstellen. Für Alpinisten gibt es deshalb die *Clubführer des SAC*, die mit speziellem Beschrieb der einzelnen Routen, mit Ansichtsskizzen oder mit Photographien und eingetragenem Routenverlauf. Die Felszeichnung der Landeskarte 1:50'000 ist ohne Zweifel eine Meisterleistung auf diesem schwierigen Grenzgebiet kartographischer Darstellung und übertrifft alle ausländischen Karten bei weitem, aber auch sie muss sich auf das Grundrissbild beschränken.

Die Lagegenauigkeit einzelner Objekte (maximal tolerierte Abweichung von der wahren Lage) beträgt in der Landeskarte 1:50'000 0.5 mm auf der Karte oder 25 m in der Natur. Damit genügte sie als Schiesskarte für die

Artillerie vor dem Übergang zur elektronischen Feuerleitung mit digitalen Geländemodellen als Grundlage für die Elementeberechnung.

Die Karte 1:50'000 wurde bis 1953 in Kupferstich erstellt, anschliessend auf Glas graviert, bis zur Einführung der Bearbeitung am Bildschirm. Die Kartenblätter zeigen ein Bild von 35 km Länge und 24 km Breite, was einem Bildformat von 70 cm x 48 cm entspricht. Sie wird in *sechs Farben* gedruckt:

- *Sepia:*　Situation, Fels, Kurven im Gebiet ohne Vegetation, Schrift, Rand, Waldränder,Hecken
- *Blau:*　Gewässer, Gletscherkurven, Gewässer- und Gletschernamen
- *Braun:*　Kurven im Gebiet mit Vegetation, Kleinformensignaturen im Gelände
- *Grau:*　Reliefschattenton
- *Gelb:*　Relieflichtton
- *Grün:*　Waldflächen

Die insgesamt 77 ½ Blätter (halbe Blätter im Grenzgebiet) liegen seit 1960 vollständig vor und werden als Folgekarten von 1:25'000 ebenfalls alle sechs Jahre nachgeführt. Für besondere Zwecke und damit ungünstige Blattschnitte vermieden werden können, werden auch 19 Blätter als Zusammensetzungen publiziert. Die Karte 1:50'000 erlaubt den Eindruck linearer und kleinflächiger Elemente (Wegnetz, Detailinformationen wie Aussichtspunkte, Steigungen, Wegzustand u.a.) ohne die Lesbarkeit der Grundkarte zu stark zu stören. Wegen der relativ dichten und feinen Situation eignet sie sich weniger als Grundkarte für thematische Detailkarten. Sobald die Eintragungen kompliziert und dicht werden, kann die Basisinformation nur noch schlecht gelesen werden.

3.43　　　1:100'000

Die grosse Meisterleistung der schweizerischen topographischen Karten im 19. Jahrhundert, *die Dufourkarte*, wurde wie viele ausländische Militärkarten dieser Zeit im Massstab 1:100'000 erstellt. Er ist im metrischen System sehr einfach und überzeugend: *1 km in der Natur ist 1 cm auf der Karte*. Während langer Jahrzehnte genügte dieser Massstab als taktische Militärkarte und als Marschkarte im Flachland und im Mittelgebirge. Es war vor allem die Entwicklung der Artillerie, die nach genaueren Karten verlangte, sodass der Massstab 1:50'000 in den Vordergrund des Interesses trat. Die Karte 1:100'000 hatte ihre allgemeine Bedeutung etwas verloren. Heute hat sie ihre Bedeutung wieder erhalten, für grossräumige Übersichten und für die Bewegungen mechanisierter Verbände. Sie dient in der Armee als taktische Karte grosser Verbände auf der Stufe Division und Brigade. Die Schweiz, mit dem benachbarten Ausland, kann in einer kleinen Zahl von Blättern dargestellt werden. Daneben bestehen drei Zusammensetzungen für die Korps im Mittelland. Die Karte 1:100'000 wurde den Anforderungen grosser Verbände und für rasche Bewegungen angepasst. Die Hauptverkehrsstrassen und die wichtigen Verbindungsstrassen werden durch die rote und gelbe Füllung der Signatur hervorgehoben.

Die Karte 1:100'000 wird durch Reduktion und Generalisierung aus dem Massstab 1:50'000 hergestellt. Die Aequidistanz wurde auf 50 Meter erhöht, da Einzelformen des Geländes nur noch eine geringe Rolle spielen. Die Hauptformen des Geländes müssen besonders herausgearbeitet werden, denn die Unterscheidung alpiner Grossformen von den mittelländischen Kleinformen ist auf einem Blatt erforderlich.

Die Situation vermag Einzelgebäude nur noch sehr selektiv darzustellen und in geschlossenen Siedlungen verlangt der Massstab eine Beschränkung auf wenige charakteristische Elemente. Die Zahl der Haussignaturen und die Auswahl des Strassennetzes in Ortschaften muss derart reduziert werden, dass nur noch von einer Aehnlichkeit der Abbildung mit der Wirklichkeit gesprochen werden kann. Die Siedlungsdarstellung mit Einzelsignaturen erreicht bereits ihre Grenze, und so kann es nicht verwundern, dass immer wieder versucht wird, zu flächenhaften Siedlungsbildern überzugehen, in denen charakteristische Elemente (z.B. Hochhäuser) mit Signaturen hervorgehoben werden. Besonders in der Bundesrepublik Deutschland beschäftigt man sich intensiv mit diesen Fragen.

Die Karte ist seit 1964 vollständig publiziert und wird wie alle anderen Landeskarten im Rhythmus von sechs Jahren nachgeführt. Es bestehen 22 1/2 Blätter und 3 Zusammensetzungen. Um die gesteigerten Anforderungen an die Kartenplastik und die zusätzlichen Informationen im Strassennetz erfüllen zu können, wird die Karte in *zehn Farben* gedruckt.

3.44　　　1:200'000

Als Uebersichtskarten für die ganze Schweiz eignen sich die Massstäbe 1:300'000 bis 1:500'000, die das ganze Territorium und das angrenzende Ausland auf einem Blatt darstellen können. Dem Vorteil der Darstellung auf

einem Blatt stehen jedoch gewichtige Nachteile beim Karteninhalt gegenüber. Weder Wald, noch Einzelhofgebiete, noch kleine Weiler lassen sich in 1:300'000 gut darstellen. Das Bundesamt für Landestopographie bearbeitet deshalb eine *Landeskarte 1:200'000 in vier Blättern*, die sich in den Berührungsgebieten stark überlappen.
Sie können leicht zu einer Gesamtwandkarte zusammengesetzt werden.

Die Karte 1:200'000 legt besonders grossen Wert auf die Darstellung des grossräumigen Reliefs. Sie wird in *15
Farben* gedruckt! Die Kartenelemente werden im Stil der grossmassstäblichen topographischen Karten dargestellt, d.h. die Situation verwendet Einzelhaussignaturen, die natürlich nur Symbolcharakter haben können. Die
Grenzen, die bei 1:100'000 diskutiert werden konnten, sind hier eindeutig überschritten. Die Zahl der Strassenklassen wurde einerseits reduziert, aber anderseits die Unterscheidung durch farbliche Differenzierung erhöht.
Die Schrift wurde nur noch teilweise in den klassischen Kartenschriften erstellt, für die meisten Namen wurden
normale Satzschriften verwendet. Die Schrift ist denn auch zu kritisieren. Die Karte in ihrer Wirkung als Ganzes
ist sehr gut gelungen, wenn man sie in den Grenzen betrachtet, die der Massstab setzt.

Die Karte 1:200'000 wird auch als photographische *Reduktion auf 1:300'000* in einem Blatt herausgegeben. Bei
Betrachten der beiden Karten werden sofort die Schwierigkeiten der rein mechanischen Reduktion ohne jegliche
Generalisierung sichtbar: Lässt sich in 1:200'000 die Karte als Ganzes und besonders die Nomenklatur noch
leicht lesen oder als Grundkarte für thematische Eintragungen nutzen (ja man könnte sich eine noch detailliertere
Situation vorstellen), so wirkt die Reduktion 1:300'000 zu fein und ist nur noch schwer lesbar. Sie kann vom
gelegentlichen Kartenbenützer ohne spezielle Kenntnisse kaum mehr ohne Lupe gelesen werden.

3.441   Schulwandkarte 1:200'000

Eine Besonderheit im Massstab 1:200'000 bildete **die *Schulwandkarte der Schweiz***. Sie war eine offizielle
Karte, die seinerzeit aufgrund eines Wettbewerbes des Eidg. Departementes des Inneren in freier Konkurrenz
entstand, aber dann vom Gewinner des Wettbewerbes, HERMANN KÜMMERLY, privat herausgegeben wurde.
Es lohnt sich, hier auf dieses Meisterwerk schweizerischer Kartenkunst, das in seiner künstlerischen Ausdrucks-
kraft immer noch nicht übertroffen ist, kurz einzugehen:

1896 schrieb das *EDI* den Wettbewerb aus. Die 49 (!) Bewerber erhielten einen Druck des Blattes IV Südost mit
Situation, Gewässernetz und Höhenkurven. Bereits einen Monat später tagte das Preisgericht, das 22 Arbeiten
begutachtete. Den ersten Preis erhielt XAVER IMFELD, knapp vor HERMANN KÜMMERLY, während
FRIDOLIN BECKER den dritten Rang belegte. Imfeld sollte auf Wunsch der Jury seinen Entwurf in einer
Farbskala überarbeiten, die derjenigen von Kümmerly angenähert werden sollte. Der zweite Entwurf entsprach
den Forderungen aber noch nicht, sodass entschieden wurde, den Auftrag für die Reproduktionsvorlage
HERMANN KÜMMERLY zu übertragen. Das Kartenoriginal, erstellt 1897/98, heute im Alpinen Museum in
Bern, ist nicht nur ein kartographisches, sondern auch ein künstlerisches Meisterwerk. Kümmerly legte sich, im
Gegensatz zu seinem Entwurf, die strenge Zucht Imfelds zu, ohne indessen den freien Künstler zu verleugnen.
Leider konnte die damalige Reproduktionstechnik, trotz *14 Farbplatten*, die Vollkommenheit des Originals bei
weitem nicht erreichen. Die Karte erhielt trotzdem höchstes Lob, von ECKERT in seiner "Kartenwissenschaft"
und vom damals in Bern wirkenden Prof. ED. BRÜCKNER, der von der "schönsten Karte der Welt" sprach.
Einen besseren Beweis für die Qualität als die Benützung in unseren Schulen während über 80 Jahren gibt es
kaum.

3.45   Kleiner als 1:200'000

Die Karte 1:300'000 wurde bereits oben erwähnt, weil sie eine direkte Reduktion aus 1:200'000 ist.

Die nächste Massstabsgruppe sind Karten 1:300'000 bis 1:600'000. Diese Massstäbe werden vor allem in der
Privatkartographie für Schulhandkarten, aber auch für Autokarten angewandt. Die L+T hat den Massstab
1:500'000 erstmals im Atlas der Schweiz bearbeitet und sich dabei an die Darstellungsart vorhandener Schulhandkarten von K+F und OF gehalten. Die Situation dieser Karte zeigt Kreissignaturen für die Ortschaften und
Flächendarstellungen für die grossen Siedlungen. Die Situation und das Kurvenbild (mit Felsdarstellung in der
gleichen Farbe) werden oft als Grundlage für thematische Karten benutzt, entweder im Originalmassstab oder in
Vergrösserungen bis auf 1:300'000.

Der kleinste Massstab, der durch die L+T betreut wird, ist *1:1'000'000*. Eine Karte der Schweiz mit angrenzenden Gebieten wurde in diesem Massstab bereits im Gefolge der Dufourkarte als Steindruck hergestellt. Diese

Karte ist 1994 abgelöst worden durch eine mit modernen Mitteln hergestellte, feingliedrige Übersicht der Schweiz und der angrenzenden Räume (Amiens, Narbonne, Split, Bratislava, Prag, Frankfurt).

Im Massstab 1:1'000'000 wird auch die **Internationale Weltkarte (IWK)** erstellt, die nach einer Anregung PENCK's 1891 durch eine Konferenz in Paris 1913 beschlossen wurde. Nach der Betreuung durch ein Zentralbureau in Southampton von 1920 bis 1953, wurden die Arbeiten seither durch das **Kartographische Bureau der Vereinigten Nationen** weitergeführt. Heute ist in einem einheitlichen Kartennetz (seit 1962 konforme konische Abbildung mit Blattschnitt von 4 Grad Breite und 6 Grad Länge) praktisch die ganze Landfläche der Erde erfasst, allerdings in z.T. unterschiedlicher Darstellungsqualität und Nachführungsstand.

3.5 Bezugsformen

Neben den beschriebenen Druckausgaben können die Karten der L+T auch digital bezogen werden. Detaillierte Angaben finden sich unter **www.swisstopo.ch**, wo auch diese Informationen bezogen wurden.

Das Angebot umfasst folgende Möglichkeiten:

3.51 Pixelkarten:

Einzelne Farbebenen für den Druck werden eingescannt. Sie geben alle Elemente wieder, die der jeweiligen linearen Druckfarbe zugeordnet sind, z.B. Strassen, Bahnen, Häuser, Schrift, Grenzen, Fels, Geröll im Schwarz. Von den Flächentönen sind der Wald und die Gewässerflächen lieferbar. Die Relieftöne nicht geliefert.
Die Auflösung beträgt 508 dpi oder 20 Linien pro mm. Damit können auch die feinsten Linien von 0.05 mm erfasst werden. Für einfache Anwendungen wird eine Auflösung mit 254 dpi oder 10 Linien pro mm angeboten, was die Dateigrössen erheblich reduziert.
Die Dateigrössen bewegen sich zwischen 1.1 MB für die Kombination aller verfügbarer Farben und etwa 50 kB für Farben mit wenig Inhalt (z.B. Seeton) für **16 km²**, wobei die Daten etwa 10-fach komprimiert sind.
Zusammensetzungen für bestimmte Aufgaben können bestellt werden.

- erhältlich sind die Massstäbe 1:25'000 **(PK25)**, 1:50'000 **(PK50)**, 1:100'000 **(PK100)**, 1:200'000 **(PK200)**, 1:500'000 **(PK500)** und 1:1'000'000 **(K1000)** und die Strassenkarte 1:200'000 **(PK200STR)**

3.52 Karten auf CD ROM

Angeboten werden die totalen Bilder der Landeskarten auf CD ROM. Diese Bilder können geladen und wie andere Bilder bearbeitet werden. Eine Verbindung zu den geometrischen Elementen besteht aber nicht.

3.53 Vektorkarten

3.521 Vector25

Die Landeskarte 1:25'000 wird gegenwärtig als **Vector25** erstellt. **Dieses digitale Landschaftsmodell der Schweiz stimmt geometrisch und inhaltlich mit der Karte überein.**

Jedes Objekt ist eindeutig identifiziert und mit der Herkunft der Daten, der Objektart und dem Nachführungsjahr erfasst. Dazu kommen optionale Angaben, z.B. für Abschnitte, welche auf Brücken oder in Tunneln verlaufen der Brückentyp oder Tunneltyp.

Vector 25 besteht aus **acht thematischen Ebenen.**

- **Strassennetz**
  Das **ganze Strassen- und Wegnetz der LK 25'000** wird entsprechend der Kartenlegende klassiert (Objektarten). Die Strassen werden als **Achsen** erfasst und bilden ein **Liniennetz**. Einmündungen und niveaugleiche Kreuzungen haben einen gemeinsamen Knoten. Abschnitte, welche nur in einer Richtung befahren werden können (z.B. Autobahneinfahrten) werden in der Fahrtrichtung erfasst. Damit ist ein Routensuchprogramm möglich. Administrative Einschränkungen (Einbahnstrasse, Fahrverbote u.a.) sind nicht enthalten.

- **Eisenbahnnetz**

Die Klassierung entspricht der LK 25'000, zeigt also die **Spurbreite**, die **Anzahl Streckengleise** (eines oder mehrere), den **Trasseeverlauf** (Strassenbahn), die **Betriebsart** (Güterbahn, Industriegleise, Mueseumsbahn). Dazu kommen Brücken und Tunnel. Verzweigungen mit Weichen werden als Knoten erfasst. Im Stationsbereich wird die Verknüpfung zwischen den beidseitigen Eingangsweichen gezeigt (nicht jedoch das ganze Gleisbild, das meist vereinfacht ist). Gerichtete Strecken gibt es nicht.

- **Übriger Verkehr**
  Diese Ebene enthält die Linienobjekte des Verkehrs, die nicht in den Ebenen Strasse oder Eisenbahnen erscheinen. Es sind dies **Luftseilbahnen, Skilifte,** aber auch die **Fähren.**

- **Gewässernetz**
  Diese Ebene enthält **Bäche, Flüsse** und **Kanäle** als **gerichtete Linien. Seeufer** sind im Gegenuhrzeigersinn gerichtet. **Inseln** sind speziell ausgeschieden. Sie können bei der Weiterverarbeitung (z.B. Zuordnung eines Flächentons) als „Löcher" verwendet werden.

  Als optionale Attribute steht die Verknüfpung mit der Gewässerschutzdatenbank des Buwal und dem hydrologischen Atlas der Schweiz zur Verfügung.

- **Einzelobjekte**
  Auf dieser Ebene finden sich **Böschungen** (dargestellt mit dem Verlauf der Ober- und der Unterkante), **Hochspannungsleitungen** und die **Einzelobjekte,** die in der gedruckten Karte verschiedenen Farben zugewiesen sind (Ruine, Kamin, Reservoir, Quelle, Wasserfall u.a.)

- **Hecken und Bäume**
  Als **Linienelemente** werden **Hecken** und **Baumreihen** dargestellt, während **Obstbäume** und **Einzelbäume** als **Punktsignaturen** gezeigt werden.

- **Primärflächen**
  Diese Ebene beschreibt die **Bodenbedeckung** in der Form von
  Linienelementen:
  Flussufer werden nach links und rechts unterschieden (immer in der Fliessrichtung), Flussinseln speziell ausgeschieden. Die **Grenzen** werden aufgeteilt nach exakt (genauer Verlauf zwischen zwei Grenzzeichen) und interpretiert (z.B. Verlauf auf einem Gebirgsgrat). Bei **Seeufern** wird zwischen normalen, veränderlichen und verbauten (Ufermauern) unterschieden. **Waldränder** werden nach geschlossenen und offenen unterschieden, **Staumauerkanten** nach oben und unten.
  und **Flächenelementen:**
  Die bebauten Flächen werden bisher nur als **Siedlungsfläche** ausgewiesen, ohne weitere Unterteilung der Nutzung (z.B. Wohnen, Arbeiten u.a.). Beim **Wald** wird der **offene Wald** separat ausgewiesen. **Sumpf** wird zusätzlich unterteilt in **Sumpf mit Gebüsch, Sumpf im Wald** und **Sumpf im offenen Wald.** Dargestellt werden **See-, Fluss-** und **Gletscherflächen. Fels** wird als graue Fläche gezeigt. Die **Geröllflächen** werden nach der primären Bodenbedeckung weiter aufgeteilt (Gletscher, mit und ohne Vegetation, Wald, Gebüsch). Als Spezialkulturen werden die **Baumschulen, Obstanlagen** und **Reben** angegeben. Weitere Flächen zeigen **Pisten, Gruben** (Kies-, Lehm-, Steingruben), **Staumauern.**

- **Anlagen**
  Diese Ebene umfasst die **Bahnhof-** und **Flughafenareale** als Flächen und als Grenzlinie. Die zugehörigen Signaturen werden als Punktobjekte angegeben. Es ist vorgesehen, weitere Objekte zu ergänzen.

Es ist vorgesehen, weitere Ebenen mit den **Einzelgebäuden** und speziellen Formen (Hochhäuser) in separaten Ebenen anzubieten. Der Datensatz Vector25 liegt für die wichtigsten Ebenen (Strassen, Esenbahnen, Gewässer) fertig vor. Die übrigen Ebenen liegen im Flachland vor. Im Gebirge werden sie bis 2002 fertig erstellt.

Wer von der klassischen Kartographie her kommt, vermisst die Höhenkurven. Für die Höhenangaben wird das digitale Höhenmodell **DHM25** verwendet.

Die Daten eignen sich für Vergrösserungen bis etwa 1:10'000 und können bis etwa 1:100'000 verkleinert benützt werden. Die geometrischen Elemente der Datensätze (Achsen, Punkte, Areale) können in GIS Programmen frei attributiert werden. Damit ist der graphischen Gestaltung durch Benützer ein weites Feld offen.

3.522   Vector200

Dieses Modell basiert inhaltlich und geometrisch auf der Landeskarte 1:200'000 und umfasst das ganze Gebiet dieser Karte mit einer Fläche von 103'200 km ^{2} (Schweiz 42'000 km ^{2}), also auch das angrenzende Ausland. Vector 200 umfasst rund 80 unterschiedliche Objektarten, verteilt auf *sechs thematische Ebenen* (*Verkehrsnetz, Gewässernetz, Primärflächen, Grenzen, Gebäude und Einzelobjekte*).

Trotz den Bedenken zur Einzelhaussignatur, die für diesen Massstab beschrieben wurden, hat man eine Ebene dafür reserviert, da die charakteritischen Streusiedlungsgebiete nur mit den Signaturen gezeigt werden können; flächenhaft lassen sie sich nicht darstellen.

3.523   GG25 Gemeindegrenzen der Schweiz

Dieser Datensatz umfasst die Hoheitsgrenzen (Landes-, Kantons-, Bezirks- und Gemeindegrenzen) der Schweiz und des Fürstentums Lichtenstein. Auf zwei Ebenen werden die linearen Elemente (Grenzen und Seekonturen) mit den Namen und die Flächen (Gemeinde- und Seeareale) dargestellt. Die Daten wurden auf der Landeskarte 1:25'000 erfasst und werden heute mit den Grundlagen der amtlichen Vermessung nachgeführt.

4   ÜBERBLICK AUSLÄNDISCHER KARTENWERKE

Die neuen Technologien zur Kartenherstellung wurden weltweit entwickelt und sind praktisch überall an die Stelle des alten Handwerks getreten. Mit der digitalen Bearbeitung sind in den wichtigsten Ländern auch digitale Modelle entwickelt worden. Über die neuen Möglichkeiten der Kartographie wurde international diskutiert und geforscht. Dieses Skript zur Einführung beschränkt sich auf den Stand in der Schweiz. Da die grossen Kartenwerke eine lange Lebensdauer haben und Eigenheiten den technologischen Wechsel oft überstehen, lohnt es sich, die Karten der Nachbarländer und der wichtigen Kartenproduzenten kurz zu streifen.

4.1   Deutschland

In Deutschland lag im 19. Jahrhundert, wie fast überall, die topographische Aufnahme und die Kartenerstellung in den Händen militärischer Stellen. In Norddeutschland dominierte der Einfluss des *preussischen Generalstabes* (Preussische Landesaufnahme), während in Süddeutschland die einzelnen Teilstaaten (Baden, Bayern u.a.) auch zivile Stellen beteiligten. Nach dem Ersten Weltkrieg wurde das Reichsamt für Landesaufnahme geschaffen, unter dessen Aufsicht und nach dessen Normen dezentrale Abteilungen arbeiteten. Bekanntestes einheitliches Kartenwerk war die einfarbige, in Kupfer gestochene *Karte des Deutschen Reiches 1:100'000*. Die deutsche Militärkartographie wurde zum Vorbild für die offiziellen Karten mehrerer Staaten. Im Zweiten Weltkrieg erstellten deutsche Militärstellen Generalstabskarten grosser osteuropäischer Räume, unter Verwendung der bestehenden Karten der besetzten Staaten.

Nach dem Zweiten Weltkrieg wurde in der *Bundesrepublik* die Herstellung der topographischen Karten den *Landesvermessungsämtern* der neu entstandenen Länder übertragen, wobei für die graphische Gestaltung des Karteninhalts einheitliche Richtlinien gelten, während die Geländedarstellung auf die unterschiedlichen Bedingungen und Anforderungen der einzelnen Länder Rücksicht nimmt. In den einzelnen Kartenwerken bestehen vor allem im Massstab 1:25'000 noch Ausgaben mit verschiedenen Zeichenmustern (Kartenschlüssel). Einzelne Blätter gehen auf Originale aus den Jahren 1874-1890 zurück und werden heute forciert neu erstellt nach einheitlichen Zeichenmustern. Während im Flachland Norddeutschlands Darstellungen mit kleinen Aequidistanzen vorherrschen, werden im Mittelgebirge und im Alpenraum die Geländeformen mit Schattenplastik unterstützt. Beim Betrachten deutscher topographischer Karten fällt auf, dass die Kurvenscharen wesentlich mehr "geglättet und gestreckt" werden als in schweizerischen Karten gleicher Massstäbe, d.h. es werden weniger Kleinformen des Geländes gezeigt. Auf der anderen Seite wurden aus der preussischen Tradition viele Einzelsignaturen übernommen. Die deutsche topographische Karte ist in der Regel detailreicher als die entsprechende schweizerische Karte, indem sie *zusätzliche Informationen* über die *Bodenbedeckung (Gärten, Wiesen, Moore, Laub-, Nadel- und Mischwald)* und beschriftete Einzelgebäude (z.B. Forsthäuser) enthält. Sie wird aber dadurch weniger gut lesbar und die Nachführung erfolgt in längeren Intervallen als bei uns.

In Deutschland wurde mit dem *Amtlichen Topographisch-Kartographischen Informationssystem (ATKIS)* eine solide Grundlage für neue Techniken geschaffen. Das System hat einen topographischen *Vektor-Datenbestand* mit einem einheitlichen Objektartenkatalog.

Die *Massstabsreihe* umfasst folgende Karten:

*   *Deutsche Grundkarte 1:5'000*
    als zweifarbige, weitgehend grundrisstreue Darstellung mit Parzellengrenzen.
    Schwarz: Situation, Schrift, Koten
    Braun: Höhenlinien und natürliche Kleinformen

*   *Topographische Karte 1:25'000 (TK 25)*
    früher einfarbig, heute meist drei- oder vierfarbige Ausgaben nach Zeichenmuster (ZM) 81.
    Schwarz: Situation, Schrift, Koten
    Braun: Höhenlinien und natürliche Kleinformen
    Blau: Gewässer, Gletscher und Firn
    Grün: Flächenfarbe für Wald

*   *Topographische Karte 1:50'000 (TK 50)*
    als Folgekarte der TK 25 seit 1956 in grossem Stil hergestellt in vierfarbiger Normalausgabe.
    Schwarz: Situation, Schrift, Koten
    Braun: Höhenlinien und natürliche Kleinformen
    Blau: Gewässer, Gletscher und Firn
    Grün: Waldflächen
    Dazu werden teilweise weitere Farben für die Reliefdarstellung (Grau und Gelb) und für die Kennzeichnung von Strassen (Rot) verwendet.

*   *Topographische Karte 1:100'000 (TK 100)*
    Nachfolgekarte der Karte des Deutschen Reiches 1:100'000 aus dem 19. Jahrhundert. Folgekarte der TK 50, in der Reproduktion weitgehend gleich wie die TK 50.

*   *Topographische Uebersichtskarte 1:200'000 (TÜK 200)*
    wird seit 1961 durch das Institut für angewandte Geodäsie zentral hergestellt als Folgekarte aus grösseren Massstäben und in 6-7 Farben gedruckt.

*   *Übersichtskarte 1:500'000 (ÜK 500)*
    wird seit 1973 in vier Grossblättern herausgegeben. Sie ist aus der französischen Version der ursprünglich britischen World Map 1:500'000 entstanden.

*   *Internationale Weltkarte 1:1'000'000 (IWK)*
    ebenfalls vom Institut für angewandte Geodäsie herausgegeben.

Der unterschiedliche Stand der Karten und die noch nicht vollständige Publikation aller Blätter in einigen Massstäben liess seit etlichen Jahren umfangreiche Diskussionen über die zweckmässige Form der Siedlungsdarstellung aufkommen. Es wurden zahlreiche Versuche unternommen, in denen je nach Massstab ausprobiert wird, zusätzliche Nutzungsangaben (z.B. Wohngebiete, locker und dicht, Industriezonen und Gewerbeflächen in 1:25'000) darzustellen, oder die Probleme der Generalisierung durch flächenhafte Raster für die Siedlungsgebiete mit herausgehobenen hohen Bauten (Hochhäuser) zu umgehen und gleichzeitig Informationen über markante Elemente der dritten Dimension einzubringen.

In der *ehemaligen DDR* wurde nach dem Krieg ganz auf sowjetische Vorbilder umgestellt, leider nicht nur beim Zeichenschlüssel, sondern vor allem auch in der Geheimhaltung. Die Betriebe VEB Kombinat Geodäsie und Kartographie erstellten im Auftrag des Ministeriums des Inneren (Polizei) die Massstabsreihe 1:10'000 (Grund- und Aufnahmemassstab; 1:25'000, 1:50'000, 1:100'000, 1:200'000, 1:500'000 und 1:1'000'000. Erhältlich für den zivilen Gebrauch waren dabei nur die Massstäbe 1:200'000 und kleiner. Publizierte Karten wie Stadtpläne und Touristikkarten wurden teilweise *in den Lagen verfälscht* um ihre militärische Auswertung zu erschweren, eine unbegreifliche Haltung im Zeitalter der Satelliten und ihrer Möglichkeiten. Die Umstellung der Organisation, die sich neu an den Modellen der alten Länder orientieren wird, ist jetzt abgeschlossen. Die Bezugssysteme und die Blattschnitte können dank neuer Technik rasch umgestellt werden, so dass in nächster Zeit (2000) die Umstellung abgeschlossen werden kann.

4.2   Frankreich

Die Ingenieurkunst Frankreichs übte im 18. und 19. Jahrhundert einen grossen Einfluss auf die schweizerische Kartographie aus (z.B. DUFOUR). Die klassische Karte Frankreichs war bis nach dem Zweiten Weltkrieg die *Carte de l'Etat-Major 1:80'000*, hergestellt von 1818 bis 1878, eine einfarbige Schraffenkarte. Sie wurde abgelöst von der *Carte de France 1:20'000* mit Höhenlinien und der daraus abgeleiteten *Carte de France 1:50'000*. Seit 1954 wird die *Carte de France 1:100'000* hergestellt, die in der Generalisierung und mit Entfernungsangaben auf die Bedürfnisse des Strassenverkehrs Rücksicht nimmt. Sie wird heute im Massstab 1:250'000 fortgesetzt. Die Karte 1:500'000 umfasst neben Frankreich auch die umliegenden Gebiete, die im Blattschnitt der IWK enthalten sind. Herausgegeben werden die französischen Karten vom *Institut Géographique National* in Paris, das daneben auch Touristikkarten verlegt.

Französische Karten zeichnen sich - im Gegensatz zu den deutschen - durch eine weitergehende Generalisierung aus, wodurch ein klares gut lesbares Kartenbild erreicht wird, mit feiner Schrift. Die Geländedarstellung in Schattenschummerung und die Druckqualität verzichten auf Perfektion.

Die Manier, d.h. die spezielle Art und Weise Kartenelemente zu gestalten und zu kombinieren, bestimmt letztlich den Gesamtcharakter der Karte und ist von Land zu Land verschieden. Da die Kolonialmächte im 19. Jahrhundert auch die ersten Karten dieser Gebiete aufnahmen, und später die einheimischen Kartographen im Mutterland ausbildeten, weisen die offiziellen Karten der jungen Staaten in Afrika und Asien oft Aehnlichkeiten mit den Karten der früheren Kolonialmacht auf, dies gilt besonders für Frankreich und Grossbritannien.

4.3   Italien

Die wichtigste topographische Karte war lange Zeit die einfarbige *Carta d'Italia 1:100'000*, die aber im Gegensatz zu den deutschen oder schweizerischen Karten der gleichen Epoche das Relief nicht mit Schraffen, sondern mit Höhenkurven darstellte. Neuere Karten sind die Massstäbe 1:25'000 und 1:50'000. Während in den flachen Gebieten auf eine Reliefschummerung verzichtet wird, werden Gebirgsblätter in einen ähnlichen Stil wie die schweizerischen Karten ausgeführt. Die Blätter 1:50'000 sind sehr fein und detailreich gehalten.

Im *Instituto Geografico Militare* in Florenz werden auch die Karten 1:200'000, 1:250'000 und 1:500'000 bearbeitet. Eine Spezialität des Instituts ist das Tiefziehen von Karten, die auf Kunststoffolien gedruckt sind, über einem dreidimensionale Geländemodell, so dass plastische Kartenreliefs entstehen.

4.4   Österreich

Die wichtigste Karte der k.+k. Monarchie war die *Spezialkarte 1:75'000*, eine sehr detailreiche einfarbige Karte mit Böschungsschraffen, schwer lesbar im Gebirge, aber sehr geeignet für die Darstellung flacher Gebiete. Sie bildete z.T. bis vor kurzem die einzig verfügbare Karte grossen Massstabs in den Gebieten, die im sozialistischen Lager standen (Ungarn, Böhmen, Mähren, Slowakei, Galizien).

Nach dem Ersten Weltkrieg wurde im Gebiet der Republik mit der Aufnahme der Karte 1:25'000 begonnen. Daraus wurde die *Karte 1:50'000* abgeleitet, die heute als grösster Massstab vollständig vorliegt, neben der *Luftbildkarte 1:10'000*, die ein- oder zweifarbig auf der Grundlage von *Orthophotos* mit und ohne Höhenlinien erstellt werden. Der Aufnahmemassstab 1:25'000 wird nur noch als Vergrösserung aus 1:50'000 benützt. Der nächste kleinere Massstab ist *1:200'000,* der aber auch auf 1:100'000 vergrössert wird. 1961 erschien ein Blatt 1:500'000 über das ganze Staatsgebiet. Herausgeber der offiziellen Karten ist das *Bundesamt für Eich- und Vermessungswesen* in Wien.

4.5   GUS und östliches Mitteleuropa

Die Staaten des ehemaligen Warschauer Paktes haben 1953 in Sofia unter sowjetischer Führung die Massstabsreihen, die Zeichenschlüssel, aber auch die geodätischen Grundlagen (Ellipsoid von Krassowskij), die Kartenschnitte (Blätter als Gradabteilungskarten aufgrund der IWK 1:1'000'000) und die Blattnomenklatur vereinheitlicht. Die grossen Massstäbe bis 1:100'000 sind in der Zeichentechnik und in den Inhalten eindeutig auf militärische Zwecke ausgerichtet. So enthalten die Karten Angaben über die Tragfähigkeiten der Brücken (für Panzer), die Tiefe und Fliessgeschwindigkeit von Gewässern (Watfähigkeit), die Baumart, die Höhe, den mittleren Stammdurchmesser und -abstand in Wäldern (Panzergängigkeit und Deckung), die Feuerfestigkeit von Bauten und die Höhe von Böschungen (Infanteriekampf). Aus dieser Sicht kann die Geheimnistuerei verstanden werden, waren doch alle Karten grösser als 1:200'000 vertraulich oder geheim, standen also für geographische Arbeiten nicht zur Verfügung. Mit dem Verschwinden der sozialistischen Systeme gehen die einzelnen Länder wieder eigene Wege. In Polen z.B. werden die Karten vom militärischen Ballast befreit und sind frei käuflich. Es wird wieder an die Kartographietradition vor dem Zweiten Weltkrieg angeuknüpft. Der Wechsel kann dank moderner Technik rasch vorgenommen werden.

4.6   Grossbritannien

Die britische Kartographie hat während des Empires weite Teile der Welt in der Art der Darstellung und der Massstäbe beeinflusst. Das englische Massystem führte zu sehr "ungeraden" Massstabszahlen, da die Karten im Verhältnis der Meile (in der Natur) zu Inch (auf der Karte) definiert wurden (z.B.1/4 Inch Map = 1/4 Inch der Karte entspricht 1 Meile in der Natur = 1:253'440). Bereits im Zweiten Weltkrieg wurde mit der Umstellung auf gerade Verhältniszahlen begonnen, die sich heute allgemein durchgesetzt haben.

Als grösster Massstab liegt für Grossbritannien die *6-Inch-Karte (1:10'560)* vor, gefolgt von den Karten *1:25'000* und *1:50'000*. Die Massstäbe der 1-Inch-Map (1:63'360), der 1/2-Inch-Map (1:126'720) und 1/4- Inch-Map (1:253'440) sind abgelöst durch 1:50'000 und 1:250'000. In den ehemaligen Kolonien werden die alten Massstäbe aber z.T. noch heute gebraucht. Die englischen Karten sind auch in grossen Massstäben stark generalisiert, indem früh von der Einzelhausdarstellung zu flächenhaften Siedlungsrastern übergegangen wird. So können die Strassen im Innern einer Siedlung klar herausgehoben werden, und die Nomenklatur lässt sich in der ruhigen Fläche besser plazieren und auch lesen.

4.7   USA und verwandte Karten

Der Einfluss der USA wurde im Zweiten Weltkrieg begründet, als weltweit für militärische Operationen rasch Karten erstellt werden mussten. Die inneramerikanischen Karten zeigen im Vergleich zu europäischen Karten ein besonderes Bild: Die Vermessung hat das Gesicht der Siedlung und Flurteilung vorbestimmt und hatte nicht, wie in anderen Staaten, die Aufgabe, ein bestehendes Siedlungsmuster zu erfassen. Die ältere Generation von Karten, die z.T. noch heute verwendet werden, hat Massstäbe von 1:24'000 und 1:62'500 in grossen und 1.250'000 und 1:1'000'000 in kleineren Karten. Heute wird ganz auf das metrische System umgestellt (1:25'000, 1:50'000, 1:100'000, 1: 250'000, 1:500'000, 1:1'000'000). Die zivilen topographischen Karten werden vom *US Geological Survey* in Washington herausgegeben. In den meisten Ländern mit alten Karten im englischen Masssystem (Kanada, Indien, Australien, etc.) wird heute auf metrische Massstäbe umgestellt.

Besondere Verdienste um die Verbreitung der *schweizerischen Art topographischer Karten* hat auch BRADFORD WASHBURN, der Direktor des Boston Museum of Science. Aus der Zusammenarbeit mit dem Bundesamt für Landestopographie entstanden die Karten des Mount McKinley in Alaska (1959) und die grossartige Karte 1:50'000 des Mount Everest (1988), die in über 11 Mio Exemplaren gedruckt wurde.

Dem verwöhnten schweizerischen Kartenbenützer sei in Erinnerung gerufen, dass nur etwa *60 % der Landfläche der Erde in Massstäben von 1:100'000 oder grösser* kartiert sind und der Zuwachs pro Jahr etwa 1 % beträgt. *Fernerkundungssysteme und GPS* erlauben eine wesentliche Beschleunigung der Aufnahme und verarbeitung. Die Ausdrucksformen werden dabei oft den speziellen Bedürfnissen der dargestellten Gebiete angepasst (z.B. Sahara). Auch das Geographische Institut Bern hat hier Beachtliches geleistet (Kenia, Aethiopien, u.a.).

IV   THEMATISCHE KARTEN

1   GRUNDPROBLEME

Der Entwurf einer thematischen Karte wirft, zusätzlich zu den Fragen, die auch bei einer topographischen Karte zu beachten sind, weitere Probleme auf, die zu Beginn der Arbeiten gründlich zu klären sind, besonders beim Einsatz eines PC. In diesem Teil sollen einige Sachverhalte erläutert werden, aber es kann nicht darum gehen, die grundsätzlichen Begriffe eingehend zu diskutieren. Viele der folgenden Ausdrücke sind durch unüberlegte Anwendung in den verschiedensten Bereichen dermassen abgeschliffen worden, dass es sich lohnt, sie im Hinblick auf die Verwendung für den Entwurf thematischer Karten kurz zu erläutern.

Wenn eine *thematische Karte* mit Erfolg erstellt und benützt werden soll, so sind zuerst einige Grundprobleme zu diskutieren. Werden diese Fragen nicht beachtet, so kann das Resultat der Arbeit nicht nur seinen Zweck verfehlen, sondern sogar der ganzen Aussage abträglich sein. Wir leiden heute noch unter den Folgen des Bedürfnisses, mit Fremdwörtern eine banale Aussage aufpolieren zu wollen. Es wird kaum mehr ein vorläufiges Arbeitspapier erstellt, das nicht mindestens von *Philosophie, Strategie, Struktur* spricht.

Die folgenden Kategorien wurden durch GROSJEAN [1975/1] im Hinblick auf die Anwendung in der Raumplanung eingehend diskutiert. Hier sollen sie nur kurz für thematische Karten erläutert werden. Die Grundfragen der Analyse stellen sich auch bei der Anwendung computergestützter Systeme. Sobald jedoch ein Programm gestaltet werden muss, so sind die streng logischen Begriffe der Programmsprachen zwingend einzuhalten. Es ist dabei denkbar, dass Interpretationen, die sich nicht nach diesen Begriffen richten, aber trotzdem ihre Berechtigung haben, gerade im Bereiche von thematischen Karten zu kulturgeographischen Fragen, nicht im gewünschten Umfang erfasst werden können. Diese Aspekte sind zu Beginn sorgfältig abzuklären, damit nicht wichtige Aussagen verloren gehen.

1.1   Formal - funktional - funktionell - strukturell

Formal ist eine thematische Kartierung, die sich auf den *äusseren Aspekt* eines Objektes der Erdoberfläche bezieht. Formale Karten sind z.B. Siedlungskarten, welche das Material der Bauten, die Dachformen, die Höhe von Gebäuden und ähnliches zum Thema haben. Topographische Karten sind weitgehend formale Abbilder der Erdoberfläche.

Funktional ist jede thematische Kartierung, welche die *Funktionen von Geländeobjekten* zeigt, z.B. eine Siedlungskarte, welche die Funktionen Wohnen, Arbeiten, Freizeit oder Gewerbe, Industrie, Dienstleistungen unterscheidet, ebenso eine Karte kleinen Massstabes, die ganzen Ortschaften und Städten eine Funktion zuordnet, z.B. Dienstleistungszentren, Industrieorte, Landwirtschaftsdörfer.

In sehr vielen Fällen finden sich formale und funktionale Aspekte in ein und derselben Darstellung vermischt, je nach Interpretation und Legende. Eine *Strassenkarte* zeigt verschiedene Klassierungen, die *formal* (Strassenbreite, Anzahl Fahrspuren, Kreuzungsfreiheit, mit oder ohne Belag), aber auch *funktional* (Nebenstrasse, Verbindungsstrasse, Hauptverkehrsachse) sein können. Eine *Landnutzungskarte* hat ebenfalls mehrdeutige Aussagen. *Reben, Obstbau* oder *Weizenfeld* weisen sowohl auf *formale* Aspekte, als auch auf *funktionale* der Produktion hin. Streng genommen dürften als *formale* Aspekte der Landnutzung nur die dauernd vorhandenen Teile wie Wegnetz, Feldereinteilung durch die Parzellierung oder sichtbare Grenzen wie Hecken angesprochen werden. Die Nutzung selbst müsste Teil des *funktionalen* Bereichs sein. Die Unterscheidung lässt sich aber bei den meisten Themen gar nicht genau abgrenzen (z.B. bei geologischen oder pedologischen Karten, Bevölkerungskarten).

Funktionell ist jede Kartierung von *kausalen Zusammenhängen oder gegenseitigen Abhängigkeiten*. Eine Kartierung, die verschiedene Faktoren in einen Zusammenhang stellt, z.B. eine kombinierte Karte der Niederschläge *und* der Verbreitung des Getreidebaus ist demnach *funktionell*, denn die Nutzung erscheint als Funktion der Klimadaten. Es wird allerdings in der Geographie nie die exakten, genau definierten Abhängigkeiten einer mathematischen Funktion ($y=f(x)$) geben. Es muss strikte darauf geachtet werden, die beiden Begriffe *funktional* und *funktionell* nicht zu verwechseln!

Strukturell, strukturiert und *Struktur* sind als Begriffe sehr stark *abgeschliffen*. Alles hat heute eine Struktur, die Gesellschaft, der Betrieb, die Bevölkerung, das Radioprogramm, die Tapete, die Stadt. In der Nachbarschaft der Geographie haben vor allem die Sozial- und Wirtschaftswissenschaften der Struktur eine fast allgegenwärtige Anwendung zugedacht. Man spricht von Branchen-, Betriebs-, Produktions-, Markt-, Kapitalstrukturen, von Alters-, Einkommens-, Vermögens-, Bildungsstrukturen. Die Beispiele liessen sich beliebig vermehren. In anderen Wissenschaften ist der Begriff noch klar definiert, z.B. die chemische Struktur eines Moleküls, die Struktur eines Kristalls in der Mineralogie.

Sollen die Begriffe im Bereich der Geographie und damit auch der thematischen Karten wieder sinnvoll eingesetzt werden, müssen sie zuerst wieder *klar gefasst* werden.

struere (lat.) bauen
Struktur (lat.) Aufbau, Gefüge

Der Begriff an sich schliesst demnach eine breite Anwendung nicht aus. Die Abgrenzung zu den bereits erläuterten Begriffen *formal, funktional* und *funktionell* lässt es jedoch ratsam erscheinen, *Struktur* und *strukturell* auf Anwendungen zu beschränken, für die sich die anderen Begriffe nicht eignen, d.h. auf Bezüge zu *abstrakten Sachverhalten, die in der Landschaft nicht sichtbar sind*.

Formale Karten könnten demnach direkt im Feld oder aus Luftbildern erstellt werden, *funktionale* bedingten meist Abklärungen vor Ort, *funktionelle* müssten mindestens zwei Sachverhalte verknüpfen und *strukturelle* könnten nur aufgrund statistischer Erhebungen vorgenommen werden.

Bei der Wahl des Kartentitels sollte mit dem Begriff *Struktur* sparsam umgegangen werden. Es ist viel besser, den Sachverhalt bereits im Titel genau anzugeben, also besser "Betriebsgrössen" statt "Betriebsstruktur".

1.2   Absolut - relativ

In der *absoluten* Kartierung werden Daten mit ihren *absoluten Werten* dargestellt. Daten können im Raum verteilt sein, aber ihr Wert darf sich nicht durch einen Bezug zur Fläche verändern. Gute Beispiele absoluter Karten sind *Bevölkerungskarten* in denen die Einwohner mit Signaturen bestimmter Werte, z.B. für 100 Einwohner ein Punkt, für 1000 Einwohner ein flächenadäquates Quadrat, im Raum möglichst richtig verteilt werden.

In der *relativen* Kartierung werden Daten in einen *Bezug zu ihrer räumlichen Verbreitung* gesetzt. Gute Beispiele relativer Karten sind *Dichtekarten der Bevölkerung*, die angeben, wie viele Einwohner *pro km²* oder *pro ha* in einer bestimmten Fläche gezählt wurden. Alle statistischen Daten, deren gegenseitige *Abgrenzung durch ein bestimmtes* Areal erfolgt, lassen sich in Bezug zu ihrem Areal setzen und damit *relativ* kartieren.

Niemals dürfen absolute Werte direkt einer Fläche zugeordnet werden!

Es ist nicht zulässig, eine Legende mit Flächenfarben zu erstellen, die den Stufen feste Daten zuordnet (z.B. rot = 5'000-10'000 Einwohner) und dann die ganze entsprechende Gemeinde mit dieser Farbe zu belegen.

Leider tauchen immer wieder Karten auf, welche diese Grundregel missachten. Bei jeder Karte, in der Relativwerte einer Fläche zugeordnet werden, muss deshalb zuerst geprüft werden, ob ein direkter Bezug zur vorgesehenen Fläche vorhanden ist. Ist dies nicht der Fall, so sollte *die Fläche, für welche die Aussage zutrifft*, möglichst genau bestimmt werden, z.B. Bevölkerungsdichte oder relative Veränderung der Bevölkerung nur bezogen auf das Dauersiedlungsgebiet. Der zusätzliche Aufwand, der zum Bestimmen der Areale nötig ist, wird entschädigt durch eine präzisere Aussage.

Tafel 4 zeigt *Printerkarten der ersten Generation* mit der Verteilung absoluter Werte auf die Fläche und mit dem schlechten Bild, das die Verteilung relativer *flächenunabhängiger Werte* auf ganze Amtsbezirke ohne Einschränkung auf die effektiven, von der Aussage betroffenen Flächen ergibt.

Tafel 5 zeigt die Verhältnisse und Schwierigkeiten bei relativen Kartierungen exemplarisch auf.

Auch die beliebten Karten, in denen relative Veränderungen (z.B. Zu- oder Abnahme der Einwohner in Prozenten) mit Flächenmosaiken auf die ganzen Areale verteilt werden, sind unter diesem Gesichtspunkt *zweifelhaft*. Ihr relativer Bezug, nämlich die Veränderung zur Ausgangsgrösse, ist nicht an die Fläche gebunden. Die Fläche zeigt nur das Verbreitungsgebiet der berechneten Werte an. Korrekt wäre die Angabe der Veränderung bezogen auf die Fläche, also z.B. Zu- oder Abnahme der Einwohner pro km^2 oder ha (absolut oder in Prozenten). Dem kann entgegengehalten werden, dass sich eine relative Aussage (z.B. der Anteil der Ja-Stimmen einer Volksabstimmung) auf ein bestimmtes Territorium beziehen kann (z.B. Kanton) und demnach die Information korrekt ist.

Nicht vernachlässigt werden darf der Einfluss der Gestalt und Feinheit des Flächenmosaiks auf das graphische Bild der Karte. Die Bezugsflächen, meist administrative Einheiten (Gemeinden, Bezirke, Kantone), sind qualitativ und quantitativ sehr unterschiedlich. Damit wird der Generalisierungsgrad in einer Karte sehr unterschiedlich, im Mittelland mit seinen kleinen Gemeinden entsteht ein feines Mosaik, während im Voralpen- und Alpenraum grosse ungegliederte Flächen dominieren. Eine flächenmässig grosse Gemeinde (z.B. Schüpfen) erhält einen einzigen Wert, während ein gleich grosses Areal mit etwa gleicher Bevölkerung im benachbarten Amt Fraubrunnen wegen der anderen Gemeindeeinteilung etwa 10 differenzierte Flächen und damit Aussagen enthält. Damit beeinflusst der Zufall der Gemeindebildung von 1803 eine Karte, die heute erstellt wird!

Werden für eine bestimmte, auf eine administrative Fläche bezogene, absolute Daten zueinander in Beziehung gesetzt, so hat zwar alles seine gute Ordnung. Wird aber aus der Karte auf unterschiedliche Verhältnisse der ganzen Flächen geschlossen, so müssen Besonderheiten der Daten bekannt sein. Solche, wichtige Informationen lassen sich meist nicht direkt aus der Statistik ableiten. Eine *gründliche Datenanalyse* schützt vor *irreführenden relativen* Kartierungen.

Tafel 6 zeigt, wie *Mittelwerte* zu falschen Schlüssen führen können. Zwei benachbarte Gemeinden mit ungefähr gleicher Fläche hätten je 12 Landwirtschaftsbetriebe von 15 bis 20 ha Fläche. In der Gemeinde A, wo keine weiteren Betriebe existieren, ergibt sich ein Mittelwert von 16.5 ha. In der Gemeinde B werden noch 3 Gärtnereien unter 1 ha und 8 Kleinbetriebe mit 1 bis 1.5 ha gezählt, was zusammen etwa 10 ha ausmacht und für das Gesamtbild der Landschaft in dieser Gemeinde nicht von Belang ist. Der Durchschnitt der Betriebsflächen wird aber durch diese Kleinbetriebe unter 10 ha gedrückt. Die Karte der mittleren Betriebsgrössen suggeriert Unterschiede, die in der Wirklichkeit, für die Bezugsfläche als Ganzes gesehen, nicht existieren.

Um diesen Gefahren entgehen zu können, wird oft auf *einheitliche Bezugsflächen,* z.B. *Hektarraster* oder *Kilometerraster*, ausgewichen. Einheitsflächen können auch hexagonal definiert werden, was aber in der Praxis selten verwendet worden ist. Werden *absolute Werte im Raster* erfasst und dargestellt, so entsteht eine *räumlich genaue Karte der Verteilung* (z.B. die Erfassung der Einwohner mit den Koordinaten der Wohnhäuser). Allerdings müssen auch bei kleinen Rastereinheiten (z.B. Hektaren) die erhobenen genauen Wert dem Raster angepasst werden, wie es **Tafel 7** zeigt.

In vielen Fällen enthält eine Einheitsfläche noch eine Anzahl verschiedener Werte. Die einzelne Fläche kann aber nur eine Aussage machen. Es muss deshalb ein Verfahren angewandt werden, um ein *immer gleiches Auswahlprinzip* zu gewährleisten. **Tafel 8** zeigt die Anwendung des *Mehrheitsprinzips* und des *Mittelpunktprinzips* für eine Landnutzungskartierung.

Beim *Mehrheitsprinzip* werden die einzelnen Anteile innerhalb der Einheitsfläche genau ermittelt und die *ganze* Einheitsfläche der Kategorie des *grössten Anteils* zugeschlagen. Es kann in der Regel davon ausgegangen werden, dass sich die Fehler bei der grossen Zahl der Flächen ausgleichen. Das gilt allerdings nur, wenn die Zahl der verschiedenen Werte (oder qualitativen Kategorien) innerhalb einer Fläche nicht zu gross ist. Im Ackerbaugebiet der Schweiz, mit seinen kleinen Anbauparzellen, wird es kaum möglich sein, mit einer Einheitsfläche von 1 km^2 ein zuverlässiges Bild zu erhalten. Der Raster muss wesentlich feiner gewählt werden (z.B. 1 ha). Dort, wo grossflächige Anbauparzellen die Regel sind (z.B. in den USA, in Frankreich) kann die Einheitsfläche ohne Verlust der Aussagegenauigkeit grösser gewählt werden.

Das *Mittelpunktprinzip* geht ebenfalls davon aus, dass die grosse Zahl der Einheitsflächen einen Fehlerausgleich bewirkt. Als Wert für die ganze Einheitsfläche wird der Wert angenommen, der *im Mittelpunkt der Einheitsfläche zutrifft*. Das - konstruierte - Beispiel der **Tafel 8** zeigt, dass untergeordnete Kategorien zufällig überbewertet werden können (im Beispiel Strassen).

Kartierungsprogramme bergen besondere Gefahren, denn sie geben oft die Möglichkeit, absolute Werte auf Flächen zu verteilen, was *immer unzulässig* ist, wenn es sich nicht um identische oder Einheitsflächen (z.B. Hektarraster) handelt. Besonders schlimm wirken dabei die ersten Generationen von Printerkarten mit Flächen erzeugt aus Buchstabenkombinationen. Das sehr grobe Rasterbild erweckt den Eindruck eines Bezugs zu einer Einheitsfläche, der aber gar nicht gegeben ist. **Tafel 4** gibt einige Beispiele.

Die **Datenbanken** (vor allem des Bundesamtes für Statistik, BfS) erlauben einen wesentlich schnellen und einfachen Zugriff auf Grundlagenmaterial und es steht ein breit aufgefächertes Material zur Verfügung. Aber Vorsicht ist geboten:

- Alle Daten, ausser dem Hektarraster, beziehen sich in der Regel auf **Gemeinden**. Werden absolute Werte benützt, so können durch die sehr breite Streuung der Beträge zwischen kleinen und grossen Gemeinden Schwierigkeiten beim Festlegen der Skalen entstehen, da der Spielraum gegebener Graphikprogramme oft beschränkt ist. Relative Werte lassen sich in der Regel leichter darstellen, aber ihre Aussagekraft ist oft ungenügend und bei kleinen Grundeinheiten können absolut kleine Veränderungen grosse, aber nicht signifikante Relativwerte ergeben.

- Wie bereits erwähnt, hüte man sich vor einem zu starken Glauben an die Zahlen, denn auch alle Werte der offiziellen Statistiken sind mit Erhebungsfehlern belastet, oder weisen systematische Unsicherheiten auf (z.B. Fehler der Gemeindezuordnung bei postalischer Erhebung).

Tafel 7 zeigt, dass die Fragen der absoluten oder relativen Darstellung nicht nur in Karten, sondern auch in **Diagrammen** beachtet werden müssen. Beziehen sich Datengruppen auf unterschiedlich definierte Mengen, so muss das auch in der graphischen Darstellung gezeigt werden. Es ist nicht zulässig totale Prozentanteile ungleicher Gruppen mit gleich breiten Balken darzustellen. Sollen relative Werte gezeigt werden, so müssen sie sich auf eine einheitliche Basis, z.B. Jahrgänge, beziehen. Liegen relativen Darstellungen kleine Gesamtmengen zugrunde, so können bereits kleine zufällige Abweichungen das Bild verfälschen und zu falschen Schlüssen führen. Beim Vergleichen grosser und kleiner Gesamtmengen (z.B. Gemeinden) ist es besser, absolute Darstellungen zu verwenden, weil nur so die effektiven Gewichte sichtbar werden. Bei Zeichenprogrammen wird oft der Massstab, d.h. die Skala, durch das Programm selbst bestimmt. In diesem Fall kann auch der Vergleich absoluter Darstellungen leicht zu Irrtümern führen, denn es wird kaum immer zuerst die Skala gründlich gelesen.

1.3   Statisch - dynamisch

Als *statisch* bezeichnen wir Karten, die **Zustände** darstellen, als *dynamisch* solche, die **Veränderungen** zeigen. Eine Karte an sich ist statisch, denn sie kann Veränderungen oder Bewegungen nicht als **Abläufe direkt sichtbar** machen. Dies ist dem Film, dem Fernsehen oder einer **Chartshow** auf dem Computer vorbehalten. Die Karte kann aber mit **geeigneten graphischen Mitteln** dem Leser die Dynamik von Veränderungen vermitteln.

Als Beispiel soll die territoriale Entwicklung der Eidgenossenschaft gezeigt werden. Für eine solche Aufgabe, bei der bestimmten Territorien qualitative Aussagen zugeordnet werden (z.B. Übergang der Hoheitsrechte), eignen sich Karten mit Flächenmosaiken.

Die *statische* Darstellung stellt einen bestimmten Zeitpunkt dar (z.B. vor 1798). Die Raster und Farben werden für die einzelnen Orte, ihre Untertanengebiete und die zugewandten Orte verwendet. Die Karte macht keine Aussage über den Weg, der zu diesem Zustand führte und erweckt den Eindruck, die Eidgenossenschaft habe immer so ausgesehen.

Eine *dynamische* Darstellung muss versuchen, die Schritte der territorialen Entwicklung mit charakteristischen Zuwachsphasen zu zeigen. Damit können aber die internen politischen Aufteilungen nicht mehr dargestellt werden. Eine Möglichkeit bietet die Kombination: Die Farben werden wie bei der statischen Karte den Orten zugeteilt, die einzelnen Zuwachsphasen werden in der entsprechenden Farbe mit Helligkeitsstufen dargestellt (je jünger, desto heller). Eine solche Karte stösst aber bald an die Grenzen der Lesbarkeit. Mehr als vier Stufen überfordern den Benützer, besonders bei hellen leichten Farbtönen (z.B. Gelb).

Die **Tafeln 11 bis 15** zeigen exemplarisch verschiedene Möglichkeiten der Darstellung *dynamischer* Vorgänge. Territoriale Veränderungen in der Zeit können sehr gut mit **abgestuften Farb- oder Rasterflächen** erfasst werden. **Pfeile und Datumslinien** sind beliebt für militärische Karten. Man zeigt dabei die Hauptbewegungen grosser Verbände und die Frontlinien zu bestimmten wichtigen Zeitpunkten. Ähnliche Karten können Expansionsrichtungen von Siedlungen zeigen. **Fliesslinien und Datumspunkte** können bei Messungen der Eisbewegungen auf Gletschern direkt erfasst werden:

- Auf einer Ausgangslinie werden in regelmässigen Abständen dauerhafte Markierungen angebracht.
- In bestimmten Zeitabständen wird das Gelände überflogen und fotografiert oder die Markierungen werden von zwei festen Standorten aus eingemessen.
- Auf der Karte können die Punkte mit Vektoren verbunden und mit dem Messdatum versehen werden.

Diese Methode wurde von PAUL NYDEGGER für Strömungsmessungen auf Seen verwendet. Strömungssegel wurden in bestimmte Wassertiefen gesetzt, die Bojen markiert und nachts beleuchtet. Von einem Standort aus konnte die Richtung zu verschiedenen Zeitpunkten gemessen werden. Eine zweite Messstelle war nicht erforderlich, da der Schnittpunkt des Strahls mit der Seeoberfläche bestimmt ist.

Sind die Veränderungen dispers im Raum verteilt und haben vorwiegend eine zeitliche, aber keine räumliche Dimension, so können Zustand und Veränderung in gleicher Art mit unterschiedlichen Signaturen gezeigt werden, z.B. Punktkarten der Bevölkerungsverteilung mit dem Zuwachs bis zu einem zweiten Zeitpunkt. Sollen mehrere Zwischenschritte dargestellt werden, so müssen die Punkte durch Farben und Formen differenziert werden.

Veränderungen in *einer Richtung* - also nur Zuwachs oder nur Abnahme - können durch die *Unterteilung einer Figur* gezeigt werden. Sind Veränderungen *mehrerer Richtungen* zu kartieren, so können Grundfiguren für zwei Zustände halbiert werden (z.B. Halbkreise). Für eine grössere Anzahl von Zeitpunkten empfiehlt es sich, *Kartogramme* mit Stabdiagrammen zu erstellen. Dabei sollte die Bezugsfläche der Werte erkennbar sein, sei es mit Grenzlinien oder der Beschriftung jedes Diagramms.

Reine *Mutationskarten* zeigen *nur die Veränderungen*, nicht aber die Ausgangs- und Endzustände an. Dafür lassen sich Flächenmosaike, Punktkarten, Diagramme oder speziell aufgebaute Signaturen verwenden.

Statische Karten eines Zustandes lassen sich mit dem Computer am einfachsten erstellen. Sollen aber *dynamische Vorgänge* anhand der Veränderungen mehrerer Erhebungen dargestellt werden, so sind zwei Hindernisse zu beachten:

- Die Programme mit Kreisdarstellungen (Tortengraphik) eignen sich nur in wenigen Fällen, Stabdiagramme oder Flächenmosaike sind besser.
- Die rasche Entwicklung der Technik bietet oft Schwierigkeiten, indem ältere Statistiken nicht in mit heutiger Technik leicht abrufbarer Form vorliegen. Spezielle Graphikprogramme lassen zwar die gute Darstellung dynamischer Vorgänge auf dem Bildschirm zu, aber die Möglichkeiten der Ausgabe auf Druckern oder Plottern sind etwa im Rahmen dessen, was mit traditionellen Karten ebenfalls und teilweise leichter erreicht werden kann.

Ein grosses Plus hat die computergestützte Kartenerstellung dort, wo *dynamische Vorgänge in die Zukunft extrapoliert* werden müssen, oder bei *Modellrechnungen* verschiedener möglicher künftiger Zustände.

1.4 Isolierend - analytisch - komplex - synoptisch - synthetisch

Die *isolierende* thematische Karte zeigt nur *ein* Thema. Diese Karten werden oft auch als *analytisch* bezeichnet. Dies trifft aber nur zu, wenn die Karte das Thema wirklich analysiert und nicht nur darstellt, wie dies meist der Fall ist. IMHOF [1972] zieht deshalb den Begriff *isolierend* dem Begriff *analytisch* vor, während andere Autoren bei *analytisch* geblieben sind.

Isolierende Karten zeigen z.B. nur die Julitemperaturen, die Jahresniederschläge, die Geologie, die Böden, die Verteilung des Waldes. Dabei stehen alle Darstellungsmittel zur Verfügung.

Wer mit dem PC arbeitet, wird meist, weil es viel einfacher ist, *isolierende* thematische Karten bevorzugen, also nur ein Thema, dessen Grundlagen bekannt sind, graphisch dargestellt ausgeben, wie z.B. eine Karte der gemessenen Niederschlagsmengen an den Messstellen mittels Säulendiagrammen.

Ein Grundanliegen moderner Geographie ist aber das *vernetzte Denken*, und damit verbunden auch die Darstellung verschiedener Aussagen in einer Karte, also die *synoptische oder synthetische Darstellung*, damit Zusammenhänge und Abhängigkeiten gezeigt werden können. IMHOF [1972] hat die Bezeichnungen *komplexe Karten* und *koordinierte Karten* vorgeschlagen. Um klar zu unterscheiden, was in der Praxis des Kartenmachens nicht immer einfach ist, werden in diesem Skript die Begriffe verwendet

- Eine *synoptische oder koordinierte Karte* zeigt in *einer* Karte *mehrere, verschiedene Themen*, aber *ohne* weitere Zusammenführung. Die Schlüsse aus dem Zusammenwirken der Faktoren hat der Leser selbst zu ziehen, oder sie wird nur im Begleittext vorgenommen.
- Eine *synthetische oder komplexe Karte* zeigt in *einer* Karte *mehrere, verschiedene Themen, die in der Karte in gegenseitige Beziehungen* gebracht werden, oder die Karte zeigt als *Thema direkt die Ergebnisse der Zusammenhänge und Verknüpfungen*.

Werden zwei oder mehr Themen *gleichzeitig* dargestellt, so wählt der Kartenautor meist Aussagen, deren Zusammenhang gezeigt werden soll. Wird z.B. eine Punktkarte der räumlichen Verteilung der Schüler kombiniert mit den Isochronen der Wege zu den einzelnen Schulhäusern, so können entweder die Schulwegzeiten einzelner Schülergruppen erfasst oder die Verteilung und Lage der Schulhäuser zu den Wohnorten beurteilt werden. Diese Karte ist *synoptisch* oder *koordinierend*, aber noch nicht *synthetisch*.

Als Beispiel zeigt im Atlas der Schweiz die Tafel 50 die Anteile des offenen Ackerlandes an der Gesamtfläche der Gemeinden und gleichzeitig die Isolinien der jährlichen Niederschlagsmengen. Damit kann die Beziehung zwischen Ackerbau und Niederschlagsmenge hergestellt werden. Die Kausalität kommt aber nicht direkt zum Ausdruck. Der Benützer muss sie selbst sehen oder dem Kommentar entnehmen. Es handelt sich also um eine *synoptische Karte*. Ein vereinfachter Ausschnitt dieser Karte findet sich auf **Tafel 16** oben.

Werden *charakteristische Eigenschaften verschiedener Art zu neuen Einheiten zusammengefasst*, z.B. aus Höhenlage, Hangneigung, Exposition, Relieffeingliederung, Geologie, Boden, Temperatur, Niederschläge, Vegetation und Naturgefahren *Physiotope* gebildet und dargestellt, so handelt es sich klar um eine *synthetische* oder *komplexe* Karte. Für solch komplizierte Inhalte der einzelnen Flächen können nicht mehr direkt Kombinationen der einzelnen Eigenschaften überlagert werden. Es werden meist nur die Umrisse der Einheitsflächen dargestellt und die Eigenschaften in umfassenden Legenden beschrieben. Eine weitere Möglichkeit bietet die *Umsetzung in Quotienten oder die Benotung* und anschliessende Darstellung der Ergebnisse mit Flächenrastern. Für *Arbeitskarten* können die Eigenschaften der Einheitsflächen mit Codeziffern gezeigt werden. Eine solche Darstellung ist aber nur dem Autor oder mit der Materie eng vertrauten Lesern zumutbar (**Tafel 16** unten).

Im Schlussbericht der Studie **La région des trois lacs** [Murten 1968/70] Band II Conclusions werden zum Beispiel die Eignungen des Untersuchungsgebiets für die Landwirtschaft, die Industrie und den Tourismus und die Schutzgebiete einzeln erfasst. Die Abstufungen werden in *einer* Karte (Ausschnitt in **Tafel 16** Mitte) mit *überlagerten* Schraffuren zusammengefasst und so die *Konfliktgebiete* herauskristallisiert. Anstelle der Schraffuren könnten auch verschiedene reine Farben mit Abstufungen für die einzelnen Eignungen eingesetzt werden. Durch die Überlagerung würden dann die Mischfarben die Konfliktgebiete zeigen, z.B. rot für die Industrie, gelb für die Landwirtschaft und blau für den Tourismus ergäbe orange für den Konflikt Industrie / Landwirtschaft, grün für den Konflikt Landwirtschaft / Tourismus und violett für den Konflikt Industrie / Tourismus.

GRANÖ [1931] beschreibt eine *Synthese*-Methode der Bildung von homogenen Raumeinheiten nach vier *analytischen* Kriterien (**Tafel 17**). Es werden Formgebiete der Erdrinde, des Wassers, der Vegetation und des "umgeformten" Stoffs (v.a. Siedlung, Verkehrswege) ausgeschieden und überlagert. Dort, wo sich alle vier Kriterien einheitlich decken, entstehen *Kernräume*, wo sie sich uneinheitlich decken *Übergangsräume*.

Sollen *synthetische* oder *komplexe* Karten mit dem Einsatz der EDV berechnet werden, so lohnt es sich die Mühe zu nehmen, mit den Möglichkeiten von PC, Printer und Programm zu spielen, bis ein ansprechendes Resultat vorliegt, das die für traditionelle Karten diskutierten Möglichkeiten ausschöpft. Da die graphischen Möglichkeiten der Ausgabegeräte meist nicht für sehr komplexe überlagerte Darstellungen ausreichen, ist es besser, den Weg über *Benotungen* oder *Quotienten* zu wählen, die leicht mit Programmen berechnet werden können, und die Ausgabe auf eine *einfache synthetische Karte* zu beschränken.

Die Kartographie zieht die *analytischen* Karten vor, denn sie sind einfacher zu erstellen und vermeiden viele technische Klippen. Auch die Planer ziehen der Einfachheit halber meist diese Darstellungen vor. Sie vergessen dabei, dass gerade die *Raumplanung* nur mit der Anstrengung der Synthese zu brauchbaren Resultaten gelangen kann. Erfreulicherweise arbeitet die Geographie immer mehr *vernetzt* und damit *synthetisch*. Die Karten, die für die Darstellung der entsprechenden Sachverhalte verwendet werden, sind diesen gedanklichen Fortschritten bisher aber noch nicht genügend gefolgt. Hier eröffnet sich *kreativen Autorinnen* und *Autoren* ein weites Feld. Im Geographischen Institut wurde in dieser Richtung Pionierarbeit geleistet (nur ein Beispiel: die Nutzungskarten der Berner Altstadt). In der Raumplanung, wo besonderes Gewicht auf komplexe Zusammenhänge gelegt werden muss, wird diesem Zusammenführen leider noch zuwenig Beachtung geschenkt. Jeder Spezialist erstellt seine

Analyse und zieht seine Schlussfolgerungen. Am Schluss stehen alle Konflikte ungelöst nebeneinander. Der einzige Weg, der bisher versucht wurde um dem Dilemma zu entrinnen, waren *Konfliktblätter,* also tabellarische und verbale Umschreibungen *ohne räumlichen Bezug!*

1.5   Exakt - unexakt

In einer Karte soll exakt Erfasstes *exakt* und unexakt Erfasstes *unexakt* dargestellt werden. Dieser einfache klare Grundsatz wird am meisten missachtet. Der Wissenschafter ist sich der Unexaktheit seiner Kenntnisse meist bewusst, aber viele Anwender fordern genaue Abgrenzungen.

Eine Gewässerschutzkarte 1:25'000 soll flächendeckend die Grundwasserschutzzonen gemäss den gesetzlichen Anforderungen zeigen. Die Hydrogeologie des betroffenen Blattes ist bekannt und gründlich untersucht worden. Eine grosse Zahl von Bohrungen und Piezometerrohren liefern punktuelle Aufschlüsse über die Verhältnisse im Untergrund. Trotzdem ist es in den Grenz- und Übergangsgebieten nicht möglich, aufgrund der Daten genaue Linien zu ziehen, denn die Dichte der Messstellen bedingt eine weitgehende Interpolation und Interpretation der Daten auf die Flächen. *Konstruierte Grenzlinien sollten nach bestem Wissen gezogen, Unsicherheiten mit Signaturen sichtbar gemacht und keine Rücksicht auf topographische Aussagen an der Oberfläche genommen werden.* Für juristische Entscheide ist eine solche ehrliche Karte nicht brauchbar, denn dafür braucht man Grenzlinien, die genau fixiert sind. Es gelten entweder die Vorschriften für die Zone A oder für B. Eine Zwischenlösung mit Vorbehalten ist nicht möglich. Einen Ausweg aus dem Dilemma gibt es nicht, die Hydrogeologie wird wider besseres Wissen genaue Linien liefern und das Risiko eines Expertenstreites im konkreten Fall tragen müssen.

Eine Planungsregion erstellt ihre Richtpläne für die künftige Gestaltung der Siedlung über einen Zeitraum von 15 - 20 Jahren. Sie kann und will nur grundsätzliche Aussagen machen, denn *Richtpläne sind nur verwaltungsanweisend* und nicht verbindlich für die Grundeigentümer. Aus diesen Überlegungen möchte sie die Pläne im Massstab 1:50'000 erstellen und parzellengenaue Abgrenzungen vermeiden. Dies kann erreicht werden durch grobe, breite Begrenzungslinien, auslaufende oder nicht mit Linien begrenzte Rasterflächen und durch Signaturen, die wesentlich grösser sind als die betroffenen Objekte. Für die Ortsplanungen sind die Gemeinden zuständig. *Zonenpläne zeigen verbindlich die Grundordnung.* Sie müssen Massstäbe haben, die jedem Grundeigentümer zeigen, welche bauliche Ordnung für ihn gilt. Trotz dieser klaren Unterschiede werden immer noch Anforderungen an Richtpläne gestellt, die Darstellungen mit genau begrenzten Flächen erfordern, werden Inhalte in einem Detaillierungsgrad festgelegt, der einem Richtplan nicht entspricht. In der Praxis mit der ersten Generation von regionalen Richtplänen seit Mitte der siebziger Jahre hat es sich gezeigt, dass auf der regionalen Stufe vor allem die konzeptionellen, nur grob dargestellten Aussagen wichtig sind.

In einer historischen Karte (vgl. oben Entwicklung der Schweiz) sollen die territorialen Verhältnisse im ausgehenden Mittelalter gezeigt werden. Meist werden dann die Flächen auf die heute geltenden politischen Grenzen bezogen. Dies mag im Mittelland einige Berechtigung haben, wenn auch da die Abhängigkeitsverhältnisse damals komplizierter waren. Im Alpenraum hingegen macht es keinen Sinn, die Flächen auf die heutigen Grenzen zu beziehen. Ein Blick auf eine zeitgenössische Karte würde genügen, um klar zu erkennen, dass damals nur der besiedelte Raum, die Wirtschaftsflächen der Alpen und die schmalen Streifen entlang der Verkehrsachsen überhaupt bekannt waren. Die Ehrlichkeit in der Kartengestaltung verlangt, die *Terra incognita,* die es auch in er Schweiz gab, zu zeigen. Die Farb- und Rasterflächen für Zustände im Mittelalter müssten auf die effektiv betroffenen Flächen begrenzt, und das ganze Territorium dürfte erst seit der Aufklärung erfasst werden.

Jede thematische Karte muss klar zeigen, was wirklich genau erfasst, was eine allgemeine Angabe und was blosse Vermutung ist. Dieser Forderung stellt sich die Kartengraphik entgegen. Die graphischen Mittel der Karte sind meist klar definiert und abgegrenzt (Linie, Fläche). Unexakt abgegrenzte Aussagen lassen sich zwar herstellen (Verläufe, übermässig starke oder punktierte Linien), erfordern aber einen grösseren Aufwand. Zudem sind Kartographen an sehr genaues Arbeiten gewöhnt, und es bedarf einer Anstrengung, sie zur Unexaktheit bei der Darstellung gewisser Inhalte aufzufordern. Beim Einsatz der EDV können zwar die Daten bei der Verarbeitung gerundet werden, aber es gibt nur wenige geeignete Zeichenprogramme, welche eine ungenaue Darstellung erlauben (z.B. Paint Brush), zudem fehlen dann gerade diesen Programmen die direkten Bezüge zu den Daten. Der Wissenschafter als Kartenautor muss hier seine Verantwortung wahrnehmen, denn thematische Karten sind nicht Selbstzweck und sollen auch nicht einem Selbstbetrug Vorschub leisten.

2   AUSDRUCKSFORMEN

2.1   Allgemeines

In der thematischen Kartographie werden allgemein bekannte graphische Ausdrucksformen angewandt, aber wegen der Verknüpfung von räumlicher und qualitativer oder quantitativer Aussage sind spezielle Anforderungen zu stellen. Die folgenden Ausführungen sollen helfen, die vorhandenen graphischen Formen für einfache, verständliche thematische Karten einzusetzen.

Alle graphischen Formen lassen sich auf *Punkt, Linie* und *Fläche* zurückführen. Dabei dürfen die Definitionen *nicht* im strengen mathematischen Sinn verstanden werden, denn jeder *graphische* Punkt muss eine gewisse Fläche bedecken, damit er vom Auge überhaupt wahrgenommen werden kann. Unabhängig von ihrer geometrischen Form (Kreis, Quadrat, Dreieck oder Polygon) wird jede Fläche bei genügender Verkleinerung nur noch als Punkt erkannt. Umgekehrt kann deshalb geschlossen werden, dass sich aus dem Punkt alle Formen entwickeln lassen. Auf diesem Prinzip beruht der Raster oder der Bildaufbau aus *Pixeln* beim *Scanning*. Das Auge kann aber auch selbst aus Reihen von Grundelementen neue Formen assoziieren. Liegen vier Punkte in einer regelmässigen Ordnung, so verbindet das Auge sie mit geraden Linien zu einem Quadrat. Mehr als acht Punkte werden bereits als Kreis interpretiert. Ebenso wird die Aneinanderreihung vieler kleiner Punkte als punktierte Linie aufgefasst, oder einer Fläche, die mit regelmässig verteilten Punkten besetzt ist, ordnet das Auge einen flächigen Grauwert zu.

2.11   Linienausdruck   Tafel 19

Die Gerade entspricht der Konstruktion (Gesetz), die unregelmässige Linie der Intuition (Freiheit). Eine Gerade hat nur zwei Spannungsrichtungen zu ihren Enden hin. Eine im Winkel gebrochene Linie beansprucht einen Teil der Fläche, die von beiden Winkelschenkeln eingeschlossen wird. Gebogene Linien erzeugen den Eindruck von Kräften, die auf sie wirken. Schweifende Linien erregen die Phantasie. Ist ihr Verlauf regelmässig, so drücken sie dynamische Kräfte aus. Geometrische Gesetzmässigkeiten der Konstruktion werden erkenntlich und prägen den Liniencharakter (z.B. eine Eisenbahnlinie zeigt mit den Geraden und Kreisbogen die Parameter des Projekts auf, ebenso eine Autobahn oder ein Meliorationsweg.). Scharf abgegrenzte Linien werden als klar, entschieden, hart und kalt empfunden. Unregelmässig gebogene, rauhe Linien wirken natürlich, frei (z.B. im Gewässernetz für unkorrigierte Bachläufe).

2.12   Proportionen und Täuschungen   Tafel 19

Das Auge sieht Linien und Flächen nicht objektiv. Dass waagrechte Streifen dick und senkrechte Streifen schlank machen, ist nicht nur eine leere Behauptung der Damenmode. Eine Schar paralleler waagrechter Linien lässt ein Quadrat höher erscheinen; liegen die Linien senkrecht, bewirken sie eine optische Verbreiterung. Ein *optisches* Quadrat muss leicht überhöht sein. Ein waagrechter Balken wirkt breiter als ein gleicher in senkrechter Lage.

Gute Proportionen in der graphischen Gestaltung, die immer in einer zweidimensionalen Ebene stattfindet, erfordern *ständige Schulung des Gefühls*, da es keine Regeln gibt, die in jedem Fall gültig sind. Der *Goldene Schnitt* kann, aber muss nicht immer, ein Leitfaden sein. In der thematischen Kartographie ist ein sicheres Proportionsgefühl wichtig für die Gestaltung der einzelnen Signaturen, für ihr Zusammenspiel und auch für die graphische Wirkung der Karte *als Ganzes*.

2.13   Kinetik und Rhythmus   Tafel 20

Bewegung in einer Karte kann nur angedeutet werden. Bereits einzelne Signaturen können jedoch *ruhig* oder *labil* wirken. Ein Dreieck mit waagrechter Grundlinie wirkt stabil, ruhend; wird das gleiche Dreieck auf die Spitze gestellt, so wirkt es schwankend, unsicher. Wird eine Kreisform in ein Quadrat gestellt, so wirkt sie am oberen Rand schwebend, in der Mitte stabil und am unteren Rand gewichtig und lastend. Soll der Eindruck von Bewegung sichtbar gemacht werden, so sind solche Effekte gezielt einzusetzen. Als Beispiel kann die konzeptionelle Aussage einer Siedlungsbegrenzung in einem Richtplan genannt werden, bei der eine Reihe von Dreiecken mit der Spitze gegen die bestehende Fläche zeigt und so einen Gegendruck andeutet. Werden die Spitzen gegen aussen gerichtet, so entsteht der Eindruck einer weiteren Expansion. Kinetische Effekte können auch mit Reihenbildern von einzelnen Zuständen erzeugt werden. Durch regelmässige oder unregelmässige Wiederholung von Teilen kann einer Form ein Rhythmus gegeben werden, auch wenn das graphische Bild letztlich unbeweglich ist.

2.14   Wirkungen der Liniengefüge **Tafeln 20, 32 und 33**

Parallel laufende Linien schliessen sich optisch zu *einer* Figur zusammen, z.B. die übliche Signatur für Strassen besteht aus zwei immer parallel geführten Linien und wird als Ganzes empfunden. Ein Kartenbild besteht aus zahllosen Linien, die sich **überschneiden, kreuzen** oder **überdecken**. Es zeugt von schlechter Kartengraphik, wenn stärkere Elemente schwächere verstümmeln oder gar unkenntlich machen. Einzelne kreuzende Linien stören sich nicht in jedem Fall. *Das Auge vermeint stetige Linien wahrzunehmen, auch dort, wo sie durch Überlagerung anderer Elemente unterbrochen sind* (z.B. Kreuzungen von Verkehrswegen). Das visuell stärkere Element kann die **Stellvertretung** eines schwächeren Elements übernehmen. Diesen Effekt kann man sich über kurze Distanzen zunutze machen, wenn die Ersatzsignatur nicht schwächer ist als die Linie, die sie ersetzen soll (z.B. Grenzverläufe entlang von Gewässern).

Liniengefüge zeigen noch mehr als die einzelne Linie den Charakter der Einzellinien an, indem sie Gegensätze deutlich machen. So kann ein Linienbild des Strassennetzes oft ohne weitere Legende interpretiert werden und das Gewässernetz wird neben glatt geführten Linien technischer Werke noch bewegter und lebendiger.

2.15   Form und Formkontrast **Tafel 21**

Flächige **Elementarformen** sind **Quadrat, Dreieck** und **Kreis**. Ihre Scharung und Anordnung kann weitere Formeindrücke erzeugen. Auch die **unbedruckte Fläche** kann einen bestimmten Eindruck hervorrufen. Sie muss deshalb in ihrer Ausdehnung und in ihrem Wert in die Gesamtkonzeption einbezogen werden. Zwei Formen, die sich erkennbar unterscheiden, erzeugen einen *Kontrast* und verstärken sich gegenseitig in ihrer Wirkung.

2.2   Flächenmosaike **Tafeln 22 und 23**

Ein **Gefüge von Flächen** heisst **Flächenmosaik**. Diese Darstellungsform eignet sich für eine grosse Zahl von Themen und ist für viele Themen die beste oder gar einzig mögliche Ausdrucksform. Eigenschaften, die sich über bestimmte Areale gleichmässig verteilen, können mit Flächenmosaiken gezeigt werden. Dieses Darstellungsmittel erlaubt ruhige, klare und farblich schöne Karten. Politische Karten der Staaten sind dafür ein gutes Beispiel: Die Areale der Staaten berühren sich an den Grenzen und decken die Flächen lückenlos ab. Schwieriger wird die Darstellung bei zusätzlich überlagerten Aussagen (z.B. Mitgliedschaft in einem übernationalen Zusammenschluss). Farben und Raster stehen heute in fast unbegrenzter Zahl zur Verfügung. Eine gute Gestaltung kann aber nur erreicht werden, wenn einige Grundregeln beachtet werden.

Flächenmosaike können sich auf **wirkliche Flächen** beziehen (z.B. Gewässerflächen, Gletscherflächen, Wald-, Weide-, Ackerflächen, Sümpfe, Moore, Wüsten, Gebäudegrundrisse), oder sie können *fiktive Flächen* (z.B. Grundstücke, politische Areale, Bonitierungsflächen) darstellen. Sie können aber auch als *Generalisierungsform* gestreute Einzelobjekte zusammenfassen (z.B. Sprachen, Religionen, Pflanzen, Tiere).

2.21   Generalisierung

Die Flächengrenzen müssen in ihrer Generalisierung ein ruhiges und übersichtliches Gesamtbild ergeben. Es ist besser, eine stärkere Generalisierung zu wählen, als sich immer an der Grenze des noch Darstellbaren zu bewegen. Farbflächen von weniger als **4 mm²** werden nicht mehr als Fläche erkannt und müssen vermieden werden. Bei der Verwendung von Linienrastern ist die Minimalfläche grösser zu wählen. Die Grenze hängt dabei von den verwendeten Mustern ab. Die jeweilige Zuordnung muss noch klar erkennbar sein.

Besonders heikel ist die Generalisierung von Flächen, die Verbreitungen isolierter Einzelobjekte zusammenfassen. Mit Sprachenkarten wurden schon regelrechte Kriege über die Zugehörigkeit bestimmter Gebiete zu einer Gruppe geführt, denn je nach der Art der Darstellung von Minderheiten in Mischgebieten kann die Dominanz einer Aussage beeinflusst werden. Berühmt sind die verschiedenen Karten der alten Mischgebiete im östlichen Mitteleuropa (Karpaten, Galizien) vor den Weltkriegen. Je nachdem eine deutsche, österreichisch-ungarische oder polnische und russische Karte betrachtet wird, erhält man gänzlich verschiedene Eindrücke der vorwiegenden Sprache des gleichen Raumes. Leider erleben wir jetzt eine Neuauflage solchen Streits im ehemaligen Jugoslawien, bis hin zu Kriegen!

2.22   Grenzen der Differenzierung

Der Kartenbetrachter kann in der Regel etwa *20 bis 25* verschiedene Farbtöne oder Rasterwerte unterscheiden. Dieser Bereich sollte nicht überschritten werden. Müssen mehr Klassen gebildet werden, so empfiehlt es sich, für einzelne Aussagen andere abweichende Darstellungsmittel zu verwenden. Für den ganzen Karteninhalt ist deshalb zu Beginn eine *Musterlegende* mit allen Farb-, Raster- und Signaturenkombinationen zu erstellen und gründlich anhand eines *Kartenmusters mit Extremwerten* zu testen. Dies gilt ganz besonders, wenn Konventionen und Normen (z.B. Farben der Geologie) eingehalten werden müssen, oder wenn bestimmte Assoziationen erzeugt werden sollen.

2.23   Differenzierungsprinzipien

Farben und Raster können entweder nach dem *Kontrastprinzip* oder dem *Verwandtschaftsprinzip* unterschieden werden.

Beim *Kontrastprinzip* müssen Flächen, die aneinanderstossen, sich möglichst deutlich unterscheiden, d.h. grosse Differenzen in den Farbwerten, der Intensität oder der Rastergestaltung aufweisen.

Beim *Verwandtschaftsprinzip* werden verwandte Klassen mit verwandten Mitteln dargestellt, z.B. in Landnutzungskarten für verschiedene Getreide verschiedene Gelbstufen, für die Arten des Futterbaus verschiedene Grünstufen. In der Karte können durch die Gemengelage der Flächen trotzdem kontrastreiche Bilder entstehen. Das *Verwandtschaftsprinzip* ist immer dort anzuwenden, wo Steigerungen gezeigt werden, z.B. in einer Karte der Bevölkerungsdichte von einem leichten Gelb über Orange zu Rot und Violett für zunehmende Dichten. Werden gegenteilige Entwicklungen dargestellt, so soll dies auch in der Farbwahl zum Ausdruck kommen, z.B. können in einer Karte der relativen Veränderung grössere Abnahmen in intensiven Blautönen, Stagnation in Gelb und Zunahmen in Rottönen gezeigt werden.

Auch wenn die endgültige Karte nach dem Verwandtschaftsprinzip gestaltet werden soll, kann es für den ausführenden Kartographen nützlich sein, über einen *Entwurf* nach dem Kontrastprinzip zu verfügen. Muss die Vorlage einer matten Folie unterlegt werden um sie hochzuzeichnen, so kommen die Grenzen eines kontrastreichen Entwurfs besser zur Geltung. Unabdingbar ist in diesem Fall eine *verbindende Legende* zwischen Entwurf und fertiger Karte!

2.24   Farbwahl

Je nach dem gewählten *Differenzierungsprinzip* müssen trennende oder verbindende Farben gewählt werden. Sollen die Flächen im Kontrast stehen und nur *zwei Farben* gebraucht werden, empfehlen sich gut trennende, gleichwertige Farben, z.B. Rot und Grün, Rot und Gelb, Rot und Blau oder Blau und Gelb. Durch Kombination lassen sich Orange, Violett oder Grün in mehreren Stufen gewinnen. Die Kombination Rot und Grün könnte zu Braun kombiniert werden, ergibt aber selten gute Resultate.

Bei *drei Farben* greift man am besten zu den drucktechnischen Grundfarben *Magenta* (Echtrot), *Cyan* (Blau) und *Gelb*. Mit *feinen Punkt-* und *Strichrastern* lassen sich alle weiteren Töne gewinnen, dazu in verschiedenen Helligkeitsstufen. Damit stehen etwa 15 - 20 gut trennende Farben zur Verfügung. Die Rasteranteile werden mittels *Farbtafeln* bestimmt, die über die beteiligten Grundfarben und ihre Rasterstärke (Deckungsanteil in Prozent) Auskunft geben. Die *Rasterrichtungen* müssen in bestimmten Winkeln gedreht sein, sonst entstehen *Moirées*, d.h. Flächen mit verschwommenen unterschiedlich intensiven Flecken. Eine grosse Zahl verschiedener Farbtöne wird dort gebraucht, wo jeder Farbe in der Legende eine bestimmte Aussage fest zugeordnet ist (z.B. geologische oder pedologische Karten).

Ist keine Konvention zu beachten, so kann eine Farbwahl, die *Assoziationen* berücksichtigt (z.B. Rot für warm, Blau für kalt, Übergänge in Gelb und Grün) die Eindrücklichkeit der Karte verbessern. Für Karten, in denen nur verschiedene Flächen unterschieden werden müssen, genügen *vier* verschiedene Farben oder Raster. Es können, ev. ausgenommen bei Exklaven, nie zwei gleiche Farben oder Muster zusammentreffen. Werden die einzelnen Flächen beschriftet (z.B. Staaten in politischen Karten), so entsteht ein eindeutiges Bild.

2.25   Rasterlage

Werden *einfarbige Raster* verwendet, so muss darauf geachtet werden, dass bei aneinanderstossenden Flächen nicht nur die Strichstärke der Linienraster, sondern auch ihre *Richtung* geändert wird. Je mehr sich zusammentreffende Raster unterscheiden, um so grösser ist der Kontrast. Neben der Lage beeinflussen die Dichte (Hell-Dunkelwert), der Zeichencharakter (Linie, Punkt, Signatur) und die Kombination (einfacher oder Kreuzraster) die Kontrastwirkung.

2.26   Intensität und Verteilung

Die Intensität der Farben und Raster muss der Wichtigkeit oder Intensität der Klasse entsprechen. Für grosse Werte werden intensive dunkle Farben oder Raster verwendet, geringe Werte erhalten leichte, helle Töne. Eine Skala für Zu- und Abnahmen in Prozenten kann z.B. wie folgt aufgebaut werden:

Zunahme / Abnahme in Prozent	Farbe	Raster
> 100 %	rotviolett	Vollton
50 - 100 %	dunkelrot	dichter Kreuzraster
20 - 50 %	hellrot	leichter Kreuzraster
10 - 20 %	orange	dichter Linienraster
5 - 10 %	gelb	leichter Linienraster
< 5 %< 5 % Stagnation	weiss	leer
5 - 10 %	hellblau	leichter Punktraster
10 - 20 %	mittelblau	mittlerer Punktraster
20 - 50 %	dunkelblau ev. blauviolett	dunkler Punktraster

Können Zuordnungen frei gewählt werden, so sollte bei der Festlegung der Legende darauf geachtet werden, dass *intensive* Farben oder Raster *kleinflächigen, aber wichtigen* Aussagen zugeteilt werden, während *leichte, blasse* Farben und *feine, offene* Raster für *grossflächige* Kategorien geeignet sind. Damit kann vermieden werden, dass eng begrenzte wichtige Kategorien optisch erdrückt werden.

2.27   Flächenmosaik als Kombination, Dreieckskoordinaten **Tafel 21**

Flächenmosaike eignen sich nur bedingt für Überlagerungen. Wenn aber *drei Aussagen, die zusammen sinnvoll eine Summe bilden*, z.B. Erwerbssektoren, Hauptzweige der landwirtschaftlichen Produktion, auf derselben Fläche gezeigt werden, so eignen sich *Dreieckskoordinaten* als Hilfsmittel zur Bestimmung der Flächenfarben. Die Aufteilung des Dreiecks kann verschieden erfolgen, soll aber immer *sinnvolle typische Gruppen* ergeben (**Tafel 21**). Jedes Feld erhält dabei eine Farbe oder einen Raster, die Extreme in etwa gleich stark wirkenden Grundfarben. Die Zwischenfelder können dann als Rasterkombinationen der Grundfarben bestimmt werden.

2.28   Anwendung im Computer

Alle für die Kartenerstellung im Computer erzeugbaren Zeichen Signaturen und Flächenbilder sind ursprünglich erdacht und von Hand gezeichnet worden. Wer eine Karte entwerfen muss, und den eigenen Darstellungsfragen auch mit Phantasie begegnen will, der nehme zuerst Bleistift und Zirkel zur Hand und versuche selber Lösungen zu finden. Kompromisse werden später noch genügend eingegangen werden müssen.

Die meisten Graphikprogramme, die für Karten eingesetzt werden, können bestimmt begrenzte Flächen mit Rastern oder Farbtönen füllen. Das Spektrum der Möglichkeiten ist jedoch in der Regel. Werden noch Plotter verwendet, so ist der Frage der Reduktion in einen kleineren Endmassstab Beachtung zu schenken, denn meist werden die Flächen mit zu feinen Linien gerastert, die bei einer grösseren Reduktion durchfallen können.

2.3   Stäbe, Säulen, Säulendiagramme **Tafeln 12, 24 und 25**

Diese Darstellungsmittel sind sehr beliebt, um einem bestimmten Gebiet, meist eine statistische Einheit (Gemeinde, Bezirk, Region, Kanton) oder einem definierten Messpunkt einen oder mehrere Werte *absolut* zuzuordnen. Der Raumbezug entsteht nur durch die Plazierung innerhalb einer definierten umgrenzten Fläche oder durch die Position zu anderen Graphiken, verbunden mit dem Namen zur Identifizierung. Die Möglichkeiten der Anwendung sind fast unbegrenzt.

2.31   Einfache Stäbe

Meist wird nur ein Wert einem Stab oder einer Säule zugeordnet. Der Wert wird dann mit der Länge des Stabes dargestellt. Die Breite wird fest angenommen und macht keine Aussage. Zur Unterscheidung verschiedener Aussagen der Stäbe können Raster verwendet werden. Als ungegliederte Stäbe werden Einzelwerte dargestellt. (**Tafel 25**) Werden mehrere Messungen oder Werte gleichzeitig dargestellt, so werden die Einzelwerte auf einer Achse aufgereiht und ergeben so ein Bild der Entwicklung oder ein Bild der einzelnen Teilwerte, das sich zu einem Gesamtbild zusammenfügt (z.B. können bei einer Messstelle mehrere verschiedene chemische Elemente analysiert und in Stabform dargestellt werden, was ein Gesamtbild des Chemismus der Messung ergibt).

Folgen von einfachen Stäben lassen die Darstellung negativer Werte oder von Abnahmen zu. So können Mengen/Zeit-Diagramme leicht gezeichnet, oder die prozentualen Zu- und Abnahmen gezeigt werden. Sollen mehrere verschiedene Werte in gleichen Zeitreihen erfasst werden, so können unterschiedlich gerasterte Stäbe optisch hintereinander gestellt werden, wobei die dunkelste Fläche der grössten Werte zugeordnet werden sollte.

Horizontale Stäbe eignen sich besonders für Vergleiche von Klassen in zwei verschiedenen Zeitpunkten (z.B. Altersaufbau in Fünfjahresklassen im Abstand von zehn Jahren).

Es ist auch möglich, *beiden Achsen der Säule* je einen Wert zuzuordnen. Die Fläche und die Gestalt *des X/Y-Diagramms*, die sich ergeben, lassen weitere Schlüsse zu. Die beiden Achsenwerte müssen aber im Zusammenspiel eine vernünftige Aussage ergeben (**Tafel 25**). So kann z.B. die Bettenzahl eines Kurortes der X-Achse, die Auslastung pro Bett der Y-Achse zugeordnet werden. Die Fläche entspricht demnach der Zahl der Übernachtungen. Eine hohe schmale Fläche zeigt eine gute Auslastung des Angebots (z.B. Hotellerie in den Städten), eine breite, niedrige Fläche deutet auf ein breites, schlecht ausgelastetes Angebot (z.B. viele Zweitwohnungen mit nur einer Saison).

2.32   Gegliederte Säulen

Teilwerte, die zusammen eine sinnvolle Summe ergeben, können in einer Säule übereinander mit verschiedenen Rastern gezeichnet werden (**Tafeln 5 und 25**). Die Anzahl der Gebäude verschiedener Bauepochen einer Gemeinde können zu einer Säule gestapelt werden, deren Höhe der Gesamtzahl aller Bauten entspricht. Es macht aber keinen Sinn, etwa Einwohnerzahlen verschiedener Zähljahre zu stapeln, da ihre Summe keine vernünftige Aussage ist.

Gegliederte Säulen eignen sich besonders zur Darstellung *relativer Anteile einer Gesamtsumme*. Damit lässt sich ein Problem der Stabdarstellung umgehen, das dieser beliebten Kartenart Grenzen setzt: Sind die vorkommenden Werte sehr unterschiedlich (sehr grosse und sehr kleine Werte in einer Karte), so entstehen bei absoluter Darstellung entweder kleine, kaum mehr sichtbare Stäbe oder aber die Stäbe sprengen in der Vertikalen den zur Verfügung stehenden Platz, sei es, dass sie zu weit in benachbarte Darstellungen ragen, oder dass sie zu grosse Verdrängungen verursachen, was beides die Klarheit der Karte stört.

2.33   Flächig-räumliche Säulen

Eine Spielart der Säulendarstellung sind räumliche *Schollendiagramme*. Die Bezugsflächen der Werte werden entsprechend ihrer Werte in der Höhe verschoben gezeichnet. Es entstehen damit Säulen verschiedener Höhen in der Form der Bezugsflächen (z.B. Bezirke). Das Bild solcher Schollendiagramme ist anschaulich, aber schwer messbar.

2.34   Anwendungen mit PC-Programmen

Fast jedes PC-Kalkulationprogramm weist heute auch einen Teil für Graphik auf (z.B. Excel u.a.) oder Graphikprogramme können Datenbanken und Kalkulationtabellen übernehmen (Freehand, Corel, Adobe u.a.), mit der Möglichkeit perspektivische Bilder zu erzeugen. Aber in der Regel können diese Programme nicht in einem räumlichen Feld, das einer Karte entspricht, eingesetzt werden. Für einfache Kartierungen können angepasste Einzelgraphiken von Hand montiert werden, eine Möglichkeit, die sich anbietet, wenn kein anderes Programm zur Verfügung steht.

Die genannten Programme können aber in der Regel keine Säulen erzeugen, bei denen beiden Achsen und damit auch der Fläche eine eigene Bedeutung zugeordnet ist. Anpassungen sind aber leicht möglich.

Spezielle Kartographieprogramme wie MapViewer erlauben die Erstellung von *Flächen- und Schollendiagrammen*, was gegenüber der Konstruktion von Hand eine wesentliche Erleichterung ist.

Einzelne Programme weisen *interne Programmierbefehle* auf, die es erlauben, falls *Zeichenbefehle* möglich sind, eigene interne Programme zu schreiben. Solche Programme erfordern gründliche Kenntnisse des Grundprogramms, einen erheblichen Arbeitsaufwand für die Erstellung und das Testen. Lineare Elemente, wie Grenzen, müssen in Einzelschritten mit Koordinaten eingegeben werden, falls kein Scanner zur Verfügung steht. Der Aufwand lohnt sich nur, wenn von einem bestimmten Gebiet eine grosse Anzahl Karten mit verschiedenen Daten erstellt werden muss. Einige Beispiele in den **Tafeln 10 und 12** wurden auf diese Art erzeugt.

2.4   Kreisscheiben, Kreissegmente   Tafeln 26 und 34

Kreise, oder besser *Kreisscheiben*, können mit ihrer *Fläche* einen Wert ausdrücken. Die Zuordnung der Werte zur Fläche lässt die Kreisradien weniger rasch ansteigen, als entsprechende Stäbe oder Säulen. Sie eignen sich deshalb besonders gut zur Darstellung von Werten mit grosser Varianz. Zudem kann leicht ein Minimalwert eingeführt werden, bei dem an Stelle der Fläche nur noch der Signaturenwert eine Bedeutung hat. *Kreisscheiben wirken graphisch klar und anschaulich. Sie lassen sich aber weniger gut ausmessen als etwa Säulendiagramme.*

2.41   Ganze und halbe Kreisscheiben

Wird nur ein Wert dargestellt, so wird er auf die ganze Kreisfläche bezogen. Sollen *zwei Zustände* einander gegenübergestellt werden, so eignen sich ganz besonders *Kreisscheiben, die horizontal oder vertikal halbiert sind*. Einer Hälfte wird der erste Wert und der zweiten der zweite Wert zugeordnet. Die beiden Hälften weisen entsprechend den Werten unterschiedliche Radien auf, sodass Zu- oder Abnahmen graphisch sofort ersichtlich sind. Wird der ältere Wert noch in einem leichteren Raster oder Farbton gehalten, so treten beide Zustände und die Veränderung sehr klar zutage.

2.42   Segmentierte Kreisscheiben

Kreisscheiben können mit einer *radialen Gliederung* leicht Teilmengen einer sinnvollen Gesamtmenge darstellen. Die einzelnen Segmente lassen die relativen Anteile leicht abschätzen, während die Totalfläche die Gesamtmenge anzeigt. Den einzelnen Segmenten wird jeweils eine bestimmte Farbe oder ein Raster zugeordnet, der in der Legende erklärt werden kann. Die Abfolge der verschiedenen Segmente kann immer gleich sein, oder die Segmente können nach der Grösse geordnet werden. Müssen Kreisscheiben von Hand berechnet und konstruiert werden, so ist ein beachtlicher Aufwand nötig.

Segmentierte Kreisscheiben eignen sich besonders dort, wo kleine Werte innerhalb dominierender grosser Werte placiert werden müssen, z.B. greift die Branchenstruktur eines Zentrums über die Vororte hinaus, deren Kreisscheiben innerhalb des grossen Kreises liegen. Bei geschickter Anordnung kann mit Überlagerung eine zweckmässige klare Darstellung des komplizierten Sachverhalts erreicht werden.

Kreisscheiben können auch *feste Segmente* aufweisen. Die einzelnen Teilwerte werden dann durch unterschiedliche Radien ausgedrückt.

2.43   Konzentrisch oder exzentrisch gegliederte Kreisscheiben, Kreisringe

Konzentrisch gegliederte Kreisscheiben sind schwierig in der Berechnung und schlecht lesbar. Exzentrisch gegliederte Kreisscheiben eignen sich zur Darstellung verschiedener Wachstumsphasen, allerdings mit der Einschränkung, dass keine Abnahmen vorkommen dürfen. Für die Lesbarkeit ist eine Radiuslegende dienlich.

Kreisscheibenringe lassen sich weniger gut lesen als reine Segmente. Die Anteile können allerdings noch gut geschätzt werden. Diese Darstellung kann verwendet werden, wenn dem Zentrum eine besondere, verwandte Aussage zugeordnet wird (siehe **Tafel 34**).

2.44   Anwendungen mit PC-Programmen

Kreissegmentdiagramme lassen sich mit den meisten Programmen erzeugen, sogar mit abgesetzten einzelnen Segmenten oder in der scheinbar dreidimensionalen Form der *Tortengraphiken*, aber auch hier ist die Anschaulichkeit grösser als die Messbarkeit. Werden viele einzelne Diagramme auf einer Karte in ihrer Lage eingetragen, so sind Überschneidungen kaum zu vermeiden. Die Freistellung der kleineren Kreise ist nur mit speziellen Programmen möglich. Es ist von Vorteil, wenn die Positionen der Kreismittelpunkte frei gewählt werden können. Darstellungen mit wachsenden Kreisradien (exzentrisch gegliederte Kreisscheibe) oder Pilzformen (erster Wert untere, zweiter Wert obere Hälfte) benötigen ebenfalls spezielle Programme.

2.5   Punkte, Lokalsignaturen, räumliche Signaturen, Flächen- und Raumdiagramme

Punkte, genau genommen sehr kleine Kreisflächen, sind die einfachsten Darstellungsmittel. Sie können als *reine Ortsbezeichnungen* verwendet (z.B. Chemische Industrie in Basel), als auch bestimmten *Werten zugeordnet* werden (z.B. 100 Beschäftigte in der Chemischen Industrie). Punkte, die exakte Standorte bestimmter Mengen zeigen, ergeben bei kleinem Signaturenwert im Verhältnis zum Massstab ein *echtes Dichtebild*. Solche Karten sind sehr instruktiv, aber aufwendig in der Erfassung (Problem der verfügbaren statistischen Einheiten) und in der Zeichnung. In mittleren Massstäben und entsprechendem Signaturenwert können die besten Resultate erzielt werden. Ist die genaue Lokalisierung der Werte nicht bekannt und nur in einer grösseren statistischen Einheit verfügbar, so ist es nicht zweckmässig, die Punkte über die ganze Bezugsfläche unregelmässig zu streuen. Das täuscht nur eine Genauigkeit vor, die nicht vorhanden ist. Besser lesbar, und den tatsächlichen Kenntnissen entsprechend, ist die schematische Zusammenfassung der Punkte in einem leicht auszählbaren Rahmen oder einer Gruppe. Punkte können eine qualitative Aussage machen (z.B. kleiner Punkt = Kunstdenkmal, grosser Punkt = Kunstdenkmal von nationaler Bedeutung).

2.51   Abstrakte Lokalsignaturen   Tafeln 26, 30 und 31

Werden nur die Standorte punktförmiger Aussagen eines Themas oder einer Klasse angegeben, so genügen *Punkt-* oder *Kreissignaturen*. Sollen mehrere Themen, Klassen oder Zustände dargestellt werden, so lassen sich die *Lokalsignaturen* fast beliebig variieren

- in ihrer geometrischen Form: Kreis, Quadrat, Dreieck, Rechteck, Ellipse, Vieleck (bis Achteck), Raute, Trapez, Strich, Kreuz, Stern;
- in ihrer Lage: horizontal, vertikal, schräg (wenn deutlich erkennbar);
- in ihrer Füllung: Umriss, volle Form, teilweise gefüllte Form, u.a.;
- in der Kombination: mehrere Grundelemente können zu neuen Signaturen verbunden werden.

Es ist aber nicht sinnvoll, beliebig viele Signaturen zu verwenden. Mehr als etwa 20 - 30 verschiedene Signaturen können in ihrer Bedeutung nicht mehr erfasst werden, ohne ständig die Kartenlegende konsultieren zu müssen, was das Kartenlesen enorm erschwert und damit den Wert der Karte mindert.

2.52   Bildhafte Lokalsignaturen   Tafel 28

Um das ständige Konsultieren einer Legende zu vermeiden, können Signaturen so gestaltet werden, dass ihre Aussage *direkt ersichtlich* wird, sie also einen Sachverhalt *bildhaft* zeigen. Diese Zeichen entsprechen den *semiotischen Zeichen* oder *Piktogrammen*, denen wir heute überall begegnen, z.B. in Bahnhöfen oder anderen Orten, wo bestimmte Sachverhalte nicht mehr in mehreren Sprachen beschriftet, sondern durch ein international verständliches Zeichen ausgedrückt werden. *Bildhafte Signaturen* können *naturalistisch* oder *stark abstrahiert* entworfen werden. Müssen sie für die Karte sehr klein gehalten werden, so werden naturalistische Signaturen rasch unleserlich. Eine gut gestaltete bildhafte Signatur wirkt unmittelbar und verständlich, was besonders für Karten, die für ein breites Publikum oder für die Schule bestimmt sind, von Vorteil ist. Sie erlaubt vor allem *qualitative Aussagen*. Für *quantitative Aussagen* eignen sich bildhafte Darstellungen weniger, obwohl ihnen, gleich wie abstrakten Formen, ein bestimmter Wert zugeordnet werden kann. Ihre Verteilung in der Karte ergibt dann eine Aussage gleich einer Punktkarte mit quantitativen Signaturen. Bei sehr sorgfältiger Wahl der verschiedenen Signaturen (Aussage), der Wertgrössen und der Generalisierung können sehr komplexe Sachverhalte verständlich dargestellt werden. Ein ausgezeichnetes Beispiel ist die Weltkarte 1:32 Mio. Die Erde: Natur, Mensch, Wirtschaft von Georges GROSJEAN [1977].

Ein grundsätzliches Problem lässt sich aber nicht lösen: Heutige Karten sind immer *Grundrissbilder*, die bildhafte Signatur jedoch wird meist aus *Aufrissbildern* abgeleitet. Sie gehören ihrem Charakter nach eher zu Vogelschaukarten. In der normalen Grundrisskarte entsteht ein Widerspruch, der das Kartenbild beeinträchtigen kann, besonders wenn konkrete und abstrakte Signaturen in einer Karte gemischt werden.

2.53   Räumliche Signaturen   Tafel 30

Müssen mit einfachen Signaturen sehr grosse *Wertspannen* in einer Karte dargestellt werden, so können sich Konzentrationen der einzelnen Signaturen ergeben, die unleserlich werden, oder Signaturen für grosse Werte decken Flächen ab, die für andere kleinere Signaturen benötigt würden. Ein möglicher Ausweg liegt in der Ausnützung der, dritten Dimension. Diese kann zwar nicht direkt dargestellt werden, aber mit geeigneten Signaturen lässt sich der Eindruck *räumlicher Volumen* erzeugen. Quadratsignaturen können zu Würfeln, Kreise zu Kugeln werden. Die *Werte beziehen sich auf das Volumen*, nicht mehr auf die Fläche. Werden die Seitenlängen (a), resp. Radien (r) proportional zu den Werten (W) genommen, so ergeben sich die Funktionen

$$\text{Quadrat} \quad a = W^{1/2} \qquad\qquad \text{Würfel} \quad a = W^{1/3}$$

$$\text{Kreis} \quad r = (W/\pi)^{1/2} \qquad\quad \text{Kugel} \quad a = (3W/4\pi)^{1/3}$$

Die Grössen der räumlichen Signaturen wachsen wesentlich langsamer als die Signaturenwerte. Optisch entstehen dadurch wiederum nicht befriedigende Relationen. Besonders heikel ist ein Sprung in der Skala von flächenhaften zu körperhaften Signaturen. Wird dem Wert 100 eine Fläche von 1 mm^2 bzw. ein Volumen von 1 mm^3 zugeordnet, so ergeben sich die Verhältnisse:

Wert	Seitenlängen in mm:	Quadrat	Würfel
100		1	0,46
1'000		3,16	1
10'000		10	2,15
100'000		31,62	4,64
1'000'000		100	10

Wird der Sprung zwischen Quadrat und Würfel bei 1'000 und 10'000 gewählt, so ergibt sich für den Würfel mit Wert 10'000, eine geringere Kantenlänge als die Seitenlänge für das Quadrat mit dem Wert 1'000, was graphisch nicht befriedigend ist, sowenig wie ein dominierendes Quadrat von 10 mm Seite. Ein Signaturenwechsel sollte deshalb nur für Aussagen verwendet werden, denen ein besonderes Gewicht zugemessen wird (z.B. Millionenstädte in Bevölkerungspunktkarten). Flächen- oder Raumdiagramme (4.55) ergeben meist bessere Lösungen als zu verschiedene Einzelsignaturen.

2.54   Gruppenbildung von Lokalsignaturen   Tafel 30

Werden *Lokalsignaturen mit Werten verbunden*, so entstehen im Kartenbild *Konzentrationen* an bestimmten Orten (z.B. müssen in Basel mehrere Tausend in der Chemischen Industrie Beschäftigte an einem Ort gezeigt werden). Es empfiehlt sich, solche Konzentrationen nicht beliebig darzustellen, sondern einen Weg zu suchen, der die *Zahl der Signaturen leicht zählbar macht*. Damit treten an die Stelle der reinen Ortssignaturen *schematisch geordnete Gruppen*.

Werden die Einzelsignaturen in einem regelmässigen, leicht auszählbaren Raster gezeichnet, z.B. Reihen mit je fünf Signaturen, höhere Werte in weiteren Reihen, so wird das als *Zählrahmenmethode* bezeichnet, ein Bild, das keiner weiteren Erläuterung bedarf. Wird die Anzahl der Punkte eines örtlichen Rahmens zu gross, so wird auch diese Darstellungsart unleserlich.

Ein Ausweg liegt in der Festlegung *mehrerer Signaturen mit wachsendem Wert*, z.B. ein kleiner Punkt für 100 Einwohner, ein grosser Punkt für 1'000 und ein Quadrat für 10'000 Einwohner. Die Summen einer Ortschaft werden nun durch die Kombination der einzelnen Signaturen gebildet. Diese Art wird als *"Kleingeld"-Methode* bezeichnet.

Reicht der zur Verfügung stehende Raum auch bei der "Kleingeld"-Methode nicht mehr aus, so können die grössten Signaturen *optisch gestapelt* werden, d.h. sie werden nicht mehr in der ganzen definierten Grösse einzeln dargestellt, sondern teilweise überdeckt, so dass horizontale oder vertikale *Stapel* entstehen (**Tafel 30**). Ist der Wert einer Signatur proportional zur Fläche definiert, so werden die "hinteren" Figuren zwar flächig zu klein abgebildet, aber durch das grössere optische Gewicht des Stapels wird dies wieder wettgemacht. Noch deutlicher gewichten Stapel, die dreidimensional dargestellt werden.

2.55   Strahlendiagramme Tafeln 29 und 29a

Müssen sehr viele Klassen an relativ wenigen Orten dargestellt werden, so können *Strahlendiagramme* ein gangbarer Weg sein. Jeder *Hauptklasse* wird ein Strahl zugeordnet, auf dem die einzelnen Klassen qualitativ und quantitativ eingetragen werden. Mit relativ wenig verschiedenen Signaturen kann eine umfassende Aussage dargestellt werden. Die Zahl der Strahlen sollte leicht einprägbar sein (möglichst nicht ungerade Anzahl Strahlen, wie sieben, neun oder elf). Das vertretbare Maximum liegt bei 12 Strahlen, was dem bekannten Bild des Zifferblatts entspricht.

2.56   Flächen- und Raumdiagramme

Während Flächen- oder Körpersignaturen auf bestimmte Werte *fest genormt* sind und grössere Werte durch mehrere Signaturen gezeigt werden, sind die Flächen- oder Raumdiagramme *variable Flächen* oder *variable Körper*, d.h. an einem bestimmten Ort wird *ein Diagramm in der Grösse des ganzen Wertes* gezeichnet. Jede einzelne Figur wird entsprechend der festgelegten Formel berechnet und gezeichnet. Sehr kleine Werte können nur noch ungenügend differenziert werden. Deshalb wird oft eine minimale Grösse festgelegt, unter der die Figur nicht mehr massstäblich gezeigt wird, oder es wird für Werte unter der minimalen Grösse eine abweichende feste Signatur verwendet.

Einfache Flächendiagramme wirken nicht besonders ästhetisch, lassen sich aber leicht auszählen und eignen sich für generelle Darstellungen. Für regionale Richtpläne werden vernünftigerweise nur die Gesamtflächen für die einzelnen Nutzungszonen festgelegt und approximativ auf die Gemeinden verteilt. Es ist aber sinnlos, die einzelnen Flächen innerhalb der Gemeinden zu lokalisieren, dazu genügen die Kenntnisse über einzelne Bedingungen nicht. Es ist der detaillierten Ortsplanung zu überlassen, die Flächen innerhalb einer Gemeinde definitiv zu plazieren. Eine Darstellung mit massstabstreuen Flächendiagrammen gibt die rasch erfassbare nötige Übersicht und belässt der unteren Ebene genügend Spielraum für eigene Entscheide. Leider wird diese Art des stufengerechten Vorgehens von den Verwaltungen höherer Ebenen (vor allem Kanton) nicht verstanden. Mit generellen Flächendiagrammen lassen sich leicht mehrere Varianten ohne zu grossen Arbeitsaufwand als Diskussionsgrundlage erstellen.

Für definitive Darstellungen, die auch kartographisch überzeugen, sind Figuren wie *Quadrate, Rechtecke* oder *Kreise* geeignet. Andere geometrische Figuren, etwa Dreieck oder Polygon eignen sich nicht. Der Flächeninhalt entspricht dabei dem Wert. Im Gegensatz zur Berechnung einiger genormter Figuren müssen alle darzustellenden Werte einzeln umgesetzt werden, ev. nur über einem festgelegten Schwellenwert. Diese mühsame Arbeit kann heute durch den Einsatz eines PC wesentlich erleichtert werden, sei es für die Berechnung oder für die Erstellung der Karte. Ist die Bandbreite der darzustellenden Werte so gross, dass Flächendiagramme zu Schwierigkeiten bei der Verteilung im zur Verfügung stehenden Raum führen, so können *Würfel, Prismen* oder *Kugeln,* aber auch *Zylinder, Pyramiden* und *Kegel* als *Raumdiagramme* eingesetzt werden. Ihre Zeichnung erfordert aber einen grossen Aufwand, sei es von Hand oder bei der Programmierung.

Karten mit Flächen- oder Raumdiagrammen können graphisch sehr ansprechend gestaltet werden und erlauben die Darstellung sehr grosser Bandbreiten. Auch der geübte Kartenleser wird aber die Werte, besonders bei räumlichen Figuren, nicht mehr direkt ablesen, sondern nur noch ausmessen können. Es empfiehlt sich deshalb, solche Karten mit Legenden zu versehen, die einige typische ganze Werte und die Kurve des Wachstums der Figuren zeigen.

2.57   Anwendungen mit PC-Programmen

In diesem Bereich sind die Möglichkeiten kombinierter Programme meist sehr beschränkt. Mit speziellen Zeichenprogrammen kann jedoch die gleiche Vielfalt an Zeichen erzeugt werden wie von Hand. Namhafte Kartenwissenschafter haben sich mit der Schaffung systematischer Legenden, aufgebaut auf graphischen Grundelementen, befasst. Es konnte sich aber bisher kein System durchsetzen, was nicht negativ zu bewerten ist, denn sonst wäre der Phantasie der Kartenautoren jeder Spielraum genommen. Beim Einsatz von Computern für Flächensignaturen hält man sich aber mit Vorteil an graphische Elemente, die mit den üblichen Druckerzeichensätzen erzeugt werden können, weil man sonst riskiert, dass normale Ausgabeeinheiten nicht eingesetzt werden können.

Flächendiagramme, sowohl Quadrate als auch Rechtecke und Kreise, lassen sich relativ leicht programmieren, aber es ist unbedingt darauf zu achten, dass Möglichkeiten zur *Veränderung der räumlichen Position* eingebaut werden, damit bei der Überlappung mehrerer Figuren das graphische Bild korrigiert werden kann. Räumlich wirkende Signaturen und Diagramme können nur mit speziellen Programmen erzeugt werden und benötigen in der Regel viel Speicherplatz. Sie wirken, wie die von Hand gezeichneten, auf den ersten Blick ansprechend, lassen sich aber ebenfalls nur schwer ausmessen und quantifizieren.

Werden *thematische Kartographieprogramme* eingesetzt (z.B. Mapviewer), so empfiehlt es sich, die Kartengraphiken stichprobenweise auszumessen und sich nicht vom ansprechenden Bild täuschen zu lassen. Leider geben diese Programme oft nicht einmal in den Handbüchern die Berechnungsformeln an.

2.6 Linien, Bänder, Pfeile, Vektordarstellungen Tafeln 32, 33, 34, 35 und 36

Linien können, wie Punkt- und Flächenformen, in Karten fast beliebig variiert werden. Die grosse Gestaltungsfreiheit birgt aber auch Gefahren. Ohne Beachtung gestalterischer Grundsätze entsteht bald ein wirres und unklares Kartenbild. Eine graphisch gute, lesbare Karten kann nur erreicht werden, wenn die Arten- und Darstellungsvielfalt der Linien begrenzt wird und sie sich in ihrer Führung und den verwendeten Unterscheidungsmerkmalen deutlich gegeneinander abgrenzen. Besonders Linien sollten ohne ständige Konsultation einer Legende erkannt und begriffen werden können.

2.61 Isolinien

Isolinien verbinden Punkte gleicher Eigenschaften.

Echte Isolinien sind *fiktive Linien*, die ein *naturgegebenes Kontinuum* gliedern. Sie dienen dazu, einen sich im Raum stetig verändernden Zustand sichtbar und verständlich zu machen. Die Abstände der Werte zwischen zwei Isolinien können frei gewählt werden, der Begriff *Iso (isos, gr. = gleich)* bezieht sich nur auf den Wert des Ortes der Linie. Sie sind *nicht Grenzlinien*, die zwei Zustände trennen. Einige Beispiele:

Isoamplituden	Linien gleicher Schwankung
Isobaren	Linien gleichen Luftdrucks
Isobathen	Linien gleicher Tiefe
Isochronen	Linien gleicher Zeitabstände oder Zeitpunkte
Isogonen oder Isodeklinaten	Linien gleicher Deklination
Isohumiden	Linien gleicher relativer Luftfeuchtigkeit
Isohyeten	Linien gleichen Niederschlags
Isohypsen	Linien gleicher Höhe
Isoklinen oder Isoklinaten	Linien gleicher magnetischer Inklination
Isotachen	Linien gleicher Geschwindigkeit
Isothermen	Linien gleicher Temperatur
Isallobaren	Linien gleicher Luftdruckveränderung in einem Zeitraum
Isallothermen	Linien gleicher Temperaturveränderung in einem Zeitraum
Isanomonen	Linien gleicher mittlerer Windstärke
Isohalinen	Linien gleichen Salzgehaltes

Isochronen beziehen sich oft nicht nur auf das naturgegebene Kontinuum des zeiträumlichen Abstandes, sondern auch auf die Möglichkeiten beschleunigter Fortbewegung mit Verkehrsmitteln (Bahn, Bus, Auto). Die Fragen ihrer Konstruktion verdienen eine kurze Darlegung. Konzentrisch kreisförmig gezeichnete Isochronen ausgehend von einem Punkt (z.B. Haltestelle eines öffentlichen Verkehrsmittels) setzen eine gleichförmige ebene Topographie, ohne jegliche Hindernisse oder Wege voraus, was besonders in einem dicht genutzten Land mit bewegter Topographie wie der Schweiz nicht der Wirklichkeit entspricht. Soll das ganze Raum-Zeit-Kontinuum erfasst werden, so müssen die Zeiten entlang der Wege, unter Einrechnung der effektiven Distanzen und der Steigungen konstruiert werden. Für das Zwischengelände sind die topographischen Verhältnisse (z.B. unüberwindbare Hindernisse wie Flüsse oder Felswände) bei der Konstruktion zu berücksichtigen. Isochronen können sich auf die Verkehrserschliessung beziehen (z.B. Abstände bis zum nächstgelegenen Haltepunkt eines öffentlichen Verkehrsmittels), oder sie können sich auf Abstände von Zentren beziehen (z.B. Karte der Fahr- und Wegzeiten von Bern aus).

IMHOF [1972] beurteilt die Lust, für jede sich bietende Möglichkeit eine Isolinien zu benennen recht ironisch: "In der wissenschaftlichen Literatur und in Kartenwerken finden sich Dutzende von Isolinien-Begriffen für naturgegebene Kontinua. Nicht alle sind gut, nicht alle sind notwendig, nicht alle sind lebensfähig, nicht alle sind verständlich. - Des Menschen Wille aber ist auch in der Wissenschaft sein Himmelreich!"

Unechte Isolinien sind *Grenzlinien* zwischen zwei unterschiedlichen Zuständen, die durch einen stufigen Übergang getrennt sind. Dazu gehören Linien, welche in Punktkarten Felder verschiedener *Dichte* gegeneinander abgrenzen. Ihre Konstruktion ist viel unsicherer als etwa die Interpolation von Höhenkurven aufgrund von Messtischpunkten. Sollen in einer Bevölkerungspunktkarte Felder gleicher Dichte mit Isolinien ausgeschieden werden, so können die Grenzen nur approximativ festgelegt werden, und es verbleibt immer ein grosser Spielraum für verschiedene Interpretationen. RATAJSKI [1973] diskutiert die Konstruktionsfragen von Isolinien auf mathematischer Basis.

2.62   Bänder

Bänder eignen sich zur Darstellung von Werten, die sich auf ein lineares Kartenelement beziehen. So können *Zugsfrequenzen, Passagierzahlen* oder *Tonnagen* einer Bahnlinie oder die *Verkehrsdichte* einer Strasse sehr gut mit Bändern gezeigt werden. Banddarstellungen müssen in ihrem Verlauf immer sehr stark generalisiert werden, damit sie lesbar bleiben. Damit können bei Kombinationen Konflikte mit anderen Aussagen entstehen. Die Wahl der Bandbreiten muss sorgfältig auf die darzustellenden Werte abgestimmt werden, denn Bandbreiten sind *immer linear* und es kann nicht ausgewichen werden wie bei Signaturen. Auch die grössten Werte dürfen nicht das Kartenbild sprengen. Es empfiehlt sich, vom grössten Wert her den Massstab zu bestimmen und für nicht mehr deutlich darstellbare kleine Werte eine feste summarische Signatur zu brauchen.

Bänder einer Linie können nicht nur Gesamtmengen zeigen, sondern auch weiter gegliedert werden:
- Richtungswerte zeigen Belastungsdifferenzen der beiden Richtungen an,
- Zielwerte gliedern den Gesamtwert nach verschiedenen Zielpunkten,
- Summenwerte teilen die Gesamtwerte in qualitative Gruppen auf, z.B. Personenwagen, Motorräder, Lastwagen auf einer Autobahn oder Schnell-, Regional-, Güter- und Dienstzüge einer Bahnlinie,
- Werte verschiedener Zeitpunkte machen dynamische Veränderungen sichtbar,
- Zeitwerte von einem Zentrum aus verdeutlichen die Abhängigkeit der Verkehrsmenge zum Zeitaufwand.

2.63   Vektor- und Polarkoordinatendastellungen

Von einem Punkt aus können Vektoren gezeichnet werden, als Orts- oder Gebietsdiagramme. Die Vektoren können entweder nur *Richtung* und *Länge* der Bewegung angeben oder mit ihrer Breite auch weitere Werte ausdrücken. Vektordarstellungen sind auch *Pfeile*, die einen *zurückgelegten Weg* von einem Anfangs- zu einem Endpunkt zeigen, wobei die Breite des Pfeils einen weiteren Wert enthalten kann.

Unter den *Polarkoordinatendarstellungen* sind die *Windrosen* am bekanntesten, welche die Windrichtungen und Häufigkeiten angeben. Sie zeigen also *nicht* die Bewegung des Windes, sondern eine Intensität.

2.64   Pfeile

Pfeile, die nicht die definierten Anforderungen von Vektoren aufweisen, sind ein beliebtes Element zur Darstellung *linearer dynamischer Vorgänge*. Sie lassen sich in ihrer graphischen Form breit variieren (**Tafel 36**). Sie sollten in Scharen immer gleich lang gezeichnet werden, um nicht den Charakter von Vektoren vorzutäuschen.

2.65   Anwendungen mit PC-Programmen

Normale kombinierte PC-Programme können *keine räumlich verteilten Linien* zeichnen. *Graphikprogramme* lassen dies zu, der Zeitaufwand, um z.B. mit der Maus Linien in kartographisch korrekter Lage zu zeichnen kann aber grösser sein als bei der Zeichnung von Hand. Grundgerippe können gezeichnet und anschliessend mit *Scannern* digtalisiert werden. Sollen Daten umgesetzt und räumlich verteilt werden, so müssen in der Regel spezielle

Programme eingesetzt oder selbst geschrieben werden. Als Anregung können die folgenden Ausführungen dienen:

Isolinien sind das wohl beliebteste Mittel um *punktförmig zusammengefasste Daten flächenhaft* zu interpretieren. Auch hier bestehen für die automatische Erstellung erhebliche Schwierigkeiten, und eine angepasste Generalisierung ist noch kaum möglich. Bereits vor 60 Jahren entwickelte UHORCZAK [1930] (damals in Lwòw, später in Lublin) in ersten Ansätzen eine Methode, die zur Umsetzung statistisch erhobener Werte in Isolinien geeignet ist, und die mit den Möglichkeiten eines PC ohne weiteres programmiert werden kann:

- Die statistischen Werte werden im Zentrum der Bezugsfläche oder im Schwerpunkt der Einzelwerte (z.B. Hauptort) als dritte Dimension (analog einer Höhenkote) fixiert.
- Zu den Punkten aller anliegenden Flächen werden Profillinien konstruiert, auf denen die Grenzwerte (analog Zählkurven) eingetragen werden.
- Die Projektionen der einzelnen gleichwertigen Punkte werden mit Geraden verbunden.
- Es entsteht eine Art "Höhenkurvenbild" mit Isolinien gleicher Werte, das sich aber durch die geraden Linien deutlich vom gewohnten Bild abhebt und deutlich macht, dass es sich um eine Konstruktion handelt.
- Flächen zwischen markanten Grenzwerten können in der Art von Höhenschichten mit Farbtönen belegt werden.

Treten bei einer solchen Konstruktion kleine Veränderungen statischer Werte auf, die bei einer üblichen Kategorienbildung mit einem Flächenmosaik nicht in Erscheinung treten würden, so verschieben sich die Kurven und die Veränderung wird in jedem Fall sichtbar. Das Beispiel wird hier angeführt, um zu zeigen, dass ein Gedanke auch "zu früh" sein kann, denn die Konstruktion der beschriebenen Isolinien von Hand war dermassen aufwendig, dass sie kaum angewandt wurde. Mit einem Computer lässt sie sich mit einem kleinen Programm leicht bewältigen.

Linien und Banddarstellungen, die wenn möglich noch topographischen Formen folgen, lassen sich nur auf einem Zeichenbildschirm erstellen und einlesen. Die automatische Zuordnung von Werten, z.B. die Breite eines Bandes aufgrund eines statistischen Wertes, kann nur mit speziellen Programmen erfolgen.

2.7   Kombinationen   Tafeln 32 bis 38

Die Geographie hat ein besonderes Bedürfnis, komplexe Sachverhalte in einem Raum synoptisch darzustellen. Zu den vielfältigen Möglichkeiten können hier nur einige Anregungen gemacht und Beispiele gezeigt werden.

2.71   Fragen der Darstellung und der Systematik

Geographische Analysen berühren in verschiedenen Räumen immer wieder gleiche oder ähnliche Themenkreise (z.B. Bevölkerungs- und Wirtschaftsfragen, Verteilung der Nutzungen u.ä.). In einigen Fachgebieten konnten sich *Konventionen* durchsetzen. So sind die Signaturen *meteorologischer Karten* weltweit standardisiert, auch die *Luftfahrtkarten* weisen einheitliche Legenden und Signaturen auf. *Geologische und pflanzengeographische Karten* haben international normierte Farben und Signaturen. Auch für die Signaturen *militärischer Karten* werden über alle Armeen hinweg sehr ähnliche Zeichen verwendet.

Verschiedene Autoren haben immer wieder methodische Systeme von Signaturen für allgemeine thematische Karten entworfen, die allgemeingültig werden sollten, z.B. RATAJSKI [1971]. Ziel war immer auch die Schaffung kombinierter Aussagen. Bisher konnte sich aber kein System durchsetzen. Eigentlich zum Glück, denn das würde die kreative Freiheit der Kartengestaltung in ein unerträgliches Korsett zwängen. Zu diesen Fragen haben schweizerische Kartenautoren von Rang Stellung genommen:

HANS BOESCH [1968]:"Während bei topographischen Karten eines Staates die Ausführung in der Regel in allen Einzelheiten durch amtliche Erlasse geregelt ist, bieten thematische Karte jede Möglichkeit zu individueller Gestaltung des Inhalts. Darin liegt das Besondere, geradezu Faszinierende der Beschäftigung mit solchen Karten. Freilich hat man auch auf diesem Gebiet schon begonnen, Normen aufzustellen, Signaturentabellen anzulegen, usw.. Solche Entwicklungen müssen aber das Schöpferische ersticken und sind heute erst in wenigen Fällen sachlich gerechtfertigt."
EDUARD IMHOF [1972]:"Internationale Normung aller Kartensignaturen ist ein irrealer Wunschtraum weltfremder Kartosophen."

Bei aller Freude am freien Gestalten hängt eine gut gelungene Karte auch von der Beachtung einiger Grundsätze ab. So sollten die *Ausdrucksmittel dem Charakter der darzustellenden Aussage* entsprechen, also

- Elemente, die Flächen effektiv bedecken, mit Farb- oder Rasterflächen,
- gegliederte Kontinua mit Isolinien,
- punktförmige mit Signaturen oder Diagrammen,
- administrativ abgegrenzte statistische Werte mit Säulen, Stäben und Diagrammen,
- lineare Aussagen mit Bändern,
- dynamische Vorgänge mit Vektoren und Pfeilen.

Während verschiedene Einzelsignaturen, Diagramme und Bänder in einer Karte ohne weiteres nebeneinander Platz finden, ist nicht ratsam, mehrere flächige Aussagen zu überlagern, es sei denn, die Kombination selbst führe zu einer weiteren Aussage. Besser ist es, die Elemente vorher zu neuen Kategorien zusammenzuführen, z.B. mit Dreieckskoordinaten.

Sollen *Physiotope* gezeichnet werden, zusammengesetzt aus Einzelelementen des Naturraumes, z.B. Hangneigung und Exposition, geologischer Untergrund, Boden und Klimadaten, so können entsprechend den Grundsätzen die Hangneigung und Exposition als deutlich unterschiedliche Schraffen, der geologische Untergrund mit Farbtönen oder Flächenrastern, der Boden als Einzelsignatur an den Aufschlussstellen und die klimatischen Werte als Stäbe oder Isolinien gezeichnet werden. **Tafel 38** zeigt einen Ausschnitt einer solchen Karte, welche für die Region Burgdorf einfarbig erstellt wurde, allerdings ohne Klimakomponente. Im Rückblick muss gesagt werden, dass diese Karte, trotz ihres klaren graphischen Bildes, von den Benützern, eingeschlossen professionelle Raumplaner aus der Architektur, wenig verstanden und kaum gebraucht wurde.

Karten wiederum, die Kombinationen mit Summen oder Quotienten der einzelnen Faktoren ausdrücken und daraus nur einfache Farb- oder Rastermosaike ableiten, wirken für das Auge einfacher, bieten aber ebenfalls keine Gewähr verstanden zu werden. Dem kreativen Gestalten einer komplexen Karte sind also von der Benutzerseite her Grenzen gesetzt, die vor der Erstellung erkannt werden sollten.

2.72   Probleme der zeitlichen Abfolge   **Tafeln 14 und 15**

Die Kombination verschiedener zeitlicher Zustände auf einer Karte bereitet meist Schwierigkeiten. Einfacher ist die Darstellung der *Veränderung* an sich, z.B. Mutationskarten verschiedener Elemente, wie Landnutzung, Bevölkerung und Industrie in einer Zeitperiode. Zwei Darstellungen der geschossweisen Nutzungsart in der Altstadt von Bern in den Zeitpunkten A und B lassen sich weniger leicht lesen als eine Mutationskarte mit Kategorien, welche den Wandel von A zu B direkt darstellen. Möglich ist die Darstellung verschiedener Zustände durch eine Reihe von *durchsichtigen Deckblättern*, die aber genau passen müssen und nur in wenigen Fällen technisch realisierbar sind.

2.73   Einbezug der dritten Dimension   **Tafel 37**

Aussagen, die kombiniert oder verknüpft werden sollen, können sich in der Natur auf verschiedenen räumlichen Ebenen abspielen. Ein Beispiel dafür ist das Grundwasser. Hier stellt sich die Frage, welche Ebene kartiert werden soll: Die Oberfläche, die nur Austritte und Versickerungen, Gefährdungen und technische Anlagen zeigen kann, deren Topographie aber ein unentbehrliches Orientierungsmittel ist; der Grundwasserleiter oder der Grundwasserstauer, beides wichtige Elemente, die aber nur punktförmig bekannt sind und sonst durch Interpolation von Messreihen bestimmt werden müssen. Wie sollen zwei übereinanderliegende Aussagen, wie z.B. der Grundwasserspiegel und der Grundwasserstauer, die zusammen die Form des Grundwasserleiters bestimmen, auf der Fläche der Karte gezeigt werden? Eine Möglichkeit besteht im Entwurf *verschiedenfarbiger Isohypsen* für die beiden Flächen. Das Bild wird aber wenig anschaulich. Ein anderer Weg wurde versucht mit regelmässig verteilten kleinen, kreisförmigen Flächen, die durch Randschatten optisch "erhöht" wurden. Diese "Tabletten" suggerieren Reste einer weggelassenen höher gelegenen Ebene. Wird als Hauptaussage die Zusammensetzung des Grundwasserleiters gezeigt, so können mit "Tabletten" Deckflächen dargestellt werden. Umgekehrt wurden analog zu ausgehobenen Löchern "Fenster" in tiefere Schichten geschaffen, um weitere Stockwerke des Grundwassers oder lokale Stauschichten zeigen zu können. Die Grösse der "Löcherschatten" erlaubt sogar eine beschränkte Aussage über ihre relative Tiefe zur Hauptschicht. Aber auch bei diesen Karten gilt - leider - das oben Gesagte über das mangelnde Verständnis der Benützer.

Die dritte Dimension kann direkt einbezogen werden, wenn das *räumliche Sehen des Auges* genutzt wird. In der Art der *stereoskopischen* Luftbilder werden die Karteninhalte bearbeitet, getrennt in farblich differenzierte und seitlich leicht verschobene Bilder für das linke und das rechte Auge. Wird die Karte mit einer entsprechenden Brille betrachtet, so erkennt das Auge die Untergrundbahn oder Kabelstränge *unter der Oberfläche*. Auch Isolinien können so gezeichnet werden um dem Betrachter ein räumliches Bild zu vermitteln. Für eine breite Anwendung sind solche Karte nicht geeignet, ebenso wie bisher die Möglichkeiten von *Hologrammen*. Es ist aber denkbar, dass in dieser Richtung neue Entwicklungen kommen werden.

2.74   Einsatz von Computern

Mit Zeichen- und GIS-Programmen und lassen sich kombinierte thematische Karten herstellen, die auf den traditionellen graphischen Möglichkeiten und Zeichen aufbauen. In der Raumplanung kann für die Richtpläne der Zeitaufwand für das Erstellen, das nötige Austesten und die zahlreichen Anpassungen und Korrekturen im Verlaufe der Mitwirkung und Vernehmlassung erheblich gesenkt werden, und die periodische Nachführung wird leicht möglich. Viele Kantone haben für ihre Richtpläne von diesen Möglichkeiten Gebrauch gemacht. Für die Berechnung von Modellen in vielen Varianten müssen meist noch eigene Programme entwickelt, oder bestehende angepasst werden. Mit einigem Geschick lassen sich auch die Differenzen zwischen den Modellen erfassen und präsentieren.

Die neuen kartographischen Publikationen und Zeitschriften sind voll von Vorschlägen und Diskussionsbeiträge zur Umsetzung statistischer Daten und zur Gestaltung thematischer Karten. Welche Lösungen eine grössere Verbreitung erhalten werden, ist völlig offen.

SCHLUSSWORT

Für die Herstellungs- und Bearbeitungstechniken konnten in diesem *einführenden Skript* neue Methoden kurz beschrieben werden. Der Teil der thematischen Kartographie musste sich auf grundsätzliche Aspekte beschränken. Bewusst wurden einfache Beispiele aufgeführt um die Grundfragen zu zeigen.

Ich hoffe, bei Geographinnen und Geographen ein Interesse an der Gestaltung von Karten geweckt zu haben. Vielleicht packt Sie später angesichts eines gestellten Problems plötzlich die Freude, mit Geschick und Phantasie eine eigene, gut durchdachte neue Lösung zu suchen und ausgetretene Pfade zu Verlassen. Die Programmanbieter stellen dazu immer bessere und günstigere Instrumente zur Verfügung. Aber jedes Programm erlaubt nur schon gedachte Wege und Möglichkeiten; die Kreativität des Menschen ersetzen können sie nicht.

Bern im September 2000 Charles Mäder

Tafel 1

Irreführung durch falsche Generalisierung

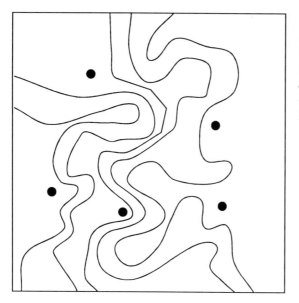

Aufgrund der Daten von nur fünf Messstellen wurden Isolinien gleichen Niederschlages entlang der Höhenkurven *ohne Generalisierung* gezogen. Die Linien täuschen eine Genauigkeit vor, die bei der kleinen Zahl der Messstellen nicht vorhanden ist.

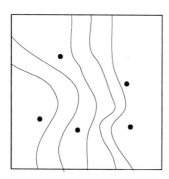

Besser ist die Wahl eines kleineren Massstabes und eine *starke Generalisierung* des Kurvenbildes. Datendichte und Karte stimmen überein.

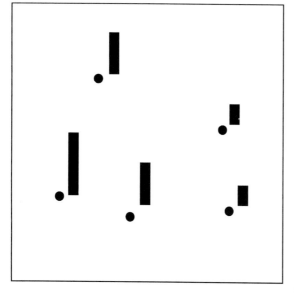

Soll der grosse Massstab beibehalten werden (z.B. wegen der Grundkarte oder weiteren detaillierten Inhalten), werden besser nur die Punkte mit den Messwerten eingetragen und auf die Isolinien verzichtet.

nach GROSJEAN

Tafel 2

Irreführung durch falsche Wahl der Signaturenwerte

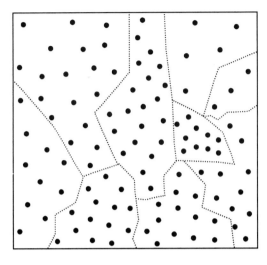

Die Einwohnerzahlen von Gemeinden eines Gebirgstales werden in *Punkten von je 100 Einwohnern* dargestellt.

Die Signaturen werden über das ganze Gemeindegebiet regelmässig gestreut, da die örtliche Lage der Werte nicht bekannt ist.

Das Kartenbild entspricht mit Sicherheit nicht der tatsächlichen Situation.

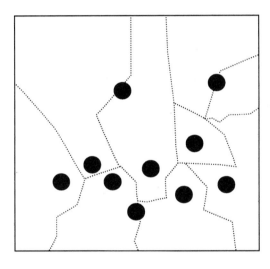

Die gleiche Aufgabe mit einem Signaturenwert von *1000 Einwohnern für einen Punkt*.

Die Punkte werden im Bereich der Siedlungen in der Talachse, entsprechend dem Dauersiedlungsgebiet verteilt. Nötige Zusammenfassungen mehrerer Gemeinden werden auf den Grenzen plaziert.

Das Kartenbild ergibt ein informativeres Bild und entspricht in seiner graphischen Aussage den statistischen Daten besser.

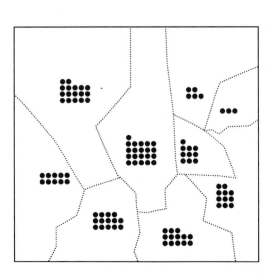

Sollen die statistischen Daten direkt zählbar bleiben, so können die *Punkte von 100 Einwohnern* beibehalten werden.

Die Punkte werden aber als *Zählrahmen* im Siedlungsbereich angeordnet.

Es wird nicht räumlich etwas vorgetäuscht, das aufgrund der Daten gar nicht bekannt sein konnte.

nach GROSJEAN

Tafel 3

Irreführung durch falsche Detaillierung der Signaturen

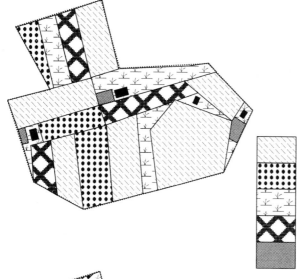

Können für eine Landnutzungskarte die effektiv angebauten Kulturen lagerichtig dargestellt werden, so entsteht eine detaillierte Karte mit echter Aussage.

Getreide

Kartoffeln

Kunstwiese

Mais

Garten, Feldgemüse

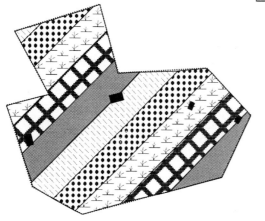

Werden die Daten der gemeindeweisen Anbaustatistik entnommen und die vorhandenen Kulturen als *gleichwertige* Streifen eingetragen, so wird eine differenzierte Aussage vorgegaukelt, welche der Aussage der Erhebung nicht entspricht.

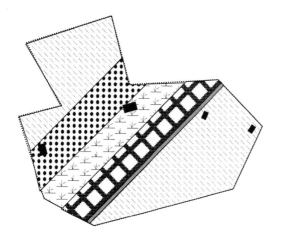

Wird an einer flächenhaften Darstellung festgehalten, so müssen die Streifenbreiten den Flächenanteilen der Kulturen entsprechen, oder es wird nur eine zusammenfassende Kategorie (z.B. vorwiegend Ackerbau) ausgeschieden . Eine Darstellung mit Säulendiagrammen ist in einem solchen Fall meist leichter lesbar.

nach GROSJEAN

Tafel 4

Irreführung durch fehlenden Flächenbezug

Ausländische Wohnbevölkerung
Foreign residents

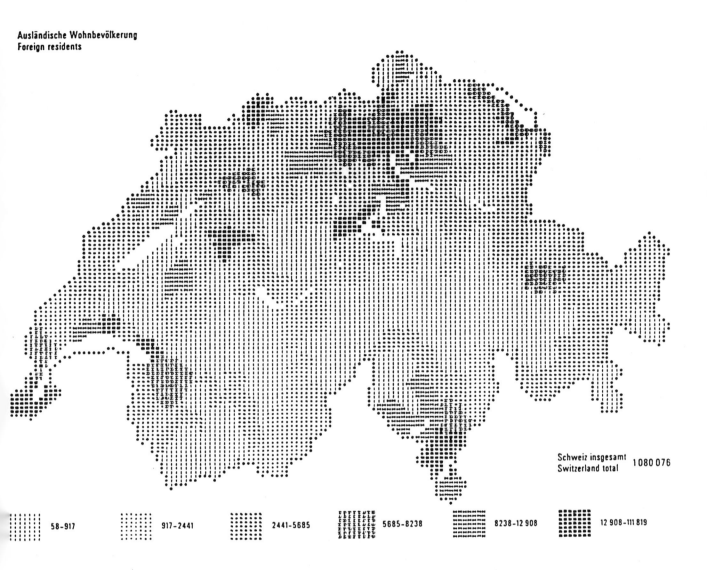

Schweiz insgesamt 1 080 076
Switzerland total

58-917   917-2441   2441-5685   5685-8238   8238-12 908   12 908-111 819

Ein schlimmer Fehler ist die Verteilung absoluter Werte auf eine Fläche. Noch schlimmer ist es, graphisch den Eindruck von Einheitsflächen vorzuspielen, die gar nicht vorhanden sind.

Diese Printerkarte erweckt durch die grobe Rasterung der Printerfelder den Eindruck einer Einheitsflächenkarte.

Es werden aber nur die Werte auf die den einzelnen Bezirken zugeordneten Printerfelder verteilt.

Computeratlas der Schweiz 1972

Tafel 5

Irreführung durch falsche Relatition zur Fläche

Absolute Darstellung   Relative Darstellung bezogen
der Zu - und Abnahen   auf die ganze Fläche

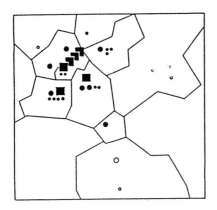
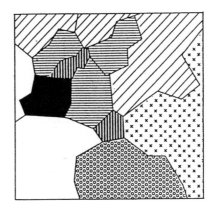

Zunahme		*Abnahme*		*Zunahme %*		*Abnahme %*	
■	10'000 E	o	1'000 E	▨ 0-10		☐ 0 - 5	
●	1'000 E	∘		10-20		5 -10	
·	100 E		100 E	20-50		10-20	
				50-100		20-50	

Die Abnahme von wenigen 100 Einwohner fällt in der relativen Darstellung optisch gegenüber den absoluten
Zunahmen von über 60'000 E viel zu stark ins Gewicht. Die grossen Flächen der dünn besiedelten Gebiete verfälschen das Bild zusätzlich.

Volksdichte in einem Bergtal

Einwohner je km^2 Einwohner je km^2
ganzes Gemeindegebiet   Dauersiedlungsgebiet

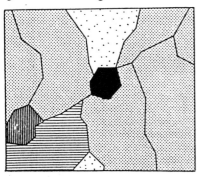
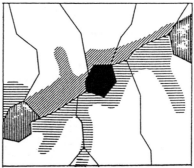

☐	1 - 10
░	10 - 25
▤	25 - 50
▨	50 - 100
▦	100 - 250
■	250 - 500

Der Bezug auf die ganze Gemeindefläche erweckt in den nur teilweise
dauernd besiedelten Gemeinden den falschen Eindruck einer dispersen
dünnen Besiedlung.

Wird als Bezugsfläche nur das Dauersiedlungsgebiet genommen, entsteht
ein wiklichkeitsnahes Bild.

nach GROSJEAN

Tafel 6

Irreführende Mittelwerte

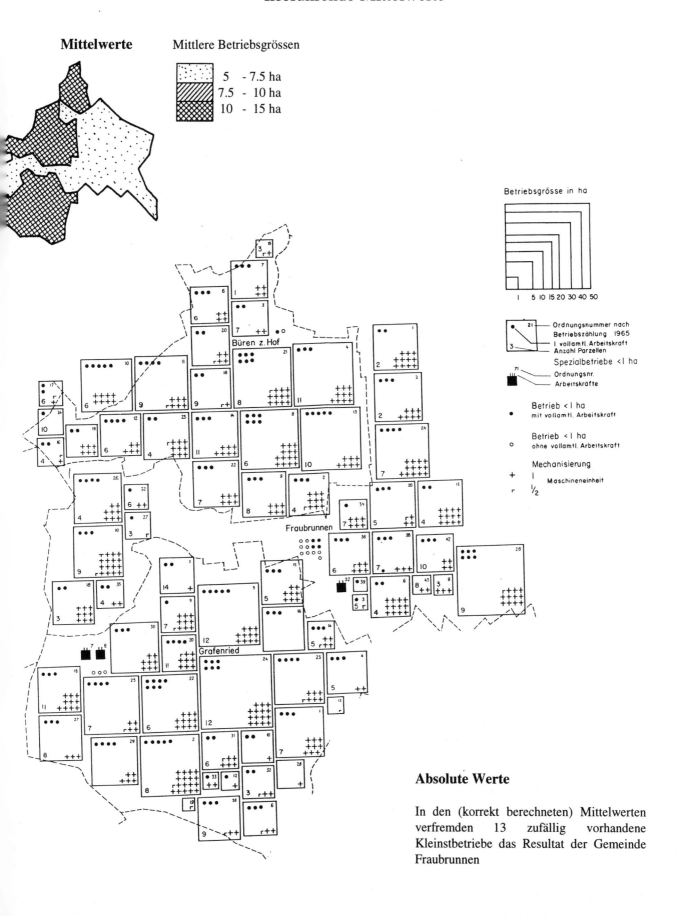

Mittelwerte　　Mittlere Betriebsgrössen

5　- 7.5 ha
7.5　- 10 ha
10　- 15 ha

Absolute Werte

In den (korrekt berechneten) Mittelwerten verfremden 13 zufällig vorhandene Kleinstbetriebe das Resultat der Gemeinde Fraubrunnen

Tafel 7

Absolute und relative Altersdiagramme

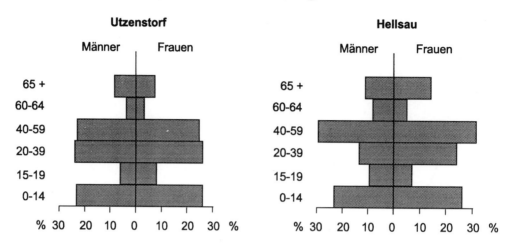

Ganz irreführend sind gleich dargestellte Anteile ungleicher Altersgruppen.

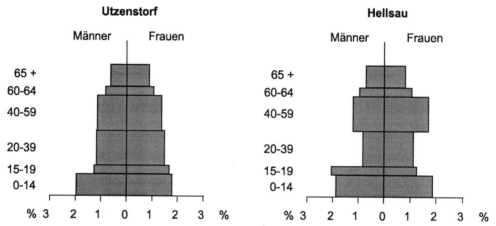

Werden die Prozentanteile auf die Jahrgänge bezogen und die Gruppenbreiten nach der Anzahl Jahrgänge gewählt, kommt das Bild der Realität näher.

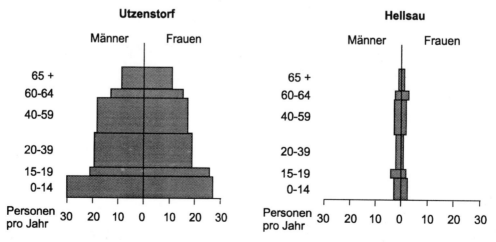

Die effektiven Gewichte kommen bei einer absoluten Darstellung zur Geltung.
Allerdings können kleine Einheiten kaum mehr lesbar sein, während sehr grosse den
Massstab sprengen.

Tafel 8

Hektarraster mit Anpassung in einem bebauten Gebiet

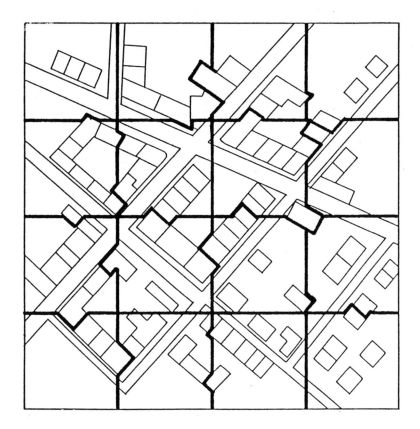

nach GROSJEAN

Tafel 9

Zuordnungsprinzipien in einem Hektarraster

Aufarbeitung eines Landnutzungsmusters

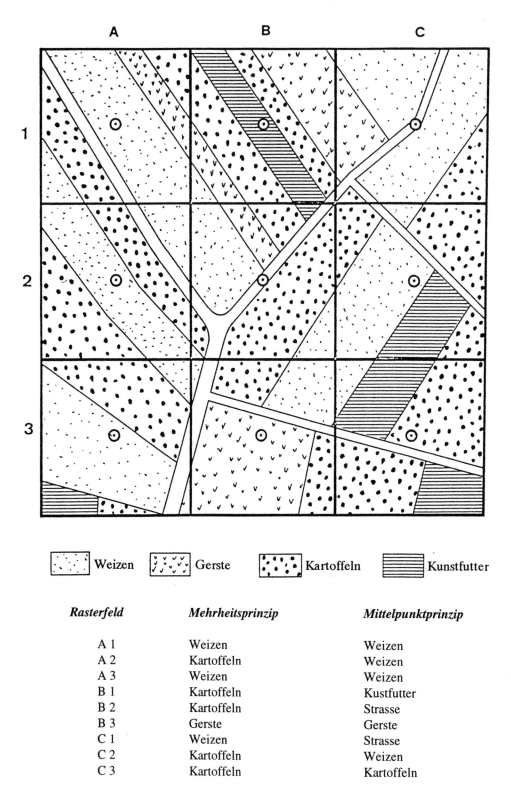

| ⊡ Weizen | ⋎⋎⋎ Gerste | ∴ Kartoffeln | ▤ Kunstfutter |

Rasterfeld	Mehrheitsprinzip	Mittelpunktprinzip
A 1	Weizen	Weizen
A 2	Kartoffeln	Weizen
A 3	Weizen	Weizen
B 1	Kartoffeln	Kustfutter
B 2	Kartoffeln	Strasse
B 3	Gerste	Gerste
C 1	Weizen	Strasse
C 2	Kartoffeln	Weizen
C 3	Kartoffeln	Kartoffeln

nach GROSJEAN

Tafel 10

Einheitsflächenkarten

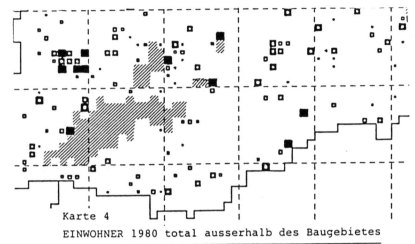

Karte 4

EINWOHNER 1980 total ausserhalb des Baugebietes

			Anzahl ha	%	Anzahl E.	%
+	0	Einwohner	54	12	0	0
·	1 - 2	Einwohner	75	17	121	5
▫	3 - 4	Einwohner	92	20	329	14
▫	5 - 6	Einwohner	87	19	478	21
▫	7 - 8	Einwohner	69	15	511	22
◻	9 - 10	Einwohner	37	8	350	15
◻	11 - 12	Einwohner	14	3	157	7
■	13 +	Einwohner	22	5	374	16
			450	100	2'320	100

Plotterkarten des Hektarrasters der Volkszählung 1980

Die Einwohnerzahlen wurden hektarweise erhoben und zugeordnet. Die Zahl der möglichen Klassen war beschränkt. Sie konnten für den Ausddruck vom Benützer bestimmt werden. Das Beispiel diente zur Analyse der Bevölkerung ausserhalb der Bauzonen und musste deshalb mit sehr kleinen Werten rechnen.

Das Steuungsbild gibt einen guten optischen Eindruck, liesse sich aber nur mit einer unterlegten Topographie leicht lesen.

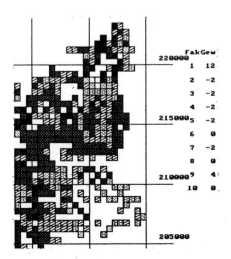

	FakGew
220000 1	1
2	0
3	0
4	0
215000 5	0
6	0
7	0
8	0
210000 9	0
10	0
205000	

Einheitsflächen von 500 x 500 m Grösse für eine Potentialanalyse mit zehn Faktoren

Das Untersuchungsgebiet wurde anhand des Koordinatenneztes eingeteilt. Jeder Faktor wurde aufgrund bestimmter Kriterien in sechs Stufen bewertet (0-5).

Karte eines Faktors

Das Kartenbild ist anschaulich, die einzelnen Flächen lassen sich nur mit einer unterlegten Topographie leicht lesen.

	FakGew
220000 1	12
2	-2
3	-2
4	-2
215000 5	-2
6	0
7	-2
8	0
210000 9	4
10	0
205000	

Karte einer Faktorkombination

Die einzelnen Faktoren wurde bei der Berechnung unterschiedlich gewichtet. Die Klassenbildung erfolgte frei.

Gewichtung und Klassenbildung bestimmen weitgehend das Bild. Es besteht die Gefahr, dass der Autor variiert, bis das Bild seinen Erwartungen entspricht.

Tafel 11

Dynamische Kartierungen 1

Flächenraster

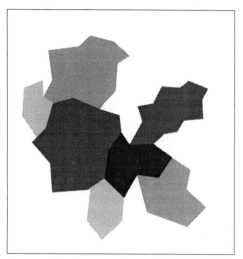

Wachstum eines Territoriums in einzelnen Phasen, dargestellt nach dem Prinzip je später, desto heller der Raster.

Phase 1

Phase 2

Phase 3

Phase 4

Pfeile mit unterschiedlichen Rastern

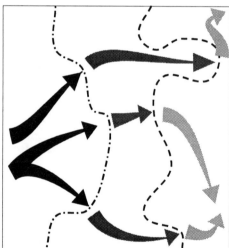

Phase 1

Phase 2

Phase 3

Phasenablauf einer Bewegung, z.B. militärische Operationen, aber auch für Stadtentwicklungsrichtungen, Windzirkulationen, Eisbewegungen in Gletschern und andere.

Zustand und Veränderung

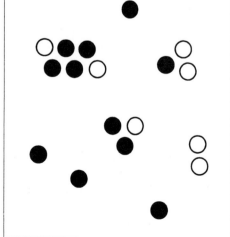

Zustand
100 Einwohner

Zuwachs
100 Einwohner

Ein Zustand wird mit Punkten kartiert. Die Veränderung zu einem zweiten Zeitpunkt wird mit graphisch verschiedenen, gleichwertigen Punkten eingetragen.

Tafel 12

Dynamische Kartierungen 2

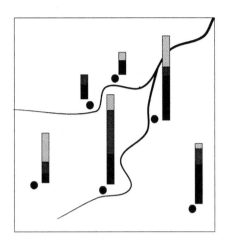

Zustand und Zuwachs in zwei Phasen

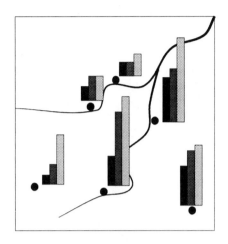

Zustand in drei Zeitpunkten

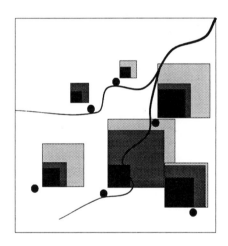

Zustand und zwei Zuwachsphasen

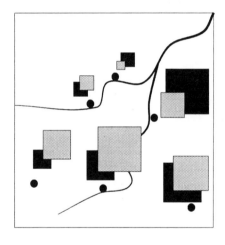

Zustände in zwei Zeitpunkten

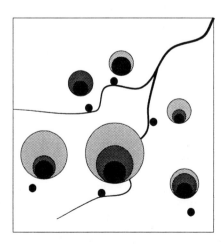

Zustand und zwei Zuwachsphasen

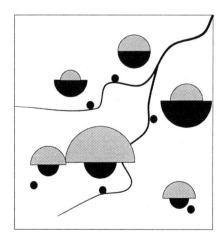

Zustände in zwei Zeitpunkten

Tafel 13

Dynamik der graphischen Form

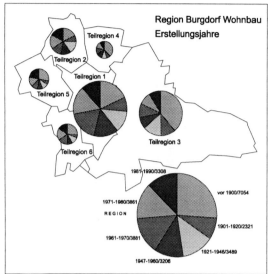

Die Entwicklung der Wohnbautätigkeit wird anhand der Bauperioden gezeigt. Die einzelnen Perioden umfassen nicht immer gleiche Zeiträume. Es wird nur die graphische Form variiert.

Tortengraphik, Sektorenflächen proportional zur Menge.

Wirkt wenig dynamisch, Anteil am Ganzen leicht ersichtlich, aber absolute Werte schlecht ablesbar.

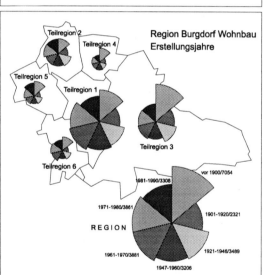

Tortengraphik mit **festen Sektoren**, Radien variabel, Flächen entsprechen den Mengen.

Einzelne Extreme fallen sofort auf, Anteile und absolute Werte nicht ersichtlich.

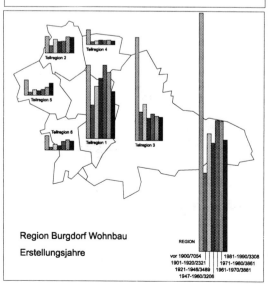

Balkengraphik, Längen entsprechen den Mengen, ganze Figur zeigt die Gesamtmenge.

leicht lesbar, wirkt dynamisch, Entwicklungen in der Zeit ablesbar.

Vorsicht ist geboten, weil die Perioden unterschiedliche Zeiträume umfassen.

Tafel 14

Mutationskarten

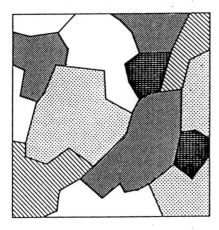

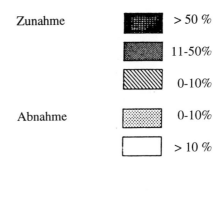

Zunahme   > 50 %

11-50%

0-10%

Abnahme   0-10%

> 10 %

Zunahme und Abnahme *in % als Flächenmosaik*

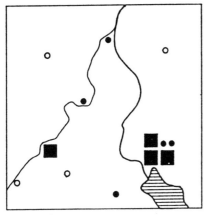

■   je 10'000 Zunahme

•   je 1'000 Zunahme

○   je 1'000 Abnahme

Zunahme und Abnahme *in absoluten Werten*

●   von Landwirtschaft zu Sekundär

■   von Landwirtschaft zu Tertiär

▲   von Landwitschaft zu Wohnen

▣   von Sekundär zu Tertiär

von Wohnen zu Arbeiten

○   Sekundär
□   Tertiär

✕   abgebrochen

▭   neu errichtet

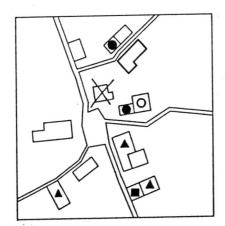

Funktionale Mutation von Gebäuden

nach GROSJEAN

Tafel 15

Mutationen 2

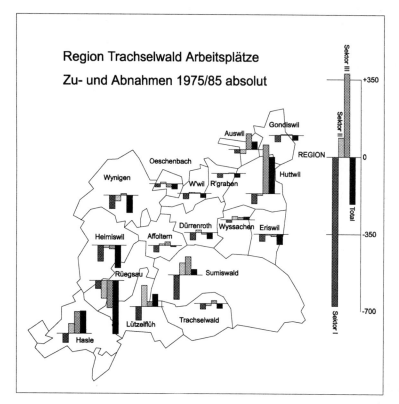

Karte der Zu- und Abnahmen der drei Wirtschaftssektoren zwischen zwei Betriebszählungen, *absolute* Werte.

Karte der Zu- und Abnahmen der drei Wirtschaftssektoren zwischen zwei Betriebszählungen, *relative* Werte.

Tafel 16

Synoptische und Synthetische Karten

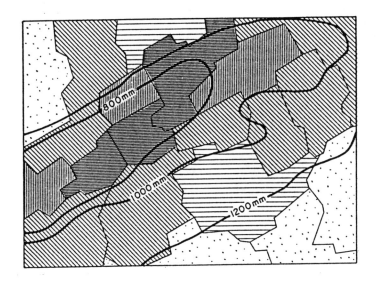

Einfache Kombination ohne Synthese

Anteil offenes Ackerland und Nieder-
schlagskurven

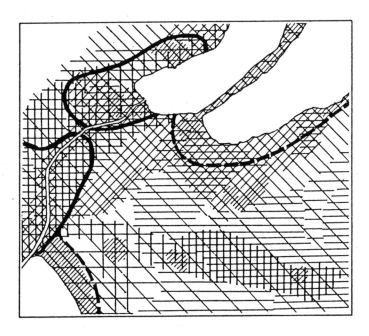

Komplexe Kombination mit Synthese

Eignung und Interesse

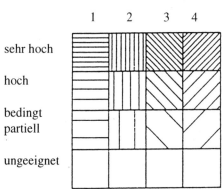

1 Landwirtschaft
2 Industrie
3 Tourismus
4 Landschaftsschutz

Konfliktgebiet   ▬▬▬▬

bedingtes Konfliktgebiet   ▬ ▬ ▬ ▪

Komplexe Einheiten

mit Codeziffern bezeichnet
(Einheitsflächenmethode)

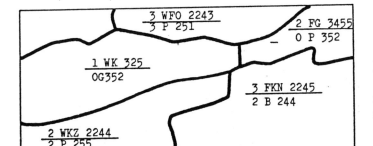

Tafel 17

Prinzip der Raumgliederung nach GRANÖ

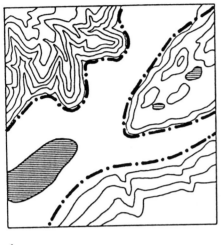

1

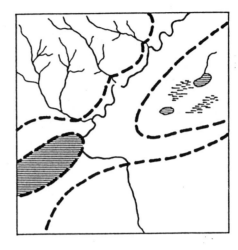

2

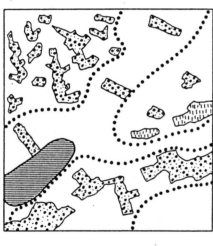

3

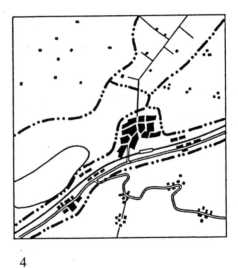

4

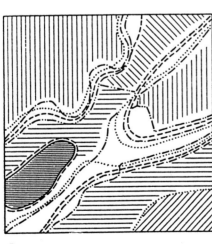

5

1   Formgebiete der Erdrinde

2   Formgebiete des Wassers

3   Formgebiete der Vegetation

4   Formgebiete des umgeformten Stoffs

5   Synthese

    Kerngebiete

Übergangsgebiete

Tafel 18

Klassenbildung

Wohndichten von 30 homogenen Sektoren einer Stadt.

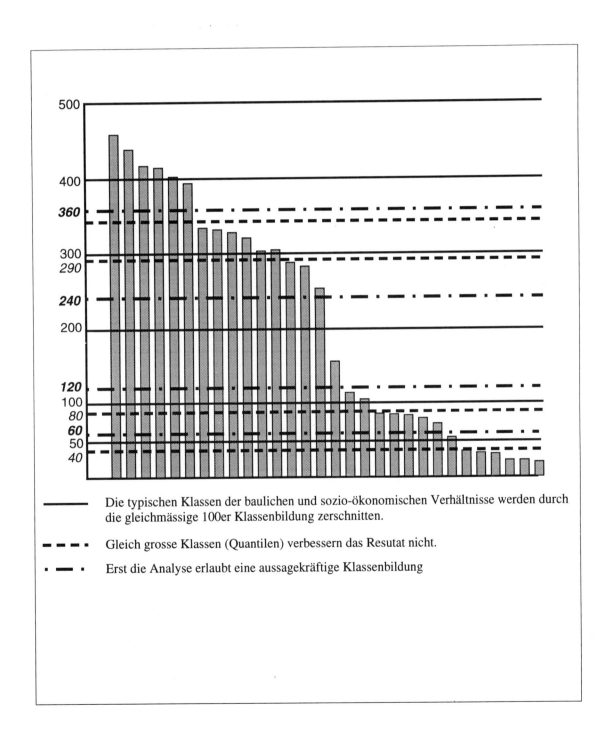

—————— Die typischen Klassen der baulichen und sozio-ökonomischen Verhältnisse werden durch
die gleichmässige 100er Klassenbildung zerschnitten.

- - - - - Gleich grosse Klassen (Quantilen) verbessern das Resutat nicht.

· — · — Erst die Analyse erlaubt eine aussagekräftige Klassenbildung

Tafel 19

Linienausdruck Proportionen

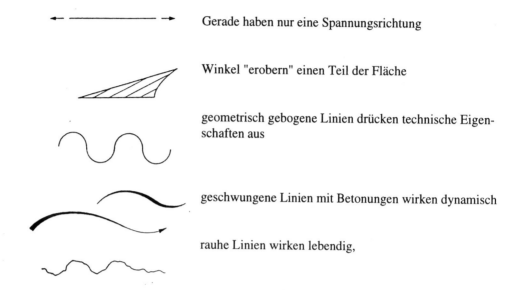

Gerade haben nur eine Spannungsrichtung

Winkel "erobern" einen Teil der Fläche

geometrisch gebogene Linien drücken technische Eigen-schaften aus

geschwungene Linien mit Betonungen wirken dynamisch

rauhe Linien wirken lebendig,

Flächenteilungen können die Proportionen der Gesamtfläche und der Teilfläachen verändern.

Tafel 20

Kinetik und Rhythmus, Liniengefüge

stabiles   labiles   schwebende   stabile   lastende
Dreieck   Dreieck   Kreisform   Kreisform   Kreisform

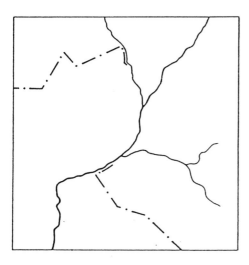

Stellvertretereffekt

Das Auge vervollständigt Linien entlang
anderer Linien, Grenze im Fluss

Triangulationsnetz

geometrisch, starr

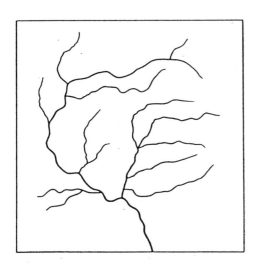

Gewässernetz
bewegt, fliessend, lebendig

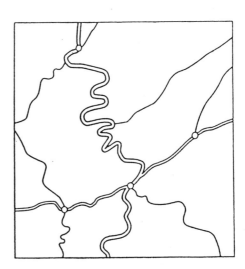

Situation
Kombination von geometrischen und
bewegten Linien

Tafel 21

Form und Formkontrast, Dreieckskoordinaten

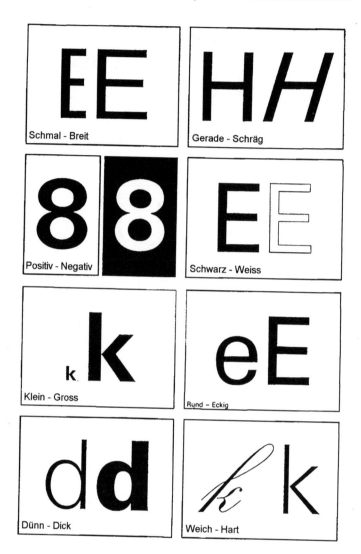

Dreieckskoordinaten

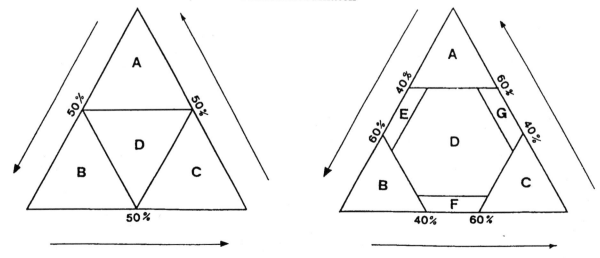

schlechte   Gruppenbildung   gute

Tafel 22

Sichtbarmachung einer Fläche

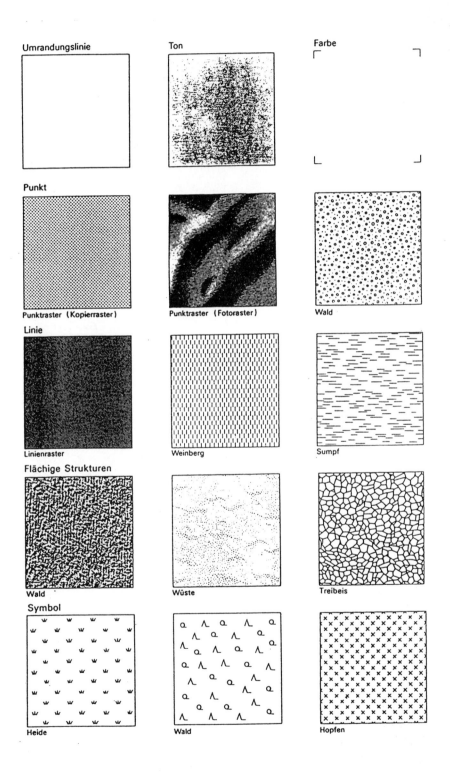

Tafel 23

Rastermosaik

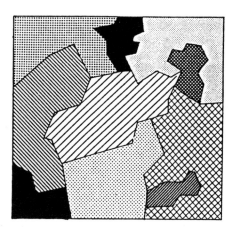

gutes Flächenmosaik

gut, stark differenziert durch
Signaturen

schlechte Flächenmosaike

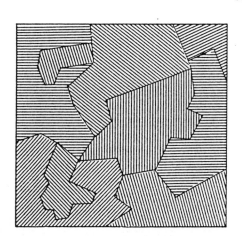

gleiche Tonwerte

wirr, unleserlich

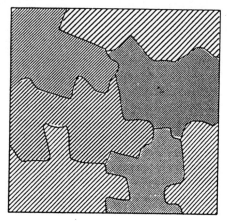

gleiche Richtungen

nach GROSJEAN

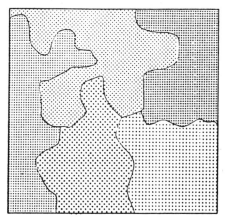

zu schwache Konturen
wenig trennende Punktraster

Tafel 24

Stabdiagramme 1

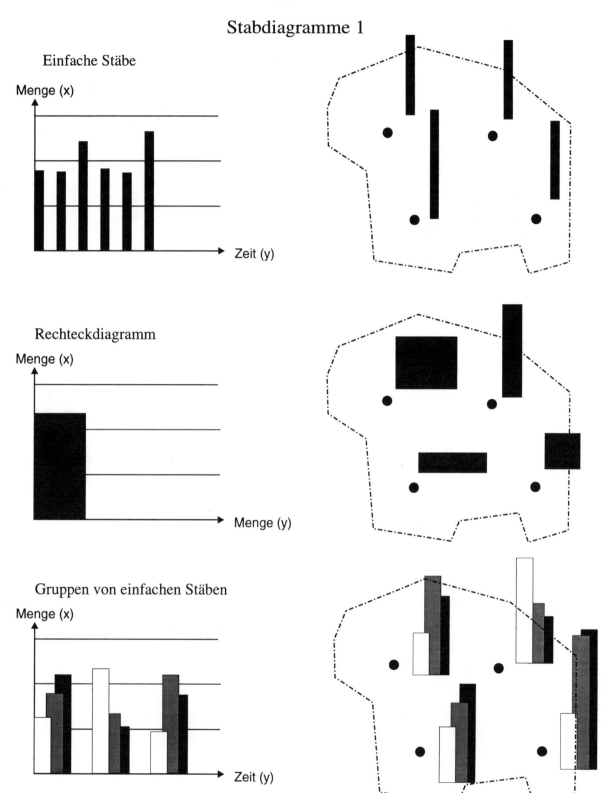

Einfache Stäbe

Menge (x)

Zeit (y)

Rechteckdiagramm

Menge (x)

Menge (y)

Gruppen von einfachen Stäben

Menge (x)

Zeit (y)

Tafel 25

Stabdiagramme 2

Gegliederte Stäbe

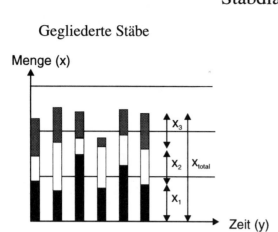

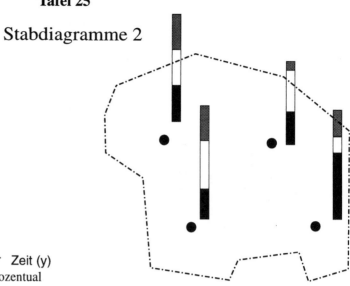

Die Mengen können absolut oder prozentual dargestellt werden.

Gebietsdiagramme vertikal

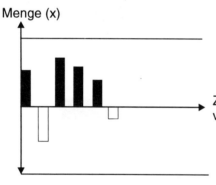

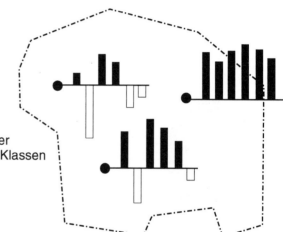

Gebietsdiagramme horizontal

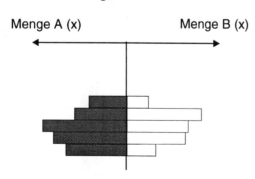

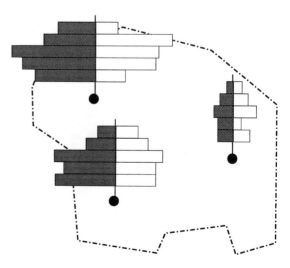

Gebiets- oder Ortsdiagramme mit horizontalen Balken zum Vergleich zweier Zeitpunkt für mehrere Klassen.

Tafel 26

Kreise, Kreissektoren

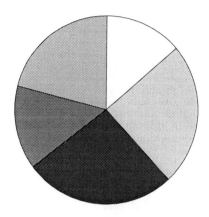

Gegliederte Kreisflächen

Radial gegliederte Kreisscheibe, der Gesamtwert ist proportional zur Fläche zu wählen, die Einzelwerte erhalten anteilmässige Sektoren. Eine gute anschauliche Darstellung. Wirkt ruhig und schön, lässt relative Anteile gut abschätzen.

Jedes PC-Graphik Programm erstellt heute Tortengraphiken, sodass die aufwendige Konstruktion entfällt.

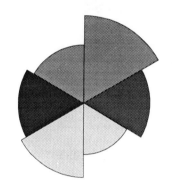

Kreissektoren

Der Kreis wird entsprechend der Zahl der darzustellenden Werte in Sektoren mit gleichen Winkeln aufgeteilt. Wertdifferenzen äussern sich in verschiedenen Radien, sie sollten proportional zu den Sektorflächen berechnet werden.

Gute anschauliche Darstellung um mehrere Werte in verschiedenen Zeitpunkten zu vergleichen (z.B. Wirtschaftssektoren in zwei Zähljahren). Effektive Anteile am Total schwierig ablesbar.

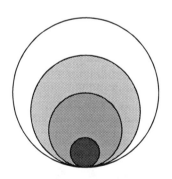

Exzentrisch gegliederte Kreisscheiben

Die Flächen entsprechen den Mengen, sie berühren sich im tiefsten Punkt. Muss durch eine Radiuslegende ablesbar gemacht werden.

Zweckmässige Darstellung für Zuwachsraten (Abnahmen können nicht dargestellt werden!) Flächenwerte abschätzbar.

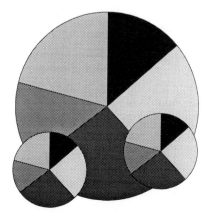

Überlagerungen

Radial gegliederte Kreisscheiben und Kreissektoren können sich teilweise überlagern ohne dass die Aussage zu stark beeinträchtigt wird (z.B. Zentrum und Vororte).

Tafel 27

Geometrische Lokalsignaturen

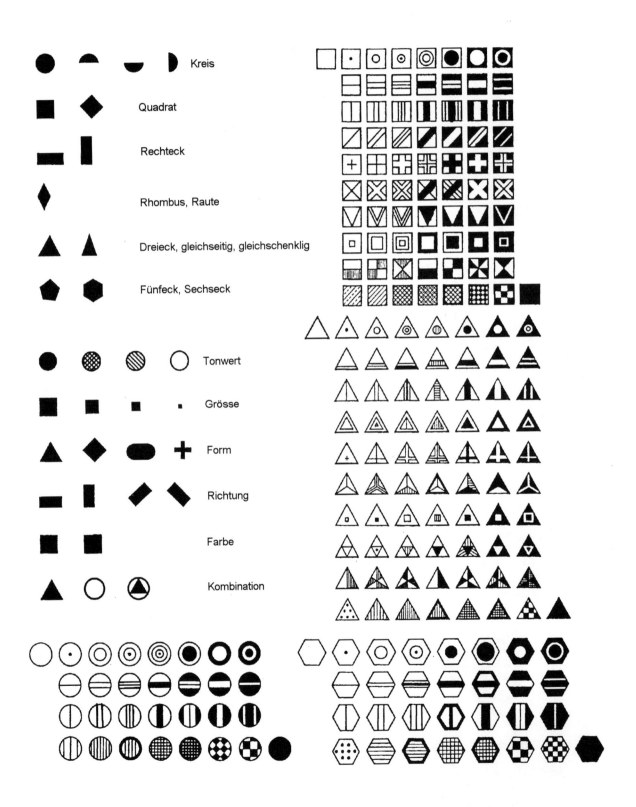

Kreis

Quadrat

Rechteck

Rhombus, Raute

Dreieck, gleichseitig, gleichschenklig

Fünfeck, Sechseck

Tonwert

Grösse

Form

Richtung

Farbe

Kombination

Tafel 28

Bildhafte Signaturen

Schriftzeichen - Signaturen

Fe Cu Ag Au U

Au Au Au

Fe Fe Fe

Tafel 29

Strahlendiagramm

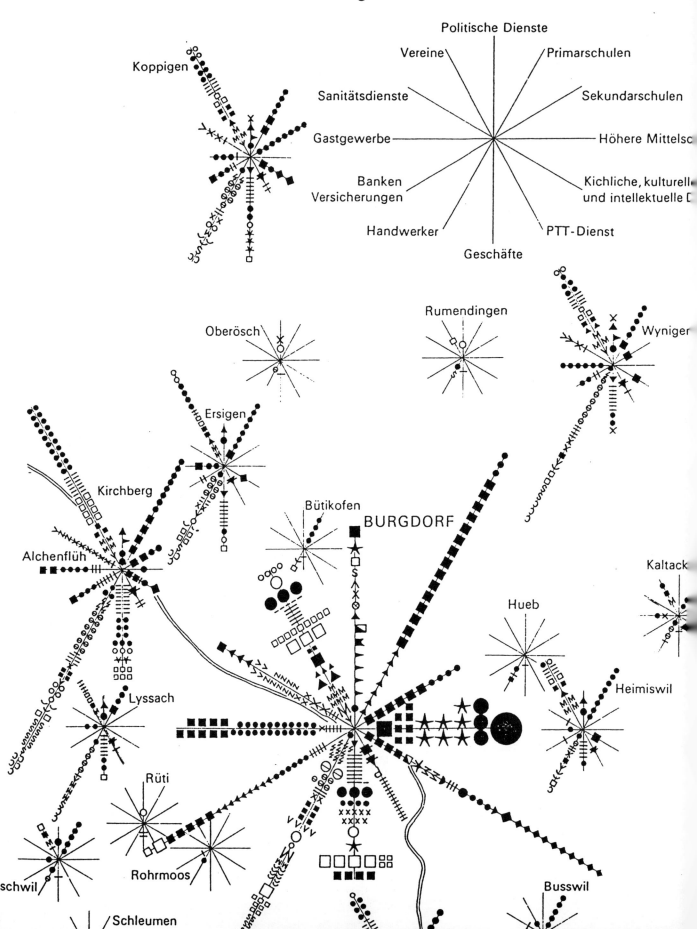

Tafel 29 a

Legende Strahlendiagramm

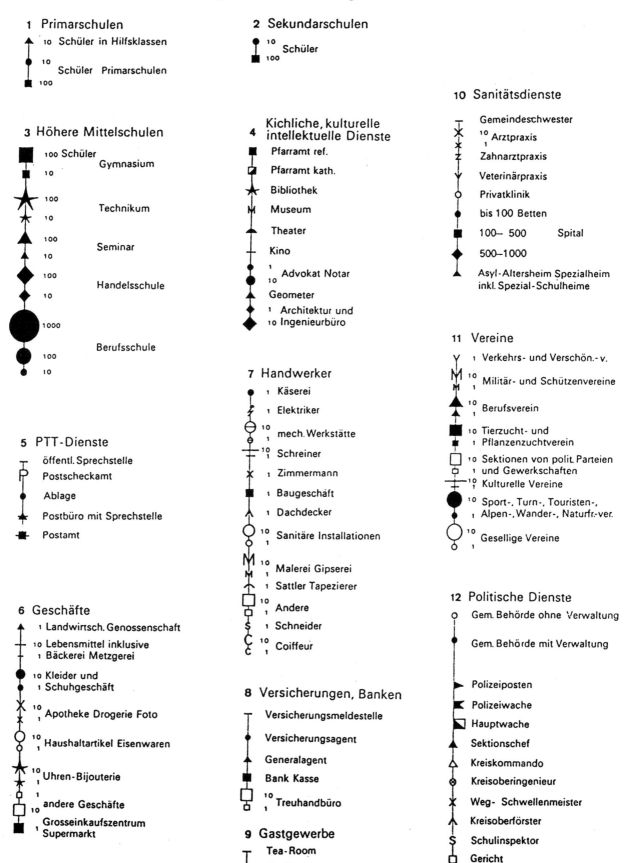

1 Primarschulen

10 Schüler in Hilfsklassen

10 Schüler Primarschulen

100

2 Sekundarschulen

10 Schüler

100

3 Höhere Mittelschulen

100 Schüler

10   Gymnasium

100

10   Technikum

100

10   Seminar

100

10   Handelsschule

1000

100   Berufsschule

10

4 Kichliche, kulturelle intellektuelle Dienste

Pfarramt ref.

Pfarramt kath.

Bibliothek

Museum

Theater

Kino

1 Advokat Notar
10

Geometer

1 Architektur und
10 Ingenieurbüro

5 PTT-Dienste

öffentl. Sprechstelle

Postscheckamt

Ablage

Postbüro mit Sprechstelle

Postamt

6 Geschäfte

1 Landwirtsch. Genossenschaft

10 Lebensmittel inklusive
1 Bäckerei Metzgerei

10 Kleider und
1 Schuhgeschäft

10 Apotheke Drogerie Foto
1

10 Haushaltartikel Eisenwaren
1

10 Uhren-Bijouterie
1

1
10 andere Geschäfte

Grosseinkaufszentrum
1 Supermarkt

7 Handwerker

1 Käserei

1 Elektriker

10 mech. Werkstätte
1

10 Schreiner
1

1 Zimmermann

1 Baugeschäft

1 Dachdecker

10 Sanitäre Installationen
1

10 Malerei Gipserei
1

1 Sattler Tapezierer

10 Andere
1

1 Schneider

10 Coiffeur
1

8 Versicherungen, Banken

Versicherungsmeldestelle

Versicherungsagent

Generalagent

Bank Kasse

10 Treuhandbüro
1

9 Gastgewerbe

Tea-Room

Pension

Restaurant

Hotel

10 Sanitätsdienste

Gemeindeschwester

10 Arztpraxis
1

Zahnarztpraxis

Veterinärpraxis

Privatklinik

bis 100 Betten

100– 500   Spital

500–1000

Asyl-Altersheim Spezialheim
inkl. Spezial-Schulheime

11 Vereine

1 Verkehrs- und Verschön.- v.

10 Militär- und Schützenvereine
1

10 Berufsverein
1

10 Tierzucht- und
1 Pflanzenzuchtverein

10 Sektionen von polit. Parteien
1 und Gewerkschaften

10 Kulturelle Vereine
1

10 Sport-, Turn-, Touristen-,
1 Alpen-, Wander-, Naturfr.-ver.

10 Gesellige Vereine
1

12 Politische Dienste

Gem. Behörde ohne Verwaltung

Gem. Behörde mit Verwaltung

Polizeiposten

Polizeiwache

Hauptwache

Sektionschef

Kreiskommando

Kreisoberingenieur

Weg- Schwellenmeister

Kreisoberförster

Schulinspektor

Gericht

Amtschaffnerei

Bezirksverwaltung

Tafel 30

Flächige und räumliche Lokalsignaturen

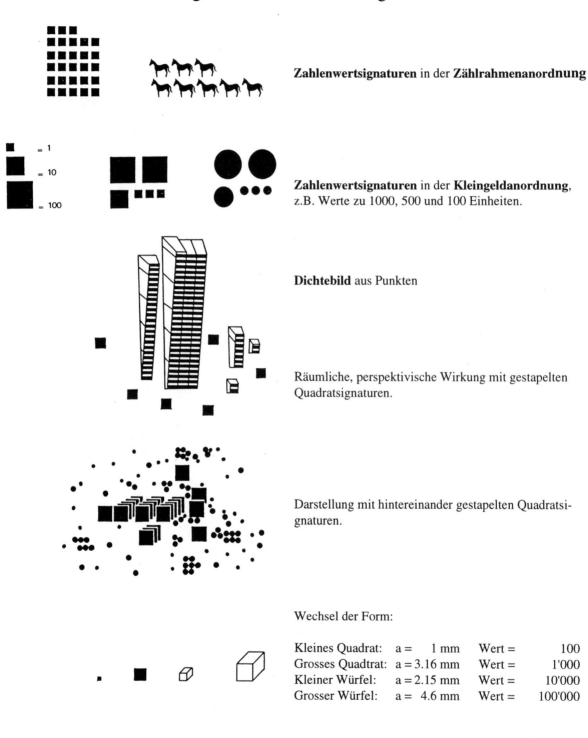

Zahlenwertsignaturen in der **Zählrahmenanordnung**

Zahlenwertsignaturen in der **Kleingeldanordnung**, z.B. Werte zu 1000, 500 und 100 Einheiten.

Dichtebild aus Punkten

Räumliche, perspektivische Wirkung mit gestapelten Quadratsignaturen.

Darstellung mit hintereinander gestapelten Quadratsignaturen.

Wechsel der Form:

Kleines Quadrat:	a = 1 mm	Wert =	100
Grosses Quadrat:	a = 3.16 mm	Wert =	1'000
Kleiner Würfel:	a = 2.15 mm	Wert =	10'000
Grosser Würfel:	a = 4.6 mm	Wert =	100'000

Kugelsignaturen

Tafel 31

Geometrische und bildhafte Signaturen einer Karte

▲	Ganzjähriger Zeltplatz	⊏ I I	Natureisbahn
▣	Saisonzeltpflatz	⌂	Kunsteisbahn
★	Sehenswürdigkeit		Golfplatz
✳	Aussichtspunkt		Tennis
⬯	Leichtathletikstadion		Automobilsport
⬬	Hallenstadion		Kanusport
⬭	Fussballstadion		Steinwildkolonie
≈	Freibad und Strandbad		Kleinzoo
≋	Hallenbad		Zoologischer Garten
⌒	Curling		Reitsport

Tafel 32

Linienlemente 1

Lineare Elemente für thematische Karten

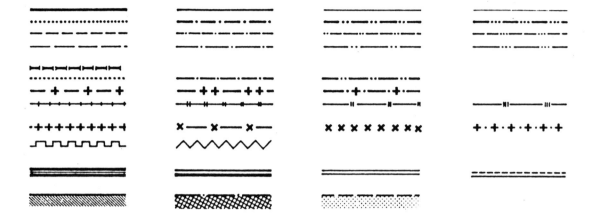

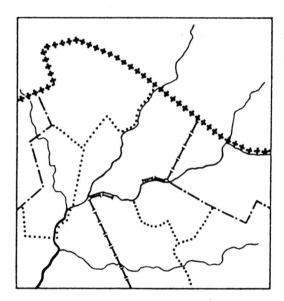

Linien von zwei Kategorien (Bachläufe und Grenzen) und vier Klassen innerhalb der Kategorie Grenzen (z.B. Landes-, Kantons-, Bezirks- und Gemeindegrenzen).

Im einfarbigen Bild wird dieses Liniengefüge bereits unklar, mit zwei Farben (Blau und Schwarz) und differenzierten Strichstärken würde das Bild besser lesbar.

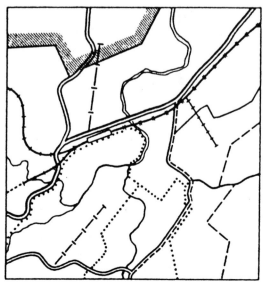

Schlechtes Bild von zu vielen Klassen ausschliesslich linearer Elemente. In Verbindung mit anderen Gestaltungsmitteln, wie Flächen, Ortssignaturen u.ä. könnte eine bessere Gliederung und Wirkung erzielt werden.

nach GROSJEAN

Tafel 33

Linienlemente 2

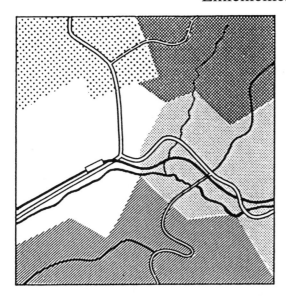

Bei einfarbigen Darstellungen besser zu viele ausschlisslich lineare Elemente vermeiden, Gebiete nicht durch Grenzen, sondern durch Flächen dargestellt.

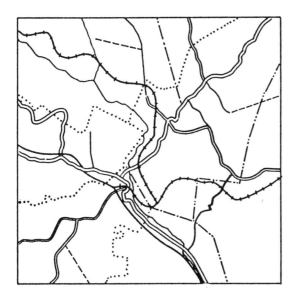

Wirres Bild durch zu geringe Generalisierung und zu geringe Unterscheidung der Strichstärken und Liniencharaktere.

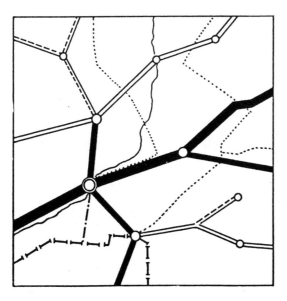

Starkes Generalisieren bis zum Streckendiagramm vermag ein Bild linearer Elemente klarer zu machen.

Eine sehr kräftige Unterscheidung der Kategorien und Klassen, verbunden mit der vereinfachten Hervorhebung des Wesentlichen.

nach GROSJEAN

Tafel 34

Kombinierte Darstellung mit Kreisen und Bändern

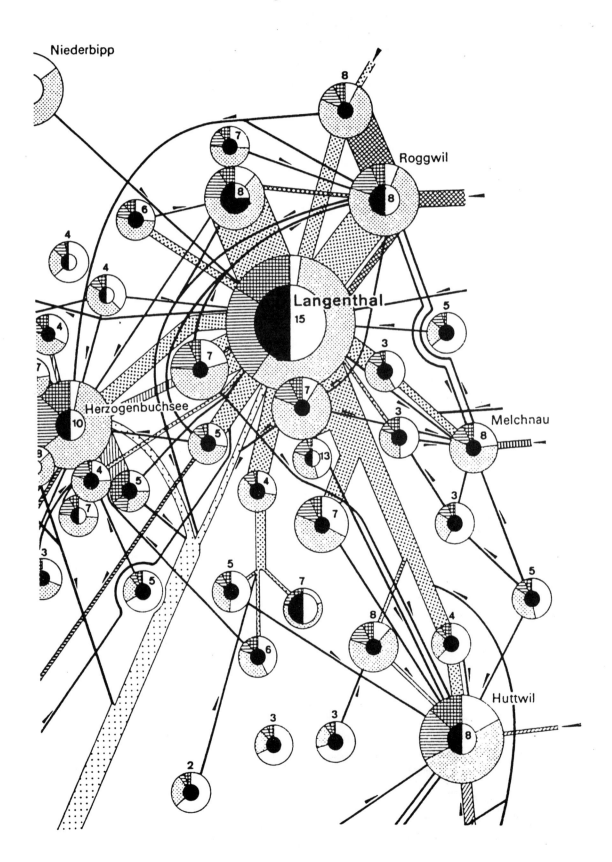

Tafel 35

Isolinien

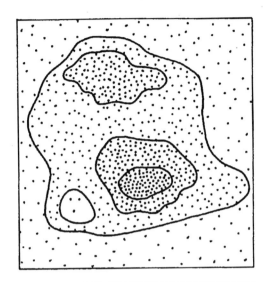

Isoplethen

Isolinien, die Felder gleicher Dichte begrenzen. Es handel sich um unechte Isolinien.

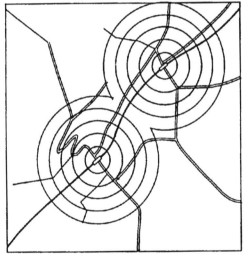

Schematische Isochronen

Eine beliebte Darstellung, die graphisch klar wirkt und mit Programmen leicht zu erstellen ist.

Sie ist aber sachlich falsch, da nur eine Distanz, nicht aber ein Zeitwert dargestellt wird.

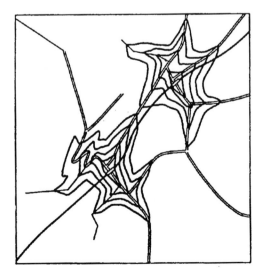

Effektive Isochronen

Die Lage der Isolinien bezieht sich auf einen Zeitwert, der die Strassen und Steigungen berücksichtigt.

nach GROSJEAN

Tafel 36

Vektoren, Pfeile

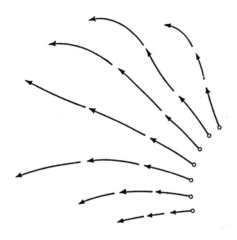

Pfeile mit Vektorcharakter.

Die Länge gibt die Bewegung eines Punktes als Richtung und Distanz an, in einer bestimmten Zeiteinheit.

z.B. Fliessbewegungen auf Gletschern, erhoben durch markierte Punkte.

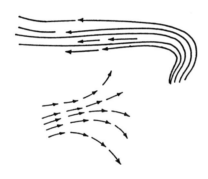

Bewegungspfeile

Diese Pfeile zeigen Strömungsrichtungen, machen aber keine Aussage zur Stärke oder Geschwindigkeit.

z.B. Oberflächenströmungen auf Meeren oder Seen.

Graphische Form der Pfeile

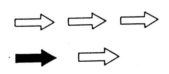

Für die Darstellung einer Menge können gerade Pfeile mit parallel gezeichneten Schäften verwendet werden, die Schaftbreite entspricht der Menge. Sie wirken eher steif.

z.B. Pendler aus einem Ort nach verschiedenen Zentren.

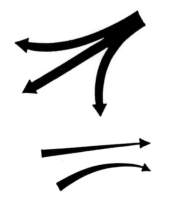

Divergierende oder zusammenlaufende Pfeile wirken dynamisch.

Pfeile mit gegen die Spitze verjüngten Schäften wirken elegant und suggestiv. Sie können keine quantitativen Aussagen machen.

nach GROSJEAN

Tafel 37

Darstellung mehrerer Ebenen

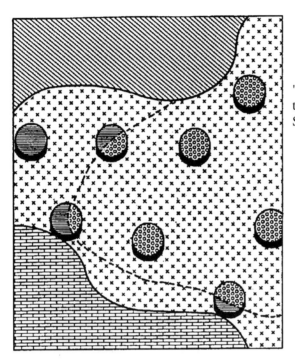

"Tablettendarstellung" für höhere als die Hauptebene liegende Deckschichten, z.B. Moräne und Schwemmlehm über mächtigen Schottern.

Moräne
Mergel, Lehm
Schotter
Sandstein
Kalk

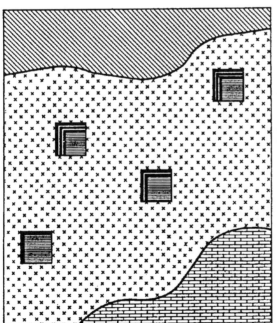

„Fensterdarstellung" für unterhalb der Hauptschicht gelegene stauende Schichten.

Tiefe

10 m   20 m   30 m

Tafel 38

Physiotopenkarte Burgdorf

Diese, vollständig von Hand gezeichnete Karte geht an die Grenze des Darstellbaren in einer Farbe. Der komplexe Inhalt wurde, trotz noch klarer graphischer Form, von den Benützern (v.a. Planer und Politiker) kaum verstanden und nicht umgesetzt.

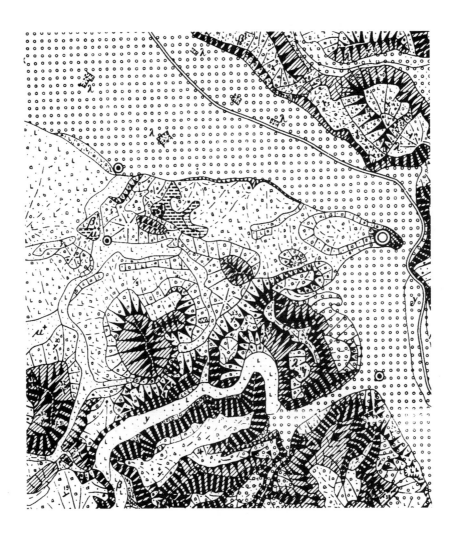

LITERATUR

Es ist im Rahmen dieses Skript nicht sinnvoll, eine möglichst vollständige Litaraturliste beizufügen. Die folgenden Werke sind *Grundlagen* und der genannte Jahrgang ist im *Institut leicht greifbar*, oder sie wurden für den Text verwendet oder zitiert. Aktuelle Beiträge zur Entwicklung der Kartographie werden deutschsprachig publiziert in der Zeitschrift der *DGfK, Kartographische Nachrichten, Bonn*. Darin sind auch Beiträge aus Oesterreich und der Schweiz enthalten. Der Stand der schweizerischen Kartographie ist in den periodischen Publikationen der *SGK, Kartographie in der Schweiz, Zürich* ersichtlich. Als neuste Unterlage diente der Tagungsband der *SGK, Kartographie im Umbruch, Zürich 1996*, zum Kartographiekongress Interlaken 1996.

Aktuelle Entwicklungen können in der Schweiz auf folgenden *Homepages* verfolgt werden auf:

www.swisstopo.ch   Bundesamt für Landestopographie, Bern
www.karto.ethz.ch   Kartographisches Institut der ETH Zürich

AERNI, K. et al. (1988), Geographische Arbeitsweisen GB U 19, Bern
AERNI, K. et al. (1989): Geographische Arbeitsweisen GB U 20, Bern
ARNBERGER, E. (1966): Handbuch der thematischen Kartographie, Wien
BERTIN, J. (1977): Graphische Darstellungen (übers.), Braunschweig
BOESCH, H. (1968): Wirtschaftsgeographischer Weltatlas KF, Bern
ECKERT, M. (1925): Die Kartenwissenschaft, Band I und II, Leipzig
GRANÖ, J.G. (1931): Die geographischen Gebiete Finnlands, Helsinki
GROSJEAN, G. (1975): Kartographie für Geographen II GB U 10, Bern
GROSJEAN, G. (1975): Raumtypisierung GB P 1, Bern
GROSJEAN, G. (1998): Geschichte der Kartographie GB U 8, Bern
HAKE, G. (1982): Kartographie I Sammlung Goeschen 2165, Berlin
HAKE, G. (1985): Kartographie II Sammlung Goeschen 2166, Berlin
ICA, CURRAN, J.P. (1988): Compendium of Cartogrphic Technics, New York
ICA, ORMELING, F.J. (1984): Basic Cartography, Vol. 1, New York
ICA, ANSON, R.W. (1988): Basic Cartography, Vol. 2, New York
IMHOF, E. (1962): Thematische Kartographie in Die Erde H. 2, Berlin
IMHOF, E. (1965): Kartographische Geländedarstellung, Berlin
IMHOF, E. (1968): Gelände und Karte, 3. Auflage, Erlenbach
IMHOF, E. (1972): Thematische Kartographie, Berlin
IMHOF, E. (1985): Glanz und Elend der Kartographie, IJK, Bonn
LAWRENCE, G.R.P. (1979): Cartographie Methods, London
MÄDER, Ch. (1980): Raumanalyse einer schweizerischen Grossregion GB P4, Bern
MÄDER, Ch. (1988): Kartographie für Geographen I GB U 21, Bern
OBRICHT, G., QUICK, M., SCHWEIKART, J. (1996): Computerkartographie, 2. Auflage, Berlin
PFISTER, Ch., EGLI, H.-R. (/Hrsg.), (1998): Historisch-Statistischer Atlas des Kantons Bern, Bern
RATAJSKI, L. (1971): ...the Standartization of Signs, IJK, Zürich
RATAJSKI, L. (1973): Metodyka kartografii, Warszawa
SALISCHTSCHEW, K.A. (1982): Kartographija, 2. Auflage, Moskwa
SCHOLZ, et al. (1980): Einführung in die Kartographie, Gotha
SGK (/Hrsg.), (1980): Kartographie in der Schweiz, Zürich
SGK (/Hrsg.), (1980): Kartographische Generalisierung, topographische Karten, Zürich
SGK (/Hrsg.), (1984): Kartographie der Gegenwart in der Schweiz, Zürich
SGK (/Hrsg.), (1987): Cartography in Switzerland 1984-1987, Zürich
SGK (/Hrsg.), (1989): Kartographie in der Schweiz 1987-1989, Zürich
SGK (/Hrsg.), (1990): Kartographisches Generalisieren, Zürich
SGK (/Hrsg.), (1996): Kartographie im Umbruch, Tagungsband Kartographie Kongress Interlaken, Zürich
SPIESS, E. (1971): Wirksame Basiskarten für thematische Karten, IJK, Zürich
SPIESS, E. (1987): Computergestützte Verfahren ..., KN, 37, 55.63, Bonn
UHORCZAK, F. (1930): Methoda izarytmiczna, Warszawa
WITT, W. (1970): Thematische Kartographie, 2. Auflage, Hannover
GB Geographica Bernensia
IJK Internationales Jahrbuch der Kartographie
KN Kartographische Nachrichten